CAE分析大系

ANSYS Workbench
工程实例 详解

◎ 许京荆 编著

人民邮电出版社

北 京

图书在版编目（CIP）数据

ANSYS Workbench工程实例详解 / 许京荆编著. --
北京 : 人民邮电出版社，2015.5（2024.3重印）
（CAE分析大系）
ISBN 978-7-115-38386-0

Ⅰ．①A… Ⅱ．①许… Ⅲ．①有限元分析－应用软件
Ⅳ．①O241.82-39

中国版本图书馆CIP数据核字(2015)第046754号

内 容 提 要

本书着眼于 ANSYS 软件的使用和实际工程应用，结合有限元分析方法和具体的软件操作过程，从工程仿真分析实例出发，详细介绍了 ANSYS 15.0 Workbench 有限元分析软件的功能和处理各种问题的方法与技巧。

为了方便读者理解并建立正确的有限元模型，书中提供了许多概念理解型案例，这些案例包含理论分析和有限元数值模拟的对比结果。同时书中解析了常见的工程案例，内容主要涉及结构线性、非线性静力分析，也包含部分热分析、电场分析及热-结构耦合场分析。本书提供的每个分析案例包括工程问题的简化、分析模型的建立、施加边界条件及求解，结果的评定期待接近于工程实际。

本书旨在为初学者提供机械工程中的 CAE 涉及的有限元方法的基础理论及实践知识，基于 ANSYS 15.0 Workbench 软件平台，让初学者学会使用商业化的有限元分析软件解决工程问题。本书依托统一的微信服务平台（iCAX）和 SimWe 论坛等，形成可交流的生态系统教程。随书资源包含全部案例的源文件，供读者学习使用。

◆ 编　著　许京荆
　　责任编辑　杨　璐
　　责任印制　程彦红
◆ 人民邮电出版社出版发行　北京市丰台区成寿寺路 11 号
　　邮编　100164　电子邮件　315@ptpress.com.cn
　　网址　http://www.ptpress.com.cn
　　固安县铭成印刷有限公司印刷
◆ 开本：787×1092　1/16
　　印张：19　　　　　　2015 年 5 月第 1 版
　　字数：536 千字　　　2024 年 3 月河北第 21 次印刷

定价：49.80 元

读者服务热线：(010)81055410　印装质量热线：(010)81055316
反盗版热线：(010)81055315
广告经营许可证：京东市监广登字20170147号

目前，有限元方法（FEM）已成为预测及模拟复杂工程系统物理行为的主流趋势。商业化的有限元分析（FEA）程序已经获得了广泛认同，因此，在校本科生、研究生、科研工作者及工程设计人员既需要了解FEM的理论，又需要学会使用有限元分析应用程序。

ANSYS软件是融结构、流体、电场、磁场和声场分析于一体的大型通用有限元分析软件。目前，ANSYS整个产品线包括结构分析（ANSYS Mechanical）系列、流体动力学（ANSYS CFD（FLUENT/CFX））系列、电子设计（ANSYS ANSOFT）系列，以及ANSYS Workbench和EKM等。作为现代产品设计中的高级CAE工具，ANSYS广泛应用于航空、航天、电子、车辆、船舶、交通、通信、建筑、电子、医疗、国防、石油和化工等众多行业。

ANSYS Workbench产品，以项目流程图的方式，将结构、流体和电磁等各种分析系统集成到统一平台中，进而实现不同软件之间的无缝链接。新版本ANSYS15.0 Workbench的操作简单，容易上手，处理复杂的工程模型更为方便，软件的分析功能和各项操作也都有了更多更好的提升和发展。

本书具体着眼于ANSYS软件的使用和实际工程应用，结合有限元分析方法和具体的软件操作过程，从工程仿真分析实例出发，详细介绍了ANSYS 15.0 Workbench有限元分析软件的功能和处理各种问题的使用技巧。

▷▷ 读者对象

本书的目的是为初学者提供机械工程中的CAE涉及的有限元方法的基础理论及实践知识，使读者学会使用商业化的有限元分析软件解决工程问题。

▷▷ 主要内容

第1章，介绍工程问题的数学物理方程及数值算法、相关的有限元基本分析技术及ANSYS 15.0 Workbench的简单应用案例；

第2章，介绍ANSYS 15.0 Workbench的基本功能及使用；

第3章，介绍ANSYS Workbench中的结构静力分析方法，以及考虑如何将实际的工程问题转换为不同的分析模型的求解技术；

第4章，重点描述在ANSYS Workbench中如何建立合理的有限元分析模型及其算例，涉及分析模型的建立、连接关系的处理、网格控制等关键影响因素；

第5章，讲述ANSYS Workbench在结构分析设计中的应用及分析案例。

为了方便读者理解并建立正确的有限元模型，书中提供了许多概念理解型案例，这些案例包含理论分析和有限元数值模拟的对比结果，同时书中也解析了常见的工程案例。书中内容主要涉及结构线性、非线性静力分析，也包含部分热分析、电场分析及热-结构耦合场分析。本书提供的每个分析案例包括工程问题的简化，分析模型的建立，施加边界条件及求解，结果的评定期待接近于工程实际。

▷▷ 资源使用说明

本书配套有全书的模型文件，分别按章节保存，读者直接在Workbench14及以更新版本软件中打开或者导入即可。

本书配套资源的下载地址为http://www.zhiliaobang.com，也可以通过扫描登录微信公众号：iCAX下载。

如果读者无法通过微信访问，也可以给我们发邮件：iCAX@dozan.cn。

▶ 致谢

本书由上海大学机电学院安全断裂分析研究室（ANSYS软件华东区技术支持及培训中心）的许京荆老师编著，上海空间电源研究所的陈萌炯也参与了部分内容的编写，在写作过程中得到了研究室同仁（吴益敏教授、王秀梅副研究员）、学生（刘威威、王正涛、陈雨、赵辉、袁坤等）及家人（张平、张奕）的大力支持与协助，在此深表谢意。

▶ 统一技术支持

如果读者在学习过程中遇到困难，可以通过立体化服务平台（微信公众服务号：iCAX）联系我们，我们会尽量帮助读者解答问题。此外，在这个平台上我们还会分享更多的相关资源。

由于本书内容涉及面广，书中不足之处在所难免，希望广大读者批评指正，也欢迎提出改进性建议。

许京荆

Contents
目录

第1章　有限元分析及 ANSYS Workbench 简单应用···· 1

1.1　引言 ···1

1.2　工程问题的数学物理方程及数值算法 ········1

　1.2.1　工程问题复杂的需求及过程 ·······1

　1.2.2　工程问题的数学物理方程 ·········2

　1.2.3　控制微分方程的数值算法 ·········4

1.3　有限元分析技术的发展及应用 ···········5

1.4　有限元分析的基本原理及相关术语 ········6

　1.4.1　有限元分析的基本原理 ···········6

　1.4.2　有限元分析的相关术语 ···········6

1.5　有限元分析的基本步骤 ···············8

1.6　有限元分析计算实例——直杆拉伸的轴向
变形 ···8

　1.6.1　问题描述 ·······················8

　1.6.2　微分方程的解析解 ···············9

　1.6.3　微分方程的有限元数值解 ·········9

　1.6.4　ANSYS Workbench 梁单元分析直杆拉伸的
轴向变形 ·······················11

　1.6.5　验证结果及理解问题 ·············20

1.7　有限元分析计算实例——单轴直杆热传导···20

　1.7.1　问题描述 ······················20

　1.7.2　微分方程的解析解 ··············21

　1.7.3　微分方程的有限元数值解 ········21

　1.7.4　ANSYS Workbench 热传导杆单元分析单
轴直杆传热 ·····················23

　1.7.5　验证结果及理解问题 ············27

1.8　有限元分析计算实例——单轴直杆稳态
电流传导 ·····································28

　1.8.1　问题描述 ······················28

　1.8.2　微分方程的解析解 ··············28

　1.8.3　微分方程的有限元数值解 ········29

　1.8.4　ANSYS Workbench 电实体单元分析单轴直
杆的稳态电流传导 ················30

　1.8.5　验证结果及理解问题 ············36

1.9　本章小结 ·····························36

习题 ···38

第2章　ANSYS Workbench 平台 ············· 39

2.1　ANSYS Workbench 概述 ··············39

2.2　ANSYS Workbench 数值模拟的一般过程 ·····39

2.3　ANSYS Workbench 启动 ···············40

2.4　ANSYS Workbench 的工作环境 ·········40

　2.4.1　主菜单 ·························41

　2.4.2　基本工具栏 ·····················43

　2.4.3　工具箱 ·························44

　2.4.4　项目流程图 ·····················46

　2.4.5　参数设置 ·······················47

　2.4.6　定制分析流程 ···················48

2.5　ANSYS Workbench 窗口管理功能 ·······49

2.6　ANSYS Workbench 文件管理 ···········50

　2.6.1　Workbench 文件系统 ············50

　2.6.2　显示文件 ·······················51

　2.6.3　文件归档及复原 ·················52

2.7　ANSYS Workbench 的单位系统 ·········52

2.8　ANSYS Workbench 应用程序使用基础 ····53

　2.8.1　应用程序的工作界面 ·············53

　2.8.2　应用程序的菜单功能 ·············55

　2.8.3　应用程序的工具栏 ···············55

　2.8.4　应用程序的图形显示控制及选择 ···57

　2.8.5　应用程序的导航结构及其明细 ·····58

　2.8.6　应用程序中加载边界条件 ·········58

　2.8.7　应用工程数据 ···················59

2.9　ANSYS Workbench 热结构案例——
多工况冷却棒热应力 ·····················62

　2.9.1　问题描述及分析 ·················62

　2.9.2　数值模拟过程 ···················63

　2.9.3　验证结果及理解问题 ·············72

2.10　ANSYS Workbench 热电耦合案例——
通电导线传热 ··························72

　2.10.1　问题描述及分析 ················73

　2.10.2　数值模拟过程 ··················73

　2.10.3　验证结果及理解问题 ············79

2.11　本章小结 ····························79

第3章　ANSYS Workbench 结构分析基础 ················ 80

3.1　结构静力分析概述 ····················80

　3.1.1　结构静力分析 ···················80

　3.1.2　结构动态静力分析 ···············81

　3.1.3　ANSYS Workbench 中的结构静力分析方法···81

3.2　应力分析及相关术语 ··················82

　3.2.1　结构失效及计算准则 ·············82

3.2.2 应力分析 ………………… 83
3.2.3 应力及其分类 …………… 83
3.2.4 应力集中 …………………… 85
3.2.5 接触应力 …………………… 85
3.2.6 温度应力 …………………… 85
3.2.7 应力状态 …………………… 85
3.2.8 位移 ………………………… 86
3.2.9 应变 ………………………… 86
3.2.10 线性应力－应变关系 …… 87
3.2.11 结构材料的机械性能 …… 87
3.2.12 强度理论与强度设计准则 … 91
3.3 工程案例——应用梁单元进行机车轮轴的
静强度分析 …………………… 93
3.3.1 问题描述及分析 ………… 93
3.3.2 应用梁单元计算轮轴应力的数值模拟
过程 ………………………… 93
3.3.3 结果分析与解读 ………… 102
3.4 工程案例——应用 3D 实体单元进行机车轮
轴的应力分析 ……………… 102
3.4.1 应用 3D 实体单元计算机车轮轴应力的
数值模拟过程 …………… 102
3.4.2 结果分析与应力评定解读 … 110
3.4.3 处理应力奇异问题 …… 113
3.5 工程案例——应用子模型计算机车轮轴
过渡处的局部应力 ………… 115
3.5.1 理解应力集中处的应力 … 115
3.5.2 应用子模型求解机车轮轴局部应力的
数值模拟过程 …………… 115
3.5.3 应力收敛性判定及结果分析 … 119
3.6 工程案例——应用疲劳工具计算机车轮轴
过渡处的疲劳寿命 ………… 119
3.6.1 修改子模型计算局部应力 … 120
3.6.2 使用疲劳工具计算轴肩过渡处的
疲劳寿命 ………………… 121
3.7 本章小结 …………………… 123
习题 ………………………………… 123

第 4 章 ANSYS Workbench 建立合理有限元分析模型 … 124
4.1 建立合理的有限元分析模型概述 …… 124
4.2 结构分析建模求解策略 …… 125
4.2.1 结构的载荷分析 ………… 125
4.2.2 结构理想化 ……………… 126
4.2.3 提取分析模型 …………… 126
4.2.4 单元选择 ………………… 127
4.2.5 网格划分 ………………… 128
4.2.6 施加载荷与约束条件 …… 129
4.2.7 试算结果评估 …………… 129
4.2.8 应力集中现象的处理 …… 129
4.3 ANSYS Workbench 结构分析模型 …… 129
4.3.1 分析模型的体类型 ……… 130
4.3.2 多体零件 ………………… 130

4.3.3 体属性 …………………… 131
4.3.4 几何工作表 ……………… 132
4.3.5 点质量 …………………… 132
4.3.6 厚度 ……………………… 133
4.3.7 材料属性 ………………… 134
4.4 ANSYS Workbench 结构分析的连接
关系 ………………………… 135
4.4.1 接触连接 ………………… 135
4.4.2 接触控制 ………………… 135
4.4.3 接触设置 ………………… 136
4.4.4 点焊连接 ………………… 139
4.4.5 接触工作表 ……………… 140
4.4.6 分析模型算例——点焊连接不锈钢板的
非线性静力分析 ………… 140
4.4.7 远端边界条件 …………… 148
4.4.8 远端边界分析模型算例——千斤顶底座
承载模拟 ………………… 150
4.4.9 关节连接 ………………… 157
4.4.10 弹簧连接 ……………… 162
4.4.11 梁连接 ………………… 163
4.4.12 端点释放 ……………… 164
4.4.13 轴承连接 ……………… 165
4.4.14 坐标系 ………………… 166
4.4.15 命名选择 ……………… 168
4.4.16 选择信息 ……………… 169
4.4.17 关节应用案例——曲轴连杆活塞装配体
承压模拟 ………………… 170
4.5 螺栓联接模型的建模技术及算例 … 174
4.5.1 问题描述及分析 ………… 174
4.5.2 无螺栓、绑定接触进行螺栓联接组件
分析 ……………………… 175
4.5.3 螺栓为梁单元进行螺栓联接组件分析 … 182
4.5.4 螺栓为实体单元（无螺纹）进行螺栓
联接组件分析 …………… 191
4.5.5 螺栓为实体单元（有螺纹）进行螺栓
联接组件分析 …………… 198
4.6 ANSYS Workbench 结构网格划分 …… 201
4.6.1 网格划分概述 …………… 201
4.6.2 网格划分工作界面 ……… 202
4.6.3 网格划分过程 …………… 203
4.6.4 整体网格控制 …………… 203
4.6.5 局部网格控制 …………… 206
4.6.6 检查网格质量 …………… 215
4.6.7 虚拟拓扑 ………………… 218
4.6.8 预览和生成网格 ………… 219
4.7 六面体网格划分案例——卡箍连接模型 … 220
4.8 四面体网格划分案例——螺线管模型 … 223
4.9 杆梁结构分析模型及算例 … 226
4.9.1 杆梁结构计算模型及简化原则 … 226
4.9.2 9m 单梁吊车弯曲模型及截取边界补强
模型的强度分析 ………… 228
4.10 2D 分析模型及算例 …… 237

4.10.1　2D 分析模型简介 ················237
4.10.2　2D 平面应力模型分析齿轮齿条传动的
约束反力矩 ····················238
4.11　3D 分析模型及算例 ················242
4.12　本章小结 ························246
习题 ····························246

第 5 章　ANSYS Workbench 在结构分析中的应用 ···· 248
5.1　静强度分析 ····················248
5.1.1　静强度分析概述 ··············248
5.1.2　静强度设计方法 ··············248
5.1.3　压力容器开孔接管区静强度分析 ·······249
5.2　疲劳强度分析 ····················253
5.2.1　疲劳分析概述 ··············253
5.2.2　疲劳分析设计方法 ··············254
5.2.3　总寿命法疲劳强度设计 ··········254
5.2.4　ANSYS Workbench 中的疲劳分析 ········255

5.2.5　Ansys Workbench 高周疲劳分析 ·········256
5.2.6　分析案例——矩形板边缘承受交变弯矩的
疲劳分析 ····················260
5.2.7　非比例载荷的疲劳分析 ·········265
5.2.8　疲劳分析案例——正应力的非比例加载···266
5.2.9　不稳定振幅的疲劳分析 ·········271
5.2.10　疲劳分析案例——连杆受压 ·········272
5.3　结构热变形及热应力分析 ············280
5.3.1　传热基本方式 ··············280
5.3.2　稳态传热 ················282
5.3.3　结构热变形及热应力分析的有限元方程···282
5.3.4　覆铜板模型低温热应力分析 ·········283
5.3.5　泵壳传热及热应力分析 ·········287
5.4　本章小结 ························293
习题 ····························293
参考文献 ····························295

第1章
有限元分析及ANSYS Workbench简单应用

1.1 引言

> 随着计算机辅助技术CAX（CAD/CAE/CAM/CAPP/PDM）的成熟及需求的变化，传统的产品研发、设计、制造、安装等随之也发生了根本性的改变。复杂的需求及过程需要与之适应的技术手段，这样，基于有限元法的计算机辅助工程技术（CAE）及其软件得以应运而生，已成为工程应用领域中创新研究、创新设计的重要工具。

本章的主要目的就是介绍有限元分析的基本方法及如何使用有限元分析软件ANSYS15.0 Workbench完成简单的分析案例，讨论的主要内容如下。

1. 工程问题的数学物理方程及数值算法。
2. 有限元分析技术的发展及应用。
3. 有限元分析的基本原理和相关术语。
4. 有限元分析的基本步骤。
5. 使用ANSYS15.0 Workbench分析简单案例。
6. 验证分析结果及理解工程问题。

1.2 工程问题的数学物理方程及数值算法

1.2.1 工程问题复杂的需求及过程

现代社会中，快速的交通工具、大型建筑物、大跨度的桥梁、大功率的发电机组、精密的机械设备等，这些产品面向高速化、大型化、大功率化、轻量化、精密化的趋向引发而来的机械工程问题日趋复杂，对工程设计人员提出了新的挑战。工程设计人员往往需要在设计阶段就要精确地考虑及预测出产品及工程的技术性能，不仅涉及结构分析的静力、动力问题，解决结构强度、刚度、稳定性、疲劳等失效问题，而且还涉及结构场、温度场、流场、电磁场等多场耦合的情况，都需要进行分析计算。

例如，随着对产品高速度的要求，短时间内的加速或减速将导致结构惯性力增加；随着产品结构（参见图1.2-1的运动机构）的柔度加大，结构更容易产生振动，而振动将降低结构的精度和寿命，因此产品动力设计中就要综合考虑这些影响因素；保温夹套蝶阀中（图1.2-2）关心温度分布、流体速度、压力分布对蝶阀性能参数的影响，就要进行热、流体、结构的耦合场分析；手机（图1.2-3）的设计中需要考虑传热、热应力、信号集成、芯片电源管理、高频分析、天线、触摸屏、信号干扰等多种工程难题。

图1.2-1　运动机构　　　　　　　　　　图1.2-2　保温蝶阀　　　　图1.2-3　手机

1.2.2　工程问题的数学物理方程

对于解决实际的工程问题而言，一般都可以借助于物理定理，将其转换为相关的代数方程、微分方程或积分方程来描述，也就是说，工程问题可以转化为与之等价的数学物理方程。工程问题中常见的三种数学物理方程为波动方程、输运方程（扩散方程）和稳定场方程，其含义、控制微分方程及定解条件参见表1.2-1：

表1.2-1　　　　　　　　　　　　　　　　　三种数学物理方程描述

名称	概念	微分方程	初始条件	边界条件
波动方程（双曲线方程）	描述各种波动现象，如声波、光波和水波	$u_{tt} - a^2 \Delta u = \begin{cases} 0 & \text{无外源} \\ f(x,y,z,t) & \text{有外源} \end{cases}$	初始"位移"及初始"速度"	第一类、第二类、第三类
输运方程（抛物线方程）	反映输运过程，如质量输运、瞬态传热	$u_t - a^2 \Delta u = \begin{cases} 0 & \text{无外源} \\ f(x,y,z,t) & \text{有外源} \end{cases}$	物理量在初始时刻的值	第一类、第二类、第三类
稳定场方程（椭圆方程）	反映稳定场，如静力平衡、稳态传热	$\Delta u = \begin{cases} 0 & \text{无外源(Laplace, 拉普拉斯)} \\ f(x,y,z,t) & \text{有外源(Poisson, 泊松)} \end{cases}$	无	第一类、第二类、第三类
其中：u为因变量；自变量t为时间，x，y，z为空间坐标	$u_{tt} = \dfrac{\partial^2 u}{\partial t^2}$, $u_t = \dfrac{\partial u}{\partial t}$, $\Delta u = \left(\dfrac{\partial^2 u}{\partial x^2} + \dfrac{\partial^2 u}{\partial y^2} + \dfrac{\partial^2 u}{\partial z^2}\right)$, $t > 0$, $x, y, z \in \mathbf{R}$ 第一类边界条件：$u(x,y,z,t)\big|_{\text{边界}x_0,y_0,z_0,} = f(x_0,y_0,z_0,t)$ 第二类边界条件：$\dfrac{\partial u}{\partial n}\bigg|_{\text{边界}x_0,y_0,z_0,} = f(x_0,y_0,z_0,t)$ 第三类边界条件：$\left(u + \dfrac{\partial u}{\partial n}\right)\bigg|_{\text{边界}x_0,y_0,z_0,} = f(x_0,y_0,z_0,t)$			

工程问题中的控制微分方程组有相应的物理边界条件和/或初值条件，控制方程通常由其基本方程和平衡方程给出，平衡方程往往代表了微元体的质量、力或能量的平衡。给定一组条件，求解微分方程组就可以得到系统的解析解。

下面以稳定场方程中的一维弹性问题（图1.2-4）为例加以说明：

● 平衡方程：

假设轴向方向为x，在法向应力σx和轴向体积力$b(x)$的作用下，截面积为$A(x)$的直杆上的微元体力平衡问题可以表示为一维微分方程：

图1.2-4　一维弹性直杆

$$\frac{\mathrm{d}(\sigma(x) \cdot A(x))}{\mathrm{d}x} + b(x) \cdot A(x) = 0 \tag{1.2.1}$$

● 基本方程：

根据Hooke（胡克）定律，x处截面的应力$\sigma(x)$与应变$\varepsilon(x)$为线弹性关系，比例系数为直杆材料的弹性模量$E(x)$，则材料本构方程表示为：

$$\sigma(x) = E(x) \cdot \varepsilon(x) \tag{1.2.2}$$

应变$\varepsilon(x)$与轴向位移$u(x)$的几何方程表示为：

$$\varepsilon(x) = \frac{\mathrm{d}u(x)}{\mathrm{d}x} \tag{1.2.3}$$

由式（1.2.1）～式（1.2.3）得到关于位移$u(x)$的二阶微分方程：

$$\frac{\mathrm{d}}{\mathrm{d}x}\left[E(x)A(x)\frac{\mathrm{d}u(x)}{\mathrm{d}x}\right] + b(x)A(x) = 0 \quad x \in (0, L) \tag{1.2.4}$$

● 定解条件：

一类边界条件（也称为几何边界/本质边界）为位移边界：

$$u(x)\big|_{x=0} = u_0 \tag{1.2.5}$$

二类边界条件（也称为自然边界）为应力边界：

$$E(x)\frac{\mathrm{d}u(x)}{\mathrm{d}x}\bigg|_{x=L} = \sigma_0 \tag{1.2.6}$$

根据上述条件可以得到未知的位移函数$u(x)$的解。式（1.2.4）的参数中，确定的直杆参数包括材料参数和几何参数，材料参数为弹性模量$E(x)$，几何参数为截面积$A(x)$及直杆长度L；而使构件位移产生变化的扰动参数则是直杆的体积力$b(x)$及边界条件。

因此工程问题中，可将存在着影响系统行为的参数分为两组，一组反映系统的自然行为，为系统的自然属性，如弹性模量、热导率、黏度、面积、惯性矩等材料、几何特征；另一组参数会引起系统的扰动，如外力、力矩、温差、压差等。这样的区分主要是为了帮助理解在有限元分析模型中涉及的矩阵（如结构分析中的刚度矩阵和载荷矩阵）的位置及其作用。

为便于理解，表1.2-2给出部分工程物理问题的表征，表1.2-3给出稳定场边值问题中用一维控制微分方程表征的不同物理问题的例子。

表1.2-2 　　　　　　　　　　　　　　　部分工程物理问题的表征

工程物理问题			
自然属性	弹性模量E，截面积A，长度L	弹性模量E，惯性矩I	剪切模量G，极惯性矩J，长度L
扰动	力F及约束条件	弯矩M及约束条件	扭矩T及约束条件
工程物理问题			
自然属性	热导率K，厚度L，面积A	渗透率k、几何特征	管径D，流体粘度η，长度L
扰动	热流率、温差、对流、辐射	压差/高差、补充流量	流量、压差
工程物理问题			

自然属性	电阻的电阻率P，长度L，面积A	磁导率μ，长度L，截面积A
扰动	电流I，电势差V	磁通量f，磁势NI

表1.2-3   一维控制微分方程表征的不同物理问题的例子

一维控制微分方程（泊松方程）： $\dfrac{\mathrm{d}}{\mathrm{d}x}\left[a(x)A(x)\dfrac{\mathrm{d}u(x)}{\mathrm{d}x}\right]+S(x)A(x)=0 \quad x\in(0,L)$

一类边界： $u(x)\big|_{x=0}=u_0$ 二类边界： $a(x)\dfrac{\mathrm{d}u(x)}{\mathrm{d}x}\Big|_{x=L}=g_0$

物理问题	因变量$u(x)$	$a(x)$	源$S(x)$	g_0
直杆的轴向变形	纵向位移$u(x)$	弹性模量$E[(x)]$	体积力$b(x)$	法向应力σ_0
一维定常热传导	温度$T(x)$	热导率$k(x)$	体积热源$q(x)$	热流密度q_0
位势流	流的高差$h(x)$	渗透率$k(x)$	体积流源$q(x)$	渗透流速v_0
一维管道流体	流体静压$P(x)$	黏度$\mu(x)$	体积流源$q(x)$	流速v_0
静电场	静电势$\phi(x)$	介电常数$\varepsilon(x)$	电荷密度$\rho(x)$	电通密度D_0
静磁场	磁势$\phi(x)$	磁导率$\mu(x)$	电荷密度$\rho(x)$	磁通密度B_0
稳态电流场	电势$V(x)$	电导率$\sigma(x)$/电阻率$\rho(x)$	-	电流密度J_0

1.2.3 控制微分方程的数值算法

虽然推导控制方程不是很困难，但得到精确的解析解的确仍是个棘手的问题，而近似求解的分析方法是一个有效的手段。

偏微分方程数值解的方法主要有限差分法、有限元方法、有限体积法，本质上都需要将求解对象细分为许多小的区域（单元）和节点，使用数值解法求解离散方程。有限差分法主要用于求解依赖于时间的问题（双曲线方程和抛物线方程），而有限元方法则侧重于稳定场题（椭圆型方程）；有限体积法可视作有限单元法和有限差分法的中间物。

有限差分法使用差分方程代替偏微分方程，从而得到一组联立的线性方程组；而有限元法使用积分方法建立系统的代数方程组，用一个连续函数近似描述每个单元的解。由于内部单元的边界连续，就可以通过单个解组装起来得到整个问题的解。

有限体积法是加权余量法中的子区域法，属于采用局部近似的离散方法；将计算区域划分为一系列不重复的控制体积，并使每个网格点周围有一个控制体积；将待解的微分方程对每一个控制体积积分，便得出一组离散方程。其中的未知数是网格点上的因变量的数值。为了求出控制体积的积分，必须假定值在网格点之间的变化规律。

有限单元法必须假定值在网格点之间的变化规律（即插值函数），并将其作为近似解。有限差分法只考虑网格点上的数值而不考虑值在网格点之间如何变化。有限体积法只寻求结点值，这与有限差分法相类似；但有限体积法在寻求控制体积的积分时，必须假定值在网格点之间的分布，这又与有限单元法相类似。在有限体积法中，插值函数只用于计算控制体积的积分，得出离散方程之后，便可忘掉插值函数；如果需要的话，可以对微分方程中不同的项采取不同的插值函数。三种方法对比参见表1.2-4.

表1.2-4   三种数值算法对比

名称	适用范围	典型应用软件
有限差分法	简单几何形状的流动与换热问题	Flow-3D、FlAC3D等
有限单元法	广泛适用几何及物理条件复杂的问题	ANSYS、NASTRAN、ABAQUS，ADINA、LS-DYNA等
有限体积法	流体流动及传热问题	STAR-CD、CFX、FLUENT等CFD软件

1.3 有限元分析技术的发展及应用

有限元法作为一种高效的数值计算方法，早期是以变分原理为基础发展起来的，广泛地用于"准调和方程"所描述的各类物理场中，众所周知的就是拉普拉斯方程和泊松方程。工程实际中遇到的：如热传导、多孔介质渗流、理想液体无旋流动、电势（磁势）分布，棱柱杆扭转、棱柱杆弯曲、轴承润滑等，都属于这类方程。现在则扩展到以任何微分方程所描述的各类物理场中。

其实，有限元方法中对于连续性问题，采用"有限分割、无限逼近"的思想自古有之，我国魏晋时期数学家刘徽1800年前撰写的《九章算术注》就给出了数学史上著名的"割圆术"计算圆周率。"割圆术"（图1.3-1），则是以"圆内接正多边形的周长"，来无限逼近"圆周长"。刘徽形容他的"割圆术"说："割之弥细，所失弥少，割之又割，以至于不可割，则与圆合体，而无所失矣"。

内接正3072边形
逼近圆周
史称微率

$\pi = 3.1416$

图1.3-1 刘徽割圆术示意图

现代有限元方法的起源可追溯到20世纪早期。1943年，美国数学家Courant首先提出了可以用有限个单元模拟无限点的物体，他也因此成为公认的应用有限元方法的第一人。

20世纪50年代计算机的出现，美国的工程师Turner、Clough首先采用Courant的观点解决了飞机机翼的强度问题。1960年，Clough在《有限元在飞机机翼强度分析中的应用》（*The finite element in plane stress analysis*）的论文中首次提出了有限元（Finite Element）术语，从而使有限元方法有了正式命名。1967年，Zienkiewicz和Cheung出版了第一本有关有限元分析的专著。1970年后，有限元方法应用于非线性和大变形问题。Oden于1972年出版第一本处理非线性连续体专著。

20世纪60年代我国中科院数学所计算数学家冯康，首先从数学角度出发，总结出一个可以归结为 $\Delta u = 0$（见表1.2-1）的工程物理问题，都可用有限元方法求解，在论文中提出了"有限单元"这样的名词。国内的贡献主要有：陈伯屏（结构矩阵方法）；钱伟长、胡海昌（广义变分原理）；冯康（有限单元法理论）。

现在，有限元分析已经成为数值计算的主流，结构、热、流体、电磁场中的稳态/瞬态、线性/非线性问题都可用有限元方法解决。国际上不但研发出多种通用有限元分析软件，如ANSYS、NASTRAN，ABQUS、ADINA、LS-DYNA等，而且涉及有限元分析的杂志也有几十种之多，有限元分析技术及其软件已经得到广泛应用（图1.3-2），主要特征可归纳如下。

- 深度：解决多种类复杂问题。
- 广度：涵盖多学科领域（结构、热、流体、电磁等）。
- 综合：多物理场耦合。
- 灵活：从简单到复杂，从单行到多核、并行处理。
- 适应性：CAD接口多、数据共享。

图1.3-2 有限元分析应用

1.4 有限元分析的基本原理及相关术语

1.4.1 有限元分析的基本原理

正如前所述，有限元方法作为求解数学物理问题的一种数值计算方法，用于求解具有边值及初值条件的微分方程所描述的各类物理场中，源于固体力学结构分析矩阵位移法的发展，利用数学近似的方法对真实物理系统进行模拟。利用简单而又相互作用的单元，用有限数量的未知量去逼近无限未知量的真实系统。

简单的二维弹性问题的有限元分析模型示例（图1.4-1）如下：

图左表示的是带圆孔的平板，在均匀压力作用下的应力集中问题。图右是利用结构的对称性，采用三节点三角形单元而离散后的有限元分析模型，各单元之间以节点相连。

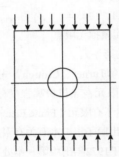 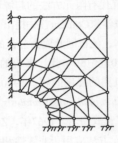

图1.4-1 平面应力问题的有限元分析模型

1.4.2 有限元分析的相关术语

1. 物理系统

步骤演示如图1.4-2所示。

自然界的一切物质都不是以孤立个体的形式单独存在的，它们均与周围事物发生着相互作用，并由于相互作用而形成各种联系。物理系统是在一定环境条件下（物理场），由相互作用着的若干要素（几何与载荷）所构成的有特定功能的整体。

2. 有限元模型

步骤演示如图1.4-2所示。

有限元模型是真实系统理想化的离散的数学抽象模型，由一些简单形状的单元组成，单元之间通过节点连接，并承受一定载荷。

3. 自由度

步骤演示如图1.4-2所示。

自由度用于描述一个物理场的响应特性，如结构场中的位移自由度，热场中的温度，电场中的电势，磁场中的磁势，流场中的压力、速度等。对于不同工程领域使用的有限元分析（FEA）采用的单元自由度及载荷参见表1.4-1。

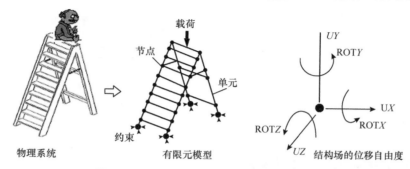

图1.4-2 真实物理系统、有限元模型及自由度

表1.4-1　　　　　　　　　不同物理场的FEA单元自由度及载荷

工程领域	结构场	热传导	声流体	位势流	通用流体	静电场	静磁场
自由度	位移	温度	压力	压力	速度	电势	磁势
载荷	结构力	热量	速度	速度	通量	电量	磁通量

4．节点

步骤演示如图1.4-2所示。

节点是空间中的坐标位置，具有一定自由度和存在相互物理作用。节点自由度是随连接该节点单元类型变化的。

5．单元

单元是一组节点自由度间相互作用的数值、矩阵描述（称为刚度或系数矩阵）。单元有线、面或实体二维或三维的单元等类型（见图1.4-3）。每个单元的特性是通过一些线性方程式来描述的。作为一个整体，单元形成了整体结构的数学模型，信息是通过单元之间的公共节点传递的。

每个单元指定一个单元编号及有具体数字序列的整体节点数（通常逆时针），参见图1.4-4。

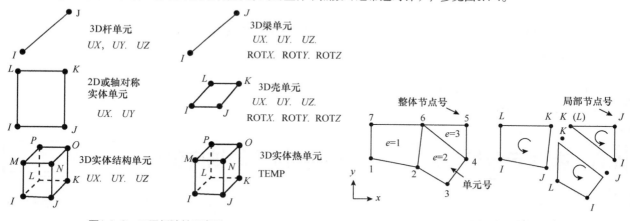

图1.4-3 不同低阶单元类型　　　　　　图1.4-4 离散域的单元及节点编号

6．单元形函数

单元形函数是一种数学函数，规定了从节点自由度值到单元内所有点处自由度值的计算方法，这样通过有限元方法先求解节点处的自由度值，利用单元形函数，进而就可得任意位置的结果。

单元形函数的特点在于：提供了一种描述单元内部结果的"形状"，单元形函数描述的是给定单元的一种假定的特性。

单元形函数与真实工作特性吻合的好坏程度直接影响求解精度，示例如图1.4-5所示。单元形函数采用线性近似与二次近似的对比结果表明：线性近似的有限元分析模型（常称为"低阶单元模型"）往往需要更多的节点和单元才能获得好的求解精度，相比之下，二次近似的有限元分析模型（常称为"高阶单元模型"）获得理想结果所需的节点与单元都较少。

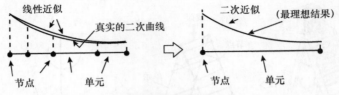

图1.4-5　单元形函数的线性近似与二次近似

1.5　有限元分析的基本步骤

一般而言，有多种方法用于推导有限元的公式，其中包括直接法、虚位移法、最小势能法、变分法、加权余量法等。

直接法是根据单元的物理意义，建立有关场变量表示的单元性质方程；加权余量法直接使用控制微分方程求解，如求解传热及流体力学问题，变分法依赖于变分计算，这种方法涉及与结构力学中势能有关的函数极值。

各种方法的基本步骤都大体相同，可表示为以下三个阶段。

1.　前处理

（1）建立求解域并将其离散为有限个单元。

（2）假设代表单元物理行为的单元形函数。

（3）对单元建立方程。

（4）将单元组成总体问题，构造总体刚度矩阵。

（5）应用边界条件、初值条件和载荷。

2.　求解

求解线性或非线性微分方程组，得到节点解，如得到不同节点的位移或温度值。

3.　后处理

（1）获得其他导出量，如结构场中应力、应变，温度场中的热通量等。

（2）验证结果及理解问题。

1.6　有限元分析计算实例——直杆拉伸的轴向变形

直接法用于求解相对简单的问题，但对于解释FEA的概念非常有用。下面采用直接法，以求解直杆拉伸的轴向变形为例，给出有限元位移法分析的解算过程。

1.6.1　问题描述

如图1.6-1所示拉杆一端固定，另一端受外力$P=10kN$，拉杆长度$L=400mm$，横截面积$A=10\times10mm^2$，材料为Q235，弹性模量$E=2\times10^{11}Pa$，屈服应力250MPa，需计算轴向变形及应力。

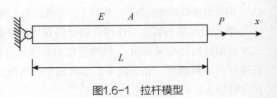

图1.6-1　拉杆模型

1.6.2 微分方程的解析解

该模型为1D线弹性问题，体积力为$b(x)=0$，微分方程由（1.2.4）可写为：

$$\frac{d}{dx}\left[EA\frac{du(x)}{dx}\right]=0 \quad x\in(0,L)$$ （1.6.1）

边界条件：

位移边界为：

$$u(x)\big|_{x=0}=0$$ （1.6.2）

应力边界为：

$$E\frac{du(x)}{dx}\bigg|_{x=L}=\frac{P}{A}$$ （1.6.3）

方程解为：

应力：

$$\sigma(x)=\frac{P}{A};$$ （1.6.4）

应变：

$$\varepsilon(x)=\frac{P}{EA};$$ （1.6.5）

位移：

$$u(x)=\frac{P}{EA}x$$ （1.6.6）

将数值代入得到常值应力$\sigma(x)=100$MPa，常值应变$\varepsilon(x)=0.0005$，位移函数$u(x)=0.0005x$，最大位移$u(L)=0.2$mm。

1.6.3 微分方程的有限元数值解

1. 离散单元

将杆件离散为具有两个节点的单元，节点处有轴向节点力f_1，f_2，产生x方向的位移u_1，u_2，如图1.6-2所示。

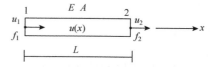

图1.6-2 具有两个节点的杆单元

2. 节点1的力平衡方程

由于受到节点力的作用，杆单元1点处变形$\Delta u_1=u_1-u_2$，作用在1点轴向力f_1可表示为：

$$f_1=EA\frac{\Delta u_1}{\Delta x}=EA\frac{u_1-u_2}{L}$$ （1.6.7）

3. 节点2的力平衡方程

同理，作用在2点轴向力f_2可表示为：

$$f_2=EA\frac{\Delta u_2}{\Delta x}=EA\frac{u_2-u_1}{L}$$ （1.6.8）

4. 单元刚度方程

合并式（1.6.7）与（1.6.8），导出矩阵方程如下：

$$\begin{bmatrix} \dfrac{EA}{L} & -\dfrac{EA}{L} \\ -\dfrac{EA}{L} & \dfrac{EA}{L} \end{bmatrix}\begin{Bmatrix} u_1 \\ u_2 \end{Bmatrix}=\begin{Bmatrix} f_1 \\ f_2 \end{Bmatrix}\text{或}K^{(e)}u^{(e)}=F^{(e)}$$ （1.6.9）

这里，$u^{(e)}$为未知的节点位移矢量，$K^{(e)}$为单元刚度矩阵，$F^{(e)}$为单元节点力矢量，上标e表示单元号。

5. 整体刚度方程

对于多个单元构成的连续构件，或者说如果将该杆件划分为多个单元，则将离散单元组装形成为以位移为基本未知量的有限元位移法描述的线性代数方程组形式：

$$[K]\{u\}=\{F\} \tag{1.6.10}$$

其中：$[K]=\Sigma K^{(e)}$代表由单元刚度组合成的整体刚度矩阵，$[u]=\Sigma u^{(e)}$为整体坐标系（x，y，z）中的节点位移矢量，$[F]=\Sigma F^{(e)}$为整体结构的节点力矢量。本例中对于1个单元的刚度方程与整体刚度方程一致。

6. 处理边界条件并求解节点位移

将边界条件$u_1=0$，及$f_2=P$代入方程式（1.6.10），得：

$$\begin{bmatrix} \dfrac{EA}{L} & -\dfrac{EA}{L} \\ -\dfrac{EA}{L} & \dfrac{EA}{L} \end{bmatrix}\begin{Bmatrix} 0 \\ u_2 \end{Bmatrix}=\begin{Bmatrix} R \\ P \end{Bmatrix} 得到 \dfrac{EA}{L}u_2=P \tag{1.6.11}$$

因此节点位移：

$$u_1=0，\quad u_2=PL/EA \tag{1.6.12}$$

7. 求单元应变、应力及支反力

假设单元位移函数表达式为$u(x)=a_1+a_2x$，根据u_1、u_2的值，可得到：

$$\begin{cases} u(0)=u_1=a_1 \\ u(L)=u_2=u_1+a_2L \end{cases} \tag{1.6.13}$$

得到：

$$u(x)=\left(\dfrac{u_2-u_1}{L}\right)x+u_1 \tag{1.6.14}$$

得到：

$$u(x)=\begin{bmatrix} 1-\dfrac{x}{L} & \dfrac{x}{L} \end{bmatrix}\begin{Bmatrix} u_1 \\ u_2 \end{Bmatrix} \tag{1.6.15}$$

或：

$$u(x)=[N_1 N_2]\begin{Bmatrix} u_1 \\ u_2 \end{Bmatrix}，N_1=1-\dfrac{x}{L}，N_2=\dfrac{x}{L} \tag{1.6.16}$$

$[N]=[N_1 N_2]$为形函数（也称为插值函数）矩阵，Ni代表当第i个单元自由度为单位值，而其他自由度的值为0时，假定的单元域内位移函数的形状。本例中，N_1、N_2为线性函数，节点1处$N_1=1$，节点2处$N_1=0$，而节点1处$N_2=0$，节点2处$N_2=1$，参见图1.6-3。插值函数与实际函数有可能不吻合，但在节点处是相等的。

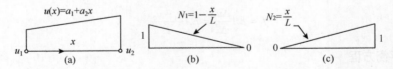

图1.6-3　（a）为位移函数$u(x)$，（b）为单元域中形函数N_1，（c）为单元域中形函数N_2

式（1.6.15）中代入$u_1=0$，$u_2=PL/EA$

得到

$$u(x)=\dfrac{P}{EA}x+u_1=\dfrac{P}{EA}x \tag{1.6.17}$$

进而得到应变：

$$\varepsilon(x)=\dfrac{du(x)}{dx}=\dfrac{P}{EA} \tag{1.6.18}$$

应力：

$$\sigma(x)=E\cdot\varepsilon(x)=E\dfrac{du(x)}{dx}=\dfrac{P}{A} \tag{1.6.19}$$

由式（1.6.11）得支反力：

$$R=-\dfrac{EA}{L}u_2=-P \tag{1.6.20}$$

将数值代入得到位移函数$u(x)=0.0005x$；常值应力$\sigma(x)=100MPa$；常值应变$\varepsilon(x)=0.0005$；约束反力$R=-10000N$。

1.6.4 ANSYS Workbench梁单元分析直杆拉伸的轴向变形

下面对同样的问题，基于有限元分析软件ANSYS15.0 Workbench，采用三维有限应变梁单元BEAM188计算拉伸直杆的轴向变形及其他相关结果，目的在于熟悉ANSYS15.0 Workbench的使用及验证结构静力分析结果。

这里ANSYS Workbench结构静力分析程序默认的单元为具有两个节点的3D梁单元Beam188，每个节点有6个自由度。

提示

> Beam188用于分析细长或中等粗细的梁结构，该单元基于Timoshenko梁理论，包含剪切变形的影响，适用于线性分析及大转动、大应变非线性分析。大变形分析中单元包含应力刚化，也支持弹性、塑性、蠕变及其他非线性材料。单元的详细描述可参见ANSYS单元帮助手册。

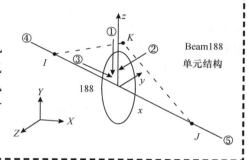

分析流程可以描述如下：

- 根据仿真需求，进行结构静力分析，创建需要的几何模型。
- 对几何模型进行网格划分，建立有限元分析模型。
- 施加结构静力边界条件及载荷。
- 求解及检查结构静力分析结果。

1. 运行

程序→【ANSYS15.0】→【Workbench 15.0】，进入Workbench数值模拟平台，鼠标左键点击OK按钮关闭欢迎窗口（图1.6-4）。

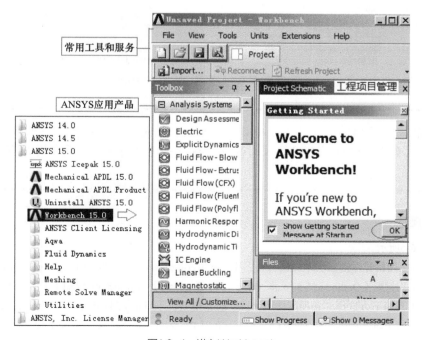

图1.6-4　进入Workbench

提示

> ANSYS Workbench（以下简称WB）是将工程项目管理工具与核心求解功能整合在一起的统一平台。集成框架中，集成了现有的ANSYS技术与应用产品；应用框架中，提供了新开发的用户界面、应用程序等；常用工具和服务中，提供数据管理、参数管理、设计点、单位系统及日志、脚本、批处理执行功能等。

2. WB中设置静力分析系统

（1）左侧工具箱【Toolbox】下方的"分析系统"【Analysis Systems】中将"结构静力分析"【Static Structural】拖入到"项目流程图"【Project Schematic】中，出现静力分析分析系统A中包括7个单元格（含义见图1.6-5），每个单元格命令分别代表分析过程中所需的步骤，后面要依次按照顺序完成每个单元格中的命令。

（2）静力分析分析系统A下方输入分析标题名称Rod。

（3）在工具栏中点击保存项目文件按钮，在弹出窗口中输入文件名称为Rod.wbpj确定。

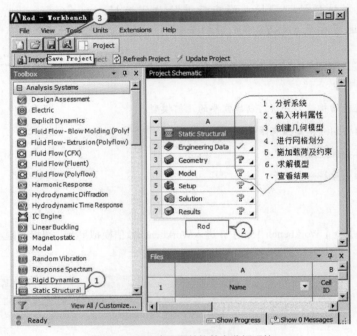

图1.6-5　WB中设置结构静力分析系统

提示

> WB以工程流程图的方式管理工程项目，工程流程图是管理工程的一个区域，如图1.6-6右侧所示，分析系统和各个组件都可以加入工程流程图，并建立关联、描述工作流程及使用WB提供的各项功能。

3. 输入材料属性

步骤操作如图1.6-6所示。

（1）分析系统A中用鼠标左键双击"工程材料"【Engineering Data】单元格，进入工程数据窗口。

（2）在已有的工程材料【Outline of Schematic A2: Engineering Data】-【Structural Steel】下方输入新材料名称Rod。

（3）在左侧的工具箱下方选择"各项同性线弹性"材料模型：【Linear Elastic】-【Isotropic Elasticity】。

（4）材料属性窗口下输入弹性模量2e+11Pa与泊松比0：【Properties of Outline Row 4: Rod】-【Isotropic Elasticity】-【Young's Modulus】=2e+11Pa，【Poisson's Ratio】=0。（注：对一维问题，可忽略泊松比）

（5）工具栏鼠标点击"项目"【Project】按钮，返回工程流程图的WB界面。

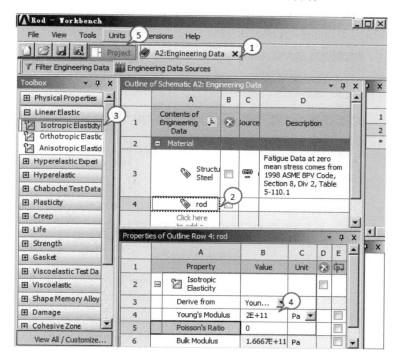

图1.6-6 输入材料数据

提示 ---

　　WB中建立几何模型是通过Design Modeler（以下简称DM）实现。DM采用特征描述、参数化的实体建模技术，提供适用于有限元分析的建模功能，包含创建草图及3D实体模型、CAD模型简化/修改、创建概念化模型等，极为易学易用。

4. 创建几何模型

步骤操作如图1.6-7～图1.6-12所示。

（1）分析系统A中用鼠标左键双击"几何"【Geometry】单元格。

（2）进入DM窗口，DM用户界面类似于大多数特征建模软件，菜单和工具栏可以接受输入的建模命令：

● 常用工具栏包括常用命令按钮，如新建、保存、模型导出、抓图等；

● 选择工具栏提供目标选择方式按钮，如点选、线选、面选、体选等；

● 视图工具条上的命令按钮可激活鼠标操作，如旋转、平移、缩放、聚焦等；

● 工作平面工具栏可以用来设置工作平面和定义草图；

● 3D建模工具栏提供三维建模的各种命令按钮，如拉伸【Extrude】、旋转【Revolve】、扫掠【Sweep】、蒙皮【Skin/Loft】等；

● 导航栏【Tree Outline】区域显示整个建模流程中的所有特征操作，模型的变化跟随特征操作的改变；

● 导航树下每个分支命令的描述及设置都显示在"明细信息窗口"【Details View】；

● 图形窗口【Graphics】显示当前模型状态，状态栏区域显示当前模型状态提示；

（3）程序默认的长度单位为m，本例建模的长度单位为mm，所以DM的菜单栏中选择【Units】-【Millimeter】。

（4）图形窗口中的标尺变换为mm。

（5）下面要在工作平面【XYPlane】上创建草图画线，工具栏选择【Look At】正视图按钮。

（6）工作平面工具栏中，鼠标移动到新草图按钮 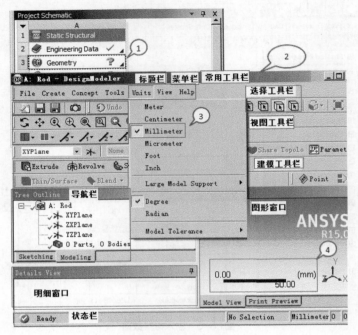，会出现【New Sketch】，点击新草图按钮 。

（7）导航栏中在【XYPlane】下面可以看到新建草图【Sketch1】。

（8）选择导航栏下方的"草图标签"【Sketching】

图1.6-7 DM界面

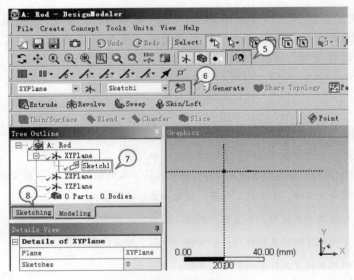

图1.6-8 创建草图

（9）草图工具箱【Sketching Toolboxes】窗口中选择【Draw】→【Line】，图形区点击鼠标左键，拖放鼠标画线。

> **提示**
>
> 鼠标点击时会出现捕捉提示标记，这里捕捉到坐标轴的交点会出现*P*，捕捉*X*坐标轴上的点会出现*C*，画线与坐标轴平行会出现提示*H*。

（10）草图工具箱【Sketching Toolboxes】窗口中选择尺寸标注【Dimensions】。

（11）图形区在线上拖放鼠标显示水平尺寸*H*1。

（12）设置尺寸【Details View】→【Dimensions】→【H1】=400mm，见图1.6-10.

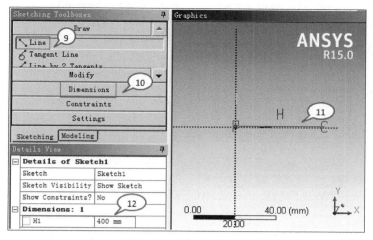

图1.6-9　画线及尺寸标注

提示

DM中将几何模型创建为三种不同体类型：3D实体【Solid】由四面体或六面体单元划分网格；面体【Surface Body】只由面组成，可由三角形或四边形的2D实体单元或3D壳单元划分网格；线体【Line Body】完全由线组成。

（13）菜单栏中选择概念模型【Concept】下的草图创建线体命令【Lines From Sketches】。

（14）选择已经生成的草图【Sketch1】

（15）明细窗口中点击【Base Objects】中的【Apply】按钮，这将确认创建线体的草图。

（16）工具栏中点击生成【Generate】按钮，然后创建的线体【Line1】出现在导航栏中。

（17）展开导航栏中生成的零件【1 Part，1 Body】，会看到下面有1个线体【Line Body】（见图1.6-11）。

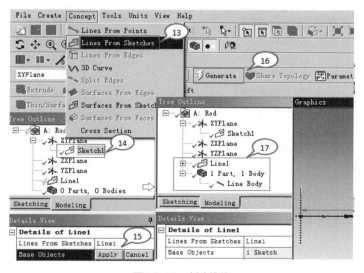

图1.6-10　创建线体

（18）菜单栏中选择概念模型【Concept】下的矩形横截面【Cross Section】-【Rectangular】。

（19）选择导航栏中创建的矩形横截面【Rect1】。

（20）明细窗口下设置矩形横截面的尺寸大小，这里B=10mm，H=10mm不变。

（21）图形区会显示横截面的形状（见图1.6-11）。

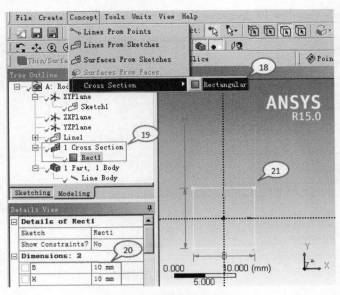

图1.6-11　创建线体横截面

（22）导航栏中选线体：【1 Part，1 Body】-【Line Body】。

（23）明细窗口中将矩形横截面赋给线体：【Cross Section】中选【Rect1】。

（24）视图菜单中设置横截面实体显示方式：【View】下拉菜单中勾选【Cross Section Solids】。

（25）图形区会显示具有矩形横截面形状的直杆模型（见图1.6-12）。

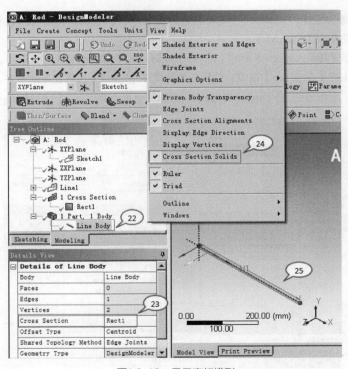

图1.6-12　显示直杆模型

💿 提示

　　至此，DM中的几何模型已经建立完毕，可选文件菜单的导出命令【File】-【Export】，导出几何模型文件rod.agdb到指定的文件夹下，这里放在保存工程项目文件时，程序创建的同名文件夹Rod_files下面。如果不关闭DM程序，可在Windows窗口中切换到WB界面。

提示

　　下面将要进行的网格划分、设置边界条件、求解及查看结果将统一在"结构分析程序"【Mechanical】中完成。

5. 网格划分

步骤操作如图1.6-13所示。

（1）WB界面中双击有限元模型【Model】单元格，进入【Mechanical】的结构静力分析。

（2）给直杆分配材料：导航栏中选【Geometry】-【Line Body】。

（3）明细窗口中分配材料属性：设置【Material】-【Assignment】=rod。

（4）导航栏中选【Mesh】，则当前活动工具栏为网格划分的相关命令，选择【Mesh】-【Generate Mesh】生成默认网格。

（5）图形区可看到生成的梁单元，由于是线单元，所以单元仅在轴向，横截面上没有网格划分。

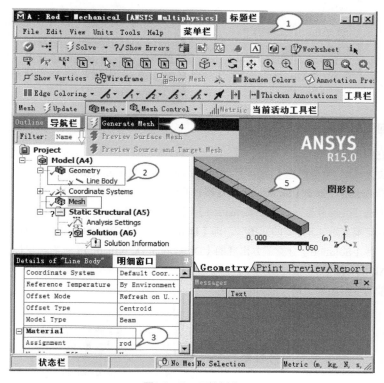

图1.6-13　网格划分

6. 施加载荷、约束及求解

步骤操作如图1.6-14所示。

（1）导航栏中鼠标点击【Static Structural】，当前工具栏中显示静力分析环境选项。

（2）施加边界条件，线体左端固定，点击选择工具栏中"点选按钮" 。

（3）图形区A处选择线体左端点。

（4）活动工具栏中选择【Supports】-【Fixed Support】则图A处添加固定约束。

（5）同样图形区B处，点选线体右端点。

（6）施加载荷，工具栏中选择【Loads】-【Force】。

（7）施加X方向的轴向拉力10000N。明细窗口中选择：【Details of "Force"】-【Definition】-【Define by】=Components；输入【X Component】=-10000N。

（8）工具栏中点击【Solve】求解。

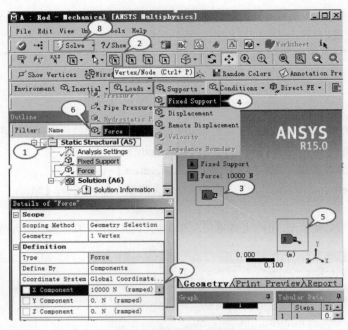

图1.6-14　施加载荷、约束及求解

7．查看直杆轴向变形结果

步骤操作如图1.6-15所示。

（1）改变长度单位为mm：菜单栏选【Units】-【Metric (mm, kg, N, s, mV, mA)】。

（2）导航栏中选择"求解"分支【Solution】，这样将激活求解结果工具栏选项。

（3）求解工具栏中选"变形分量"：【Deformation】-【Directional】。

（4）明细窗口中确定要显示"X方向的变形"，即【Definition】-【Orientation】=X Axis。

（5）导出结果：选择【Solution】分支下方出现的【Directional Deformation】，右击鼠标，在快捷菜单中选"评估所有结果"【Evaluate All Results】。

（6）图形区显示轴向变形结果，最大值为0.2mm。

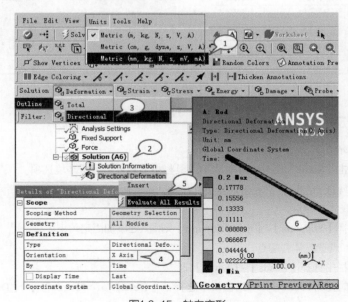

图1.6-15　轴向变形

提示

　　由于前面已经求解完毕，所以这里只要用【Evaluate All Results】导出结果就可以了，后续导出结果的操作与此类同。此外，查看结果的命令既可以在工具栏中获取，也可从快捷菜单中得到，后面会以不同的方式得到结果。

8. 使用梁工具查看轴向应力结果

（1）插入梁工具：导航栏中选【Solution】，右击鼠标，快捷菜单中选【Insert】-【Beam Tool】-【Beam Tool】。

（2）与显示变形一样，导出梁工具默认的三个结果：选择【Solution】分支下方出现的"梁工具"【Beam Tool】，右击鼠标，在快捷菜单中选【Evaluate All Results】；然后展开【Beam Tool】，选择轴向应力【Direct Stress】，同时也可查看"最大组合应力"【Maximum Combined Stress】与"最小组合应力"【Minimum Combined Stress】。

（3）图形区显示轴向应力为100MPa。

（4）明细窗口中也显示最大值与最小值结果：【Results】-【Minimum】=100MPa，【Maximum】=100MPa。

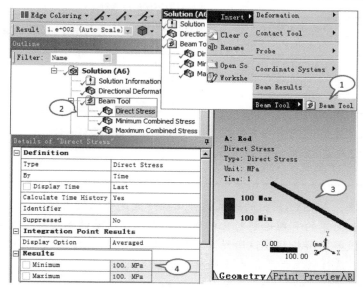

图1.6-16 轴向应力

9. 查看约束反力结果

步骤操作如图1.6-17所示。

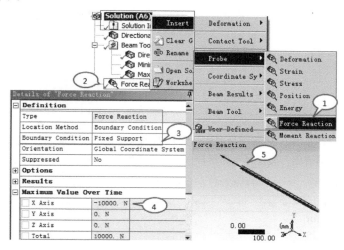

图1.6-17 约束反力

（1）插入节点反力：导航栏中选【Solution】，右击鼠标，快捷菜单中选【Insert】-【Probe】-【Force Reaction】。

（2）导航栏中【Solution】分支下方出现"反作用力"【Force Reaction】。

（3）选【Force Reaction】，明细窗口中设置按"边界条件定位"：【Location Method】=Boundary Condition，边界条件为"固定约束"：【Boundary Condition】=Fixed Support。

（4）然后在【Force Reaction】上右击鼠标，选【Evaluate All Results】，得到约束反力的结果。明细窗口中可以看到X方向的轴向力：【Maximum Value Over Time】-【X Axis】= -10000N，及合力【Total】=10000N。

（5）图形区显示约束处的反力方向与作用的拉力相反。

1.6.5 验证结果及理解问题

不同计算结果的对比见表1.6-1，可以看到梁单元的数值结果与解析解是完全一致的。值得注意的是，ANSYS15.0 Workbench并没有给出应变结果。

表1.6-1   不同计算方法的结果对比

	解析解	有限元数值解	ANSYS15.0 Workbench
最大轴向位移mm	0.2	0.2	0.2
应力MPa	100	100	100
应变mm/mm	0.0005	0.0005	不显示
约束反力	−10000	−10000	−10000

本例中由于直杆的长度远大于其他两个方向的尺寸，因此采用梁单元模拟是合适的。其实同一个问题可以有不同的解法，本例采用3D单元建模也可以得到同样的结果。

💡 **提示**

对于初学者而言，ANSYS模拟的结果是否正确一直是个比较困扰的问题，因此在求解实际工程问题时，先做一些简单的有理论解对比的例子，弄清物理量的本质是很重要的一个环节，然后可用简化模型的数值解与解析解或试验结果对比，看看趋势是否一致，误差是否收敛，或者不至于出现太大的差距，这样做有助于得到正确解。

1.7 有限元分析计算实例——单轴直杆热传导

下面分析单轴直杆的一维热传导问题，采用的几何模型还是与1.6章节的拉伸直杆相同，主要的目的是理解稳态传热的有限元分析方法。

1.7.1 问题描述

如图1.7-1所示的单轴直杆模型，热流率Q=1W从温度$T(0)$=20℃的一端流入，流过长度L=400mm、横截面积A=10×10mm²的直杆，从另一端流出，假设材料为铝合金，导热系数k=100W/m℃，计算轴向温度分布。

图1.7-1 单轴直杆传热模型

1.7.2 微分方程的解析解

该模型为一维稳态热传导问题，从能量守恒方程及基本方程可推出控制微分方程。

● 平衡方程：

能量守恒表示能量的变化为零，对于给定热流密度$q(x)$、热流截面积$A(x)$与外部体积热流率$\dot{q}(x)$的轴向热传导，可写为：

$$\frac{d(q(x) \cdot A(x))}{dx} + \dot{q}(x) \cdot A(x) = 0 \qquad (1.7.1)$$

● 基本方程：

根据热传导基本规律（傅里叶定律）的描述：在导热现象中，单位时间内通过给定截面的热量，正比例于垂直于该界面方向上的温度变化率和截面面积，而热量传递的方向则与温度升高的方向相反。傅里叶定律用热流密度$q(x)$表示时形式如下：

$$q(x) = -k(x)\frac{dT(x)}{dx} \qquad (1.7.2)$$

式中：$T(x)$为温度，$k(x)$热传导系数，由式（1.7.1）～式（1.7.2）得到关于温度$T(x)$的二阶微分方程：

$$\frac{d}{dx}\left[-k(x)A(x)\frac{dT(x)}{dx}\right] + \dot{q}(x)A(x) = 0 \quad x \in (0, L) \qquad (1.7.3)$$

● 定解条件：

一类边界条件为温度边界：

$$T(x)\big|_{x=L} = T(L) \qquad (1.7.4)$$

二类边界条件为热流密度边界：

$$k(x)\frac{dT(x)}{dx}\bigg|_{x=0} = q_0 \qquad (1.7.5)$$

本例中$\dot{q}(x)=0$，导热系数k、热流面积A为常数，则由式（1.7.3）得到：

$$\frac{d}{dx}\left[-kA\frac{dT(x)}{dx}\right] = 0 \quad x \in (0, L) \qquad (1.7.6)$$

代入边界条件，流入热量取正值，流出热量取负值，方程解为：

热流密度：

$$q(x) = q_0 = \frac{Q}{A} ; \qquad (1.7.7)$$

温度分布函数：

$$T(x) = -\frac{Q}{kA}x + T(0) \qquad (1.7.8)$$

将数值Q=1W，A=100mm²，L=400mm，k=100W/m℃，$T(L)$=20℃代入，得到热流密度$q(x)$=10⁴W/m²，温度分布函数$T(x)$=-100x+60，最高温度$T(0)$=60℃。

1.7.3 微分方程的有限元数值解

1. 离散单元

将杆件离散为具有两个节点的单轴热传导单元，节点处有轴向热流Q_1、Q_2，产生X方向的温度T_1，T_2，如图1.7-2所示。

2. 节点1的热流平衡方程

由于受到节点热流的作用，单轴热传导单元1点处的温差$\Delta T_1 = T_1 - T_2$，作用在1点轴向热流率Q_1可表示为：

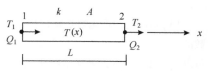

图1.7-2 具有两个节点的单轴热传导单元

$$Q_1 = kA\frac{\Delta T_1}{\Delta x} = kA\frac{T_1 - T_2}{L} \tag{1.7.9}$$

3. 节点2的热流平衡方程

同理，作用在2点轴向热流率Q_2可表示为：

$$Q_2 = kA\frac{\Delta T_2}{\Delta x} = kA\frac{T_2 - T_1}{L} \tag{1.7.10}$$

4. 单元热传导方程

合并式（1.7.9）与（1.7.10），导出矩阵方程如下：

$$\begin{bmatrix} \dfrac{kA}{L} & -\dfrac{kA}{L} \\ -\dfrac{kA}{L} & \dfrac{kA}{L} \end{bmatrix} \begin{Bmatrix} T_1 \\ T_2 \end{Bmatrix} = \begin{Bmatrix} Q_1 \\ Q_2 \end{Bmatrix} \text{ 或 } K^{(e)}T^{(e)} = Q^{(e)} \tag{1.7.11}$$

这里，$T^{(e)}$为未知的节点温度，$k^{(e)}$为单元热传导矩阵，$Q^{(e)}$为单元节点热流率，上标e表示单元号。

5. 整体热传导方程

对于多个单元构成的连续构件，或者说如果将该杆件划分为多个单元，则将离散单元组装形成为以温度为基本未知量的线性代数方程组形式，或者说热传导问题的有限元公式一般有如下形式：

$$[K]\{T\} = \{Q\} \tag{1.7.12}$$

其中：$[K] = \sum K^{(e)}$代表由单元热传导组合成的整体热传导矩阵，$\{T\} = \sum T^{(e)}$为整体坐标系（x, y, z）中的节点温度，$\{Q\} = \sum Q^{(e)}$为整体结构的节点热流率。本例中单元热传导矩阵等于整体热传导矩阵。

6. 处理边界条件、求解节点温度及热流率

将边界条件$T_2=20℃$，$Q_1=1W$及$A=100mm^2$，$L=400mm$，$k=100W/m℃$代入方程式（1.7.11）或（1.7.12），得

$$\begin{bmatrix} \dfrac{kA}{L} & -\dfrac{kA}{L} \\ -\dfrac{kA}{L} & \dfrac{kA}{L} \end{bmatrix} \begin{Bmatrix} T_1 \\ 20 \end{Bmatrix} = \begin{Bmatrix} 1 \\ Q_2 \end{Bmatrix} \text{ 得到 } T_1=60℃, \quad Q_2=-1W \tag{1.7.13}$$

7. 求单元热流密度

假设单元温度函数表达式为线性分布$T(x)=a_1+a_2x$，根据T_1、T_2的值，可得到：

$$\begin{cases} T(0) = T_1 = a_1 \\ T(L) = T_2 = T_1 + a_2L \end{cases} \tag{1.7.14}$$

得到：

$$T(x) = \left(\frac{T_2 - T_1}{L}\right)x + T_1 \tag{1.7.15}$$

得到：

$$T(x) = \begin{bmatrix} 1 - \dfrac{x}{L} & \dfrac{x}{L} \end{bmatrix} \begin{Bmatrix} T_1 \\ T_2 \end{Bmatrix} \tag{1.7.16}$$

或：

$$T(x) = [N_1 N_2]\begin{Bmatrix} T_1 \\ T_2 \end{Bmatrix}, N_1 = 1 - \frac{x}{L}, N_2 = \frac{x}{L} \tag{1.7.17}$$

$[N]=[N_1 N_2]$为形函数矩阵，N_i代表当第i个单元自由度为单位值，而其他自由度的值为0时，假定的单元域内温度函数的形状。本例中，N_1、N_2为线性函数，节点1处$N_1=1$，节点2处$N_1=0$，而节点1处$N_2=0$，节点2处$N_2=1$，参见图1.7-3。可以看到形函数的推导和结构杆单元是一致的。

（1.7.16）式中代入T_1，T_2得到

$$T(x) = -\frac{Q}{kA}x + T_1 \tag{1.7.18}$$

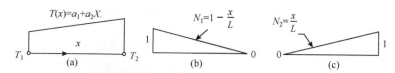

图1.7-3 （a）为线性温度分布函数$T(x)$，（b）为单元域中形函数N_1，（c）为单元域中形函数N_2

进而得到热流密度：

$$q(x) = -k\frac{\mathrm{d}T(x)}{\mathrm{d}x} = \frac{Q}{A}$$

（1.7.19）

将数值Q=1W，A=100mm^2，L=400mm，k =100W/m℃，$T(L)$=20℃代入，得到温度分布函数$T(x)$= -100x+60，热流密度$q(x)$=10^{4}W/m^2。

1.7.4 ANSYS Workbench热传导杆单元分析单轴直杆传热

下面对同样的问题，基于有限元分析软件ANSYS15.0 Workbench，采用三维热传导杆单元LINK33，计算单轴直杆传热的温度分布及其他相关结果，目的在于熟悉ANSYS15.0 Workbench的结构稳态热分析及验证分析结果。

分析流程可以描述如下：

● 根据仿真需求，进行稳态热分析，导入已经创建的几何模型。

● 对几何模型进行网格划分，建立有限元分析模型。

● 施加热边界条件及载荷。

● 分析求解及检查结构稳态热分析结果。

💡 提示

> 本例中并没有重新开始分析，而是在同一个WB文件中又增加一个新的稳态热分析系统。也可以运行程序→【ANSYS15.0】→【Workbench 15.0】，进入WB数值模拟平台，重新建立一个新文件开始。LINK33是用于节点间热传导的单轴单元。该单元每个节点只有1个温度自由度。热传导杆单元可用于稳态或瞬态热分析。

1. WB中增加稳态热分析系统

步骤操作如图1.7-4所示。

（1）由于前面完成的分析，在Rod.wbpj文件中WB界面可以看到结构静力分析系统A已经运行完毕，所有单元格后面都有一个绿勾标记。

（2）左侧工具箱【Toolbox】下方的分析系统【Analysis Systems】中将"稳态热分析"【Steady-StateThermal】拖入到"项目流程图"【Project Schematic】空白中，新增加热分析系统B中包括7个单元格，每一个单元格命令分别代表稳态热分析过程中所需的每个步骤，后面要依次按照2-7的顺序完成每个单元格中的命令。热分析系统B下方输入分析标题名称Rod，该名称会显示在激活分析系统B中相应的应用程序窗口的标题栏中。

（3）导入几何模型：稳态热分析系统B中选"几何"【Geometry】单元格，右击鼠标，快捷菜单中选【Import Geometry】-【Browse】，查找前面保存过的文件位置，导入几何文件rod.agdb。

（4）查看生成的文件：WB菜单栏中选【View】-【Files】则激活文件显示。

（5）WB窗口中会出现目前为止已经生成的文件窗口，包括文件名称、大小、位置等信息，如果在这里点击文件所在位置，可以直接找到并查看相应的文件。

💡 提示

> WB的工程项目文件中包括主文件Rod.wbpj及同名文件夹Rod_files，除了主文件，所有其他生成的文件都会放在Rod_files文件夹下面。在工具栏中点击保存项目文件按钮，则热分析系统B保存在Rod_files\dpo\sys-2中。

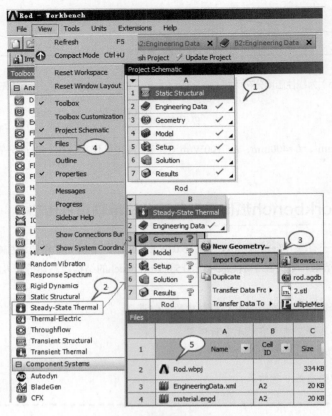

图1.7-4　WB中增加稳态热分析系统B

2．输入材料属性

步骤操作如图1.7-5所示。

（1）分析系统B中用鼠标左键双击"工程材料"【Engineering Data】单元格，进入"工程数据"窗口【B2: Engineering Data】。

（2）在已有的工程材料【Outline of Schematic B2: Engineering Data】窗口中输入新材料名称rod。

（3）左侧的工具箱下方选择"各项同性热传导系数"：【Thermal】-【Isotropic Thermal conductivity】。

（4）材料属性窗口下输入热传导系数：【Properties of Outline Row 3: rod】-【Isotropic Thermal Conductivity】=100 Wm^-1C^-1。

（5）工具栏中用鼠标点击【Project】按钮，返回工程流程图的WB界面。

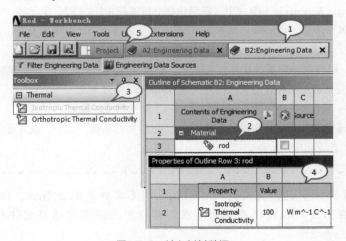

图1.7-5　输入材料数据

3. 更换图形区背景颜色

步骤操作如图1.7-6所示。

（1）为方便抓图，用选项工具将图形区背景颜色由默认蓝色更改为白色：WB中菜单栏选【Tools】-【Options】，出现"选项"窗口。

（2）选项设置窗口中左侧选"外观"【Appearance】。

（3）右侧窗口中设置：【Background Color】为白色。

（4）单击【OK】确认按钮。

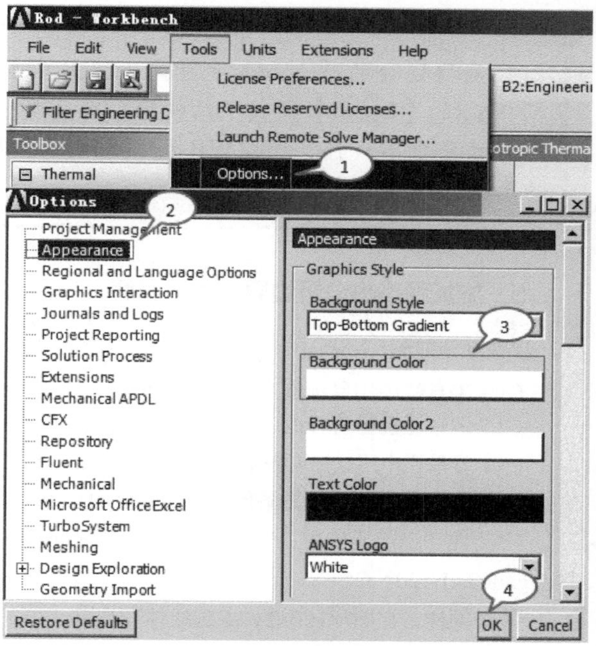

4. 网格划分

步骤操作如图1.7-7所示。

（1）WB界面中双击有限元"模型"【Model】单元格，进入【Mechanical】的结构稳态热分析程序。

（2）给直杆分配材料：导航栏中选【Geometry】-【Line Body】。

（3）明细窗口中分配材料属性：设置【Material】-【Assignment】=rod。

（4）导航栏中选【Mesh】。

图1.7-6 更换图形区背景

（5）【Mesh】明细窗口中提供了网格划分的整体设置选项，这里默认为结构场【Defaults】-【Physics Preference】=Mechanical；"相关度"用于整体网格的自动细化或粗化，移动滑块可设置相关性从-100到+100，网格由粗到密变化，设置【Relevance】=100。

（6）当前活动工具栏为网格划分的相关命令，选择【Mesh】-【Generate Mesh】生成默认网格。

（7）图形区可看到生成的结构热传导单元，由于是1D单元，所以单元仅在轴向，横截面上没有网格划分。

（8）查看网格统计结果：明细窗口中展开【Statistics】，显示65个节点，32个单元。

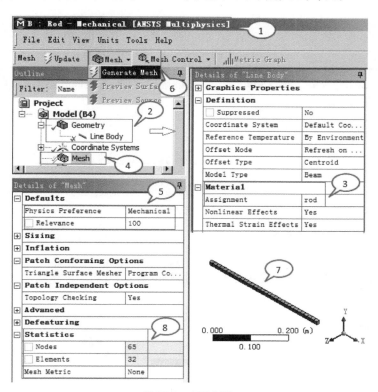

图1.7-7 网格划分

💬 **提示** ---

网格划分的节点和单元参与有限元求解，网格直接影响到求解精度、收敛性和求解速度。ANSYS的【Mesh】集成了结构场、电磁场、流场、显式动力的网格划分功能，不同的物理场对网格的要求不一样，所以WB根据不同的分析类型，在求解开始时自动生成默认的网格。更灵活的网格划分需要自定义。

5. 施加稳态热分析边界条件及求解

步骤操作如图1.7-8所示。

（1）工具栏中用鼠标点击点选按钮 🔲。

（2）图形区选择直杆的一个端点，如图A处。

（3）导航栏中用鼠标点击【Steady-State Theraml（B5）】，当前工具栏中显示"稳态热分析"环境的相关命令选项。

（4）施加端点温度边界条件，在工具栏中点击"温度"【Temperature】选项。

（5）在"温度明细窗口"【Details of "Temperature"】中输入温度值：【Definition】-【Type】=Temperature，【Magnitude】=20° C。

（6）同样，在图形区B处，点选线体右端点。

（7）施加"热流率"，工具栏中选择【Heat】-【Heat Flow】

（8）输入流入热流率为1W。明细窗口【Details of "Heat Flow"】中输入：【Definition】-【Define As】=Heat Flow；【Magnitude】=1W。

（9）导航栏中点击【Solution(B6)】，活动工具栏中选求【Thermal】-【Temperature】，则插入需要的温度结果【Temperature】在导航栏【Solution(B6)】下方，未求解前，【Temperature】前面为黄色闪电标记。

（10）工具栏中点击【Solve】求解。

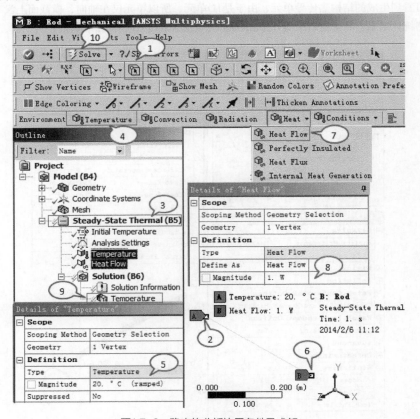

图1.7-8　稳态热分析边界条件及求解

6. 查看温度分布及热流率

步骤操作如图1.7-9所示。

（1）在导航栏中选择"求解"分支【Solution】下面的"温度"【Temperature】。

（2）在结果工具栏中点击"最大值"【Max】与"最小值"按钮【Min】。

（3）图形区显示最高温度60℃，最低温度20℃的温度分布结果。

（4）在导航栏中选中"温度"【Temperature】，拖动鼠标到【Solution】上再松开鼠标，添加温度边界处的反向热流率结果。

（5）导航栏【Solution】下面会出现【Reaction Probe】，右击鼠标，快捷菜单中选【Rename based on Definition】，则重新根据定义命名为【All-Reaction -Temperature】。

（6）导出热流率：选择【Solution】分支下方的【All-Reaction -Temperature】，右击鼠标，在快捷菜单中选【Evaluate All Results】，图形区显示热流的位置。

（7）【Details of "All-Reaction -Temperature"】明细窗口中显示流出热流率为-1W。

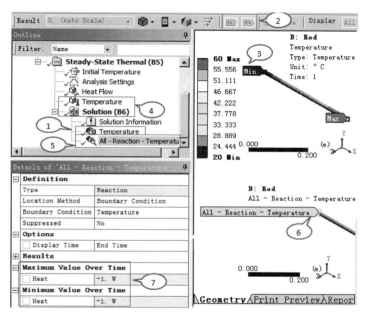

图1.7-9　温度分布及温度边界处的热流率

1.7.5　验证结果及理解问题

不同计算结果的对比见表1.7-1：

表1.7-1　　　　　　　　　　　　　　　　单轴直杆热传导计算结果的对比

	解析解	有限元数值解	ANSYS15.0 Workbench
最高温度℃	60	60	60
热流密度W/m²	10000	10000	不显示
温度边界处的流出热流率	-1	-1	-1

可以看到单轴热传导单元的数值结果与解析解是完全一致的。值得注意的是，ANSYS15.0 Workbench并不显示热流密度结果。但根据热流率的仿真结果看，流入热量与流出热量是相等的，所以是服从能量平衡的原理，因此简单的模型有助于帮助快速判断结果的正确性。对于热传导杆单元中不显示的结果，我们可以在后续的2D、3D的例子中来查看。

1.8 有限元分析计算实例——单轴直杆稳态电流传导

下面进行单轴直杆的稳态电流传导分析，采用的几何模型为单轴直杆，主要的目的是理解稳态电流传导的有限元分析方法。

1.8.1 问题描述

如图1.8-1所示为单轴直杆模型，电流$I=100A$从电势$V(0)$的一端流入，流过长度$L=200mm$、横截面积$A=10mm×10mm$的直杆，从零电势的另一端流出（即$V(L)=0$），假设材料为钢，电阻率$\rho=(2e-7)\Omega m$，计算直杆轴向电势分布。

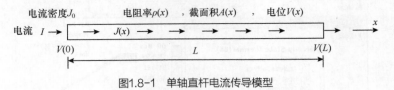

图1.8-1 单轴直杆电流传导模型

1.8.2 微分方程的解析解

● 平衡方程：

该模型为一维稳态电流传导问题，电流守恒要求任意位置处沿轴向流入电流与流出电流相等，可写为：

$$\frac{\mathrm{d}I(x)}{\mathrm{d}x} = \frac{\mathrm{d}(J(x)\cdot A(x))}{\mathrm{d}x} = 0 \tag{1.8.1}$$

● 基本方程：

对于电阻物质或导电物质，欧姆定律可以表示为：

$$J(x) = -\sigma(x)\frac{\mathrm{d}V(x)}{\mathrm{d}x} = -\frac{1}{\rho(x)}\frac{\mathrm{d}V(x)}{\mathrm{d}x} \tag{1.8.2}$$

式中：$I(x)$为电流，$J(x)$为电流密度，$A(x)$为电流传导横截面积，$V(x)$为电势，$\sigma(x)$电导率，$\rho(x)$为电阻率。

由式（1.8.1）~式（1.8.2）得到电势分布函数$V(x)$的二阶微分方程：

$$-\frac{\mathrm{d}}{\mathrm{d}x}\left[\sigma(x)A(x)\frac{\mathrm{d}V(x)}{\mathrm{d}x}\right] = 0 \ 或 -\frac{\mathrm{d}}{\mathrm{d}x}\left[\frac{1}{\rho(x)}A(x)\frac{\mathrm{d}V(x)}{\mathrm{d}x}\right] = 0 \quad x\in(0,L) \tag{1.8.3}$$

● 定解条件：

一类边界条件为电势边界：

$$V(x)\big|_{x=L} = V(L) \tag{1.8.4}$$

二类边界条件为电流密度边界：

$$\sigma(x)\frac{\mathrm{d}V(x)}{\mathrm{d}x}\bigg|_{x=0} = J_0 \tag{1.8.5}$$

本例中电阻率、热流面积为常数，则由式（1.8.3）得到：

$$\frac{\mathrm{d}}{\mathrm{d}x}\left[-\frac{1}{\rho}A\frac{\mathrm{d}V(x)}{\mathrm{d}x}\right] = 0 \quad x\in(0,L) \tag{1.8.6}$$

代入边界条件，方程解为：

热流密度：
$$J(x) = J_0 = \frac{I}{A};$$
（1.8.7）

电势分布函数：
$$V(x) = -\frac{I\rho}{A}x + V(0)$$
（1.8.8）

将数值$I=100A$，$A=100mm^2$，$L=200mm$，$\rho=(2e\text{-}7)\Omega m$，$V(L)=0V$代入，得到电流密度$J(x)=1e^6W/m^2$，电势分布函数$V(x)=-0.2x+0.04$，最高电势$V(0)=0.04V$，还可得到电阻$R=4e\text{-}4W$。

1.8.3 微分方程的有限元数值解

1. 离散单元

将杆件离散为具有两个节点的单轴电热传导单元，节点处有轴向电流I_1、I_2，产生X方向的电势V_1、V_2，如图1.8-2所示。

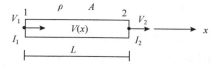

2. 节点1的电流平衡方程

图1.8-2 具有两个节点的单轴电流传导单元

由于受到节点电流的作用，单轴电流传导单元1点处电势差$\Delta V_1 = V_1 - V_2$，作用在1点的轴向电流I_1可表示为：

$$I_1 = \frac{1}{\rho}A\frac{\Delta V_1}{\Delta x} = A\frac{V_1 - V_2}{\rho L}$$
（1.8.9）

3. 节点2的电流平衡方程

同理，作用在2点的轴向电流I_2可表示为：

$$I_2 = \frac{1}{\rho}A\frac{\Delta V_2}{\Delta x} = A\frac{V_2 - V_1}{\rho L}$$
（1.8.10）

4. 单元电流传导方程

合并式（1.8.9）与（1.8.10），导出矩阵方程如下：

$$\begin{bmatrix} \dfrac{A}{\rho L} & -\dfrac{A}{\rho L} \\ -\dfrac{A}{\rho L} & \dfrac{A}{\rho L} \end{bmatrix} \begin{Bmatrix} V_1 \\ V_2 \end{Bmatrix} = \begin{Bmatrix} I_1 \\ I_2 \end{Bmatrix} 或 K^{(e)}V^{(e)} = I^{(e)}$$
（1.8.11）

这里，$V^{(e)}$为未知的节点电势，$K^{(e)}$为单元电流传导矩阵，$I^{(e)}$为单元节点电流，上标e表示单元号。

5. 整体电流传导方程

对于多个单元构成的连续构件，或者说如果将该杆件划分为多个单元，则将离散单元组装形成为以电势为基本未知量的线性代数方程组形式，或者说电流传导问题的有限元公式一般有如下形式：

$$[K]\{V\} = \{I\}$$
（1.8.12）

其中：$[K] = \sum K^{(e)}$代表由单元电流传导组合成的整体电流传导矩阵，$\{V\} = \sum V^{(e)}$为整体坐标系（x，y，z）中的节点电势，$\{I\} = \sum I^{(e)}$为整体结构的节点电流。本例中单元电流传导矩阵等于整体电流传导矩阵。

6. 处理边界条件并求解节点电势

将边界条件$V_2=0V$、$I_1=100A$及$A=100mm^2$，$L=200mm$，$r=(2e\text{-}7)\Omega m$代入方程式（1.8.11）或（1.8.12），可得

$$\begin{bmatrix} \dfrac{A}{\rho L} & -\dfrac{A}{\rho L} \\ -\dfrac{A}{\rho L} & \dfrac{A}{\rho L} \end{bmatrix} \begin{Bmatrix} V_1 \\ 0 \end{Bmatrix} = \begin{Bmatrix} 100 \\ I_2 \end{Bmatrix} 得到 V_1 = 0.04V, I_2 = -100A$$
（1.8.13）

7. 求单元热流密度

假设单元电势函数表达式为线性分布 $V(x)=a_1+a_2x$，根据 V_1、V_2 的值，可得到：

$$\begin{cases} V(0)=V_1=a_1 \\ V(L)=V_2=V_1+a_2L \end{cases} \tag{1.8.14}$$

得到：

$$V(x)=\left(\frac{V_2-V_1}{L}\right)x+V_1 \tag{1.8.15}$$

得到：

$$V(x)=\left[1-\frac{x}{L}\quad\frac{x}{L}\right]\begin{Bmatrix}V_1\\V_2\end{Bmatrix} \tag{1.8.16}$$

或：

$$V(x)=[N_1N_2]\begin{Bmatrix}V_1\\V_2\end{Bmatrix},\ N_1=1-\frac{x}{L},\ N_2=\frac{x}{L} \tag{1.8.17}$$

$[N]=[N_1N_2]$ 为形函数矩阵，N_i 代表当第 i 个单元自由度为单位值，而其他自由度的值为0时，假定的单元域内温度函数的形状。本例中，N_1，N_2 为线性函数，节点1处 $N_1=1$，节点2处 $N_1=0$，而节点1处 $N_2=0$，节点2处 $N_2=1$，参见图1.8-3。可以看到形函数的推导和一维结构杆单元及一维热传导单元都是一致的。

图1.8-3 （a）为线性电势分布函数 $V(x)$，（b）为单元域中形函数 N_1，（c）为单元域中形函数 N_2

式（1.8.16）中代入 V_1、V_2 得到

$$V(x)=-\frac{\rho I}{A}x+V_1 \tag{1.8.18}$$

进而得到热流密度：

$$J(x)=-\frac{1}{\rho}\frac{\mathrm{d}V(x)}{\mathrm{d}x}=\frac{I}{A} \tag{1.8.19}$$

将数值 $I=100A$，$A=100mm^2$，$L=200mm$，$\rho=(2e-7)\Omega m$，$V(L)=0V$ 代入，得到电流密度 $J(x)=10^6 A/m^2$，单元电势分布函数 $V(x)=-0.2x+0.04$。。

1.8.4 ANSYS Workbench电实体单元分析单轴直杆的稳态电流传导

下面基于有限元分析软件ANSYS15.0 Workbench，采用3D 20节点电流传导实体单元SOLID231，计算单轴直杆稳态电流传导的电势分布及其他相关结果，目的在于熟悉ANSYS15.0 Workbench的稳态电流场分析及验证分析结果。

分析流程可以描述如下：

- 根据仿真需求，进行稳态电流场分析，创建3D几何模型。
- 对几何模型进行网格划分，建立有限元分析模型。
- 施加稳态电流场边界条件及载荷。
- 分析求解及检查结构稳态电流场的分析结果。

> 提示
>
> 本例在同一个WB文件中又增加一个新的稳态电流分析系统。也可以运行程序→【ANSYS15.0】→【Workbench 15.0】，进入Workbench数值模拟平台，重新建立一个新文件开始。SOLID231每个节点有1个电势自由度，该单元基于标量电势函数，用于低频电场分析，如稳态电流传导、准静态时谐、准静态瞬态分析。

1.【Workbench】中增加稳态电流分析系统系统

步骤操作如图1.8-4所示。

（1）由于前面完成的分析，在Rod.wbpj文件中WB界面可以看到结构静力分析系统A及稳态热分析B已经运行完毕，所有单元格后面都有一个绿勾标记。左侧"工具箱"【Toolbox】下方的"分析系统"【Analysis Systems】中将"稳态电流分析"【Electric】拖入到"项目流程图"【Project Schematic】空白中。

（2）新增加电流分析系统C中包括7个单元格，每一个单元格命令分别代表稳态稳态电流分析过程中所需的步骤，后面要依次按照2-7的顺序完成每个单元格中的命令。在电流分析系统C下方输入分析标题名称Rod，该名称会显示在激活分析系统C中相应的应用程序窗口的标题栏中。

🌀 提示 ┄┄┄┄┄┄┄┄┄┄┄┄┄┄┄┄┄┄┄┄┄┄┄┄┄┄┄┄┄┄┄┄

　　WB的工程项目文件中包括主文件Rod.wbpj及同名文件夹Rod_files，除了主文件，所有其他生成的文件都会放在Rod_files文件夹下面，工具栏中点击保存项目文件按钮，则电流分析系统C保存在Rod_files\dpo\sys-3中。

2. 输入材料属性

步骤操作如图1.8-5所示。

（1）分析系统C中用鼠标左键双击"工程材料"【Engineering Data】单元格，进入"工程数据"窗口【C2: Engineering Data】。

（2）在已有的工程材料【Outline of Schematic C2: Engineering Data】窗口中输入新材料名称rod。

（3）在左侧的工具箱下方选择"各项同性电阻率"：【Electric】-【Isotropic Resistivity】。

（4）材料属性窗口下输入电阻率值【Properties of Outline Row 3: rod】-【Isotropic Resistivity】=2e-7ohmm。

（5）工具栏中用鼠标点击【Project】按钮，返回工程流程图的WB界面。

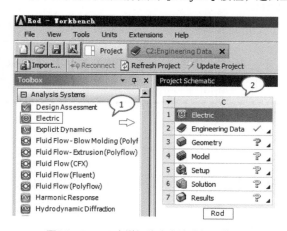

图1.8-4　WB中增加稳态电流分析系统C

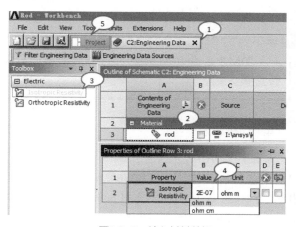

图1.8-5　输入材料数据

3. 建立3D直杆几何模型（图1.8-6）

步骤操作如图1.8-6所示。

（1）WB中，用鼠标双击分析系统C中的"几何"单元格【Geometry】，进入DM程序。在DM中选择菜单栏中的"创建块体"命令：【Create】-【Primitives】-【Box】。

（2）明细窗口中输入长、宽、高的值：【Diagonal Definition】=Components，【FD6, Diagonal X Component】=10mm，【FD7, Diagonal Y Component】=10mm，【FD8, Diagonal Z Component】=200mm。

（3）在工具栏中单击【Generate】生成按钮。

（4）导航栏中可以看到建立块体的特征命令【Box1】前面已有绿勾的完成标记。

（5）图形区可看到生成的3D直杆模型。

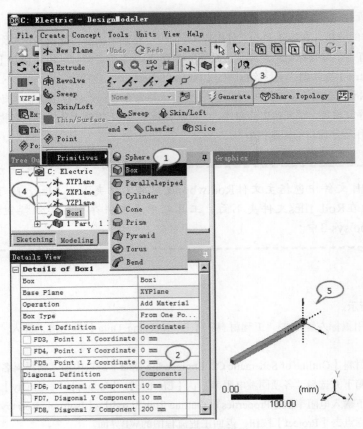

图1.8-6　3D直杆几何模型

💡提示 --

　　DM中，除了前面使用的利用草图进行特征建模外，也可以像本例一样，采用直接创建实体的建模方式。

4. 网格划分

步骤操作如图1.8-7所示。

（1）给直杆分配材料：在WB界面中双击有限元"模型"【Model】单元格，进入【Mechanical】的稳态电热分析程序。导航栏中选【Geometry】-【Solid】。

（2）明细窗口中分配材料属性：设置【Material】-【Assignment】=rod。

（3）导航栏中选"网格划分"【Mesh】。

（4）【Mesh】明细窗口中提供了网格划分的整体设置选项，设置【Defaults】-【Physics Preference】=Electromagnetics；【Relevance】=100，细化网格。

（5）当前活动工具栏为网格划分的相关命令，选择【Update】更新网格。

（6）图形区可看到生成的3D实体单元很多，为了清楚地显示单元，可在工具栏中点击框选放大按钮🔍，放大关心的区域。

（7）图形区框选若需要放大的区域，这里可拖动鼠标框选直杆的一端。

（8）放大的网格视图上可以看到单元不仅在轴向，而且在横截面上也有4x4的网格。

（9）查看网格统计结果：明细窗口中展开【Statistics】，显示3D实体单元有5825个节点，1024个单元，网格质量的平均值为0.966。（3D 20节点的电场单元）

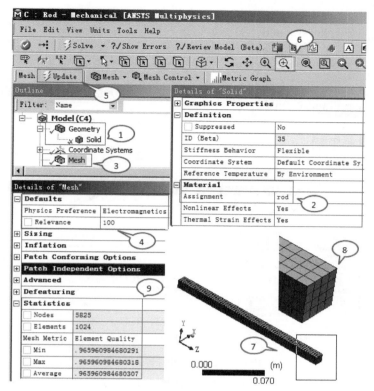

图1.8-7 网格划分

提示 ------

一般WB网格划分的统计功能中，查看单元质量，建议平均值大于0.7，否则会导致较大的计算误差。

5. 施加稳态电流传导分析边界条件及求解

步骤操作如图1.8-8所示。

（1）在工具栏中用鼠标点击面选按钮。

（2）图形区选择直杆的一个端面，如图A处。

（3）导航栏中用鼠标点击【Steady-State Electric Conduction（C5）】，当前工具栏中显示稳态电流分析环境的相关命令选项。

（4）施加A端面电势边界条件，工具栏中点击"电势"【Voltage】命令。

（5）电势明细窗口【Details of "Voltage"】中输入电势值：【Definition】-【Type】=Voltage，【Magnitude】=0V。

（6）同样在图形区B处，选直杆右端面。

（7）施加电流，工具栏中选择"电流"【Current】。

（8）输入流入电流为100A。明细窗口【Details of "Current"】中输入：【Definition】-【Define As】= Current；【Magnitude】=100A。

（9）工具栏中点击"求解"【Solve】。

6. 查看电势边界处的电流

步骤操作如图1.8-9所示。

（1）导航栏中选择"求解"【Solution】分支。

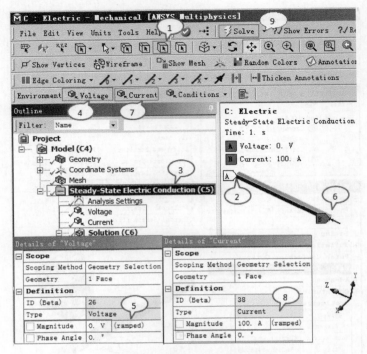

图1.8-8　稳态电流分析边界条件及求解

（2）在结果工具栏中点击"探测"命令【Probe】，下拉菜单中选"反作用"命令【Reaction】。

（3）明细窗口中设置"电势边界条件"：【Location Method】=Boundary Condition，【Boundary Condition】=Voltage。

（4）导航栏【Solution】下面会出现【Reaction Probe】，工具栏中点击【Solve】更新结果，图形区显示电流流出对应的位置。

（5）电流流出值：明细窗口【Details of "Reaction Probe"】中显示电流流出-100A。

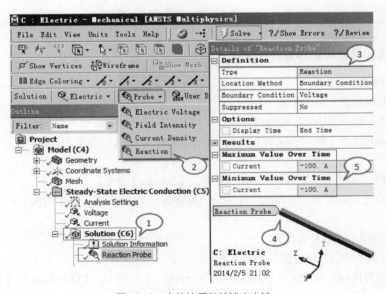

图1.8-9　电势边界处的流出电流

7. 查看电势分布

步骤操作如图1.8-10所示。

（1）在导航栏中选择"求解"分支【Solution】。

（2）在结果工具栏中点击【Electric】，下拉菜单中选"电势"【Electric Voltage】。

（3）导航栏【Solution】下面会出现【Electric Voltage】，这时是黄色闪电标记，工具栏中点击【Solve】更新结果。

（4）导航栏【Solution】下面【Electric Voltage】显示绿勾。

（5）图形区显示电势分布结果，最大值为0.04V。

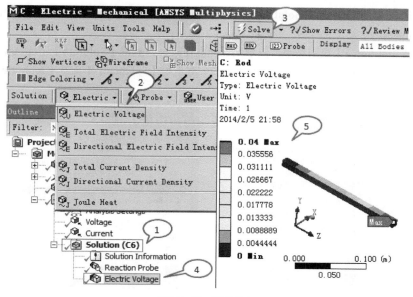

图1.8-10 电势分布

8. 查看电流密度

步骤操作如图1.8-11所示。

（1）导航栏中选择"求解"分支【Solution】，结果工具栏中点击【Electric】，下拉菜单中选"电流密度分量"【Directional Current Density】。

（2）导航栏【Solution】下面会出现"电流密度分量"【Directional Current Density】，这时是黄色闪电标记，明细窗口中设置：【Definition】-【Type】=Directional Current Density，【Orientation】=Z Axis。

（3）工具栏中点击【Solve】更新结果，导航栏【Solution】下面【Directional Current Density】显示绿勾。图形区显示电流密度为恒定值，与Z轴反向，为-1e6 A/m²。

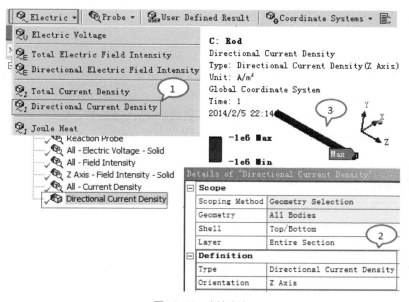

图1.8-11 电流密度

9. 查看其他结果

步骤操作如图1.8-12所示。

（1）工具栏中点击"多窗口显示按钮" ，再选"垂直二分视窗"【Vertical Viewports】

（2）导航栏中选择"求解"分支【Solution】，结果工具栏中点击【Electric】，下拉菜单中选"总电场强度"【Total Electric Field Intensity】及"焦耳热"【Joule Heat】。

（3）工具栏中点击【Solve】更新结果，图形区选择左窗口，导航栏【Solution】下面选【Total Electric Field Intensity】，则显示电场强度为0.2V/m。图形区选择右窗口，导航栏【Solution】下面选【Joule Heat】，显示电流产生的焦耳热为2e5W/m³。

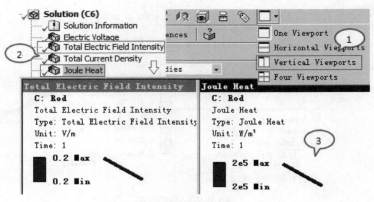

图1.8-12 电场强度及焦耳热

1.8.5 ### 验证结果及理解问题

单轴直杆稳态电流传导不同计算结果的对比见表1.8-1：

表1.8-1 单轴直杆稳态电流传导不同计算结果的对比

	解析解	有限元数值解	ANSYS15.0 Workbench
最高电势V	0.04	0.04	0.04
电流密度A/m²	10^6	10^6	10^6
反作用的电流A	−100	−100	−100

可以看到数值结果与解析解是完全一致的，流入电流与流出电流是相等的，服从守恒定律，而且ANSYS15.0 Workbench采用3D单元则显示更多的计算结果。

通过简单的模型计算后，对于复杂的模型判断结果的正确性能做到心中有数。电阻热会产生温度变化，因此焦耳热的计算结果是产生温度的源项，可用于后续热分析，得到结构的温度分布。

1.9 本章小结

有限元方法（FEM）已成为预测及模拟复杂工程系统物理行为的主流趋势，商业化的有限元分析（FEA）程序ANSYS已经获得了广泛使用。本章主要为初学者提供有限元方法的基础理论及实践知识，并给出使用有限元分析软件ANSYS 15.0 Workbench完成简单的一维分析案例（结构静力分析、稳态热传导分析、稳态电流场分析），小结如下。

1. 工程问题的物理模型可以表示为：一组有相应边界条件和初值条件的微分方程组的数学模型。微分方程组往往代表系统中质量、力或能量的平衡。

2. 有限元方法则是求解工程物理问题微分方程的数值计算方法。因此有限元法作为一种通用的数学工具，却适用于分析多种复杂的物理场问题。表1.9-1汇总了用于不同物理场的有限元的一维单元示例。

3. 从简单的一维问题入手，理解及掌握有限元分析技术及其软件，有助于解决机械工程中的各种问题。

4. 在建立有限元模型前，理解物理系统的属性及参数、弄清分析问题是明智的，对有限元分析结果的正确性应加以验证，如使用试验验证、解析解验证、不同有限元分析软件的相互验证等。

5. ANSYS 15.0 Workbench中，物理模型的自然参数是通过工程材料【Engineering Data】及几何建模【Geometry】输入的，对应于有限元方程中的广义刚度矩阵[K]，通过【Setup】设置不同分析系统的边界条件（扰动参数），对应于有限元方程中的自由度矩阵及载荷矩阵，如结构分析中的位移矢量{u}与力矢量{F}。

6. 网格划分对求解精度、求解速度影响很大，ANSYS 15.0 Workbench中的网格划分部分是将多物理场集成在一起的。对不同的物理问题，网格划分的侧重点也不一样，但统一的原则就是网格质量能够达到收敛解。

表1.9-1 不同物理场的有限元的一维单元示例

单元	节点平衡方程	自由度	平衡方程
线弹簧单元：弹簧刚度k			
	$f_i = k(u_i - u_j)$ $f_j = k(u_j - u_i)$	节点位移u_i，u_j	力平衡：$f_i + f_j = 0$
1D弹性杆单元：弹性模量E，截面积A，长度L			
	$f_i = \dfrac{EA}{L}(u_i - u_j)$ $f_j = \dfrac{EA}{L}(u_j - u_i)$	节点位移：u_i，u_j	力平衡：$f_i + f_j = 0$
扭转弹簧单元：剪切模量G，极惯性矩J，长度L			
	$T_i = \dfrac{GJ}{L}(\theta_i - \theta_j)$ $T_j = \dfrac{GJ}{L}(\theta_j - \theta_i)$	节点转角：θ_i，θ_j	扭矩平衡：$T_i + T_j = 0$
热传导单元：热传导系数k，截面积A，长度L			
	$Q_i = \dfrac{kA}{L}(T_i - T_j)$ $Q_j = \dfrac{kA}{L}(T_j - T_i)$	节点温度：T_i，T_j	能量平衡：$Q_i + Q_j = 0$
层流管单元：流体动力黏度μ，管径D，长度L			
	$Q_{vi} = \dfrac{\pi D^4}{128\mu L}(P_i - P_j)$ $Q_{vj} = \dfrac{\pi D^4}{128\mu L}(P_j - P_i)$	节点压力：P_i，P_j	体积流量平衡：$Q_{vi} + Q_{vj} = 0$
电流传导单元：电导率σ（或电阻率ρ），截面积A，长度L			
	$I_i = \dfrac{\sigma A}{L}(V_i - V_j)$ $I_j = \dfrac{\sigma A}{L}(V_j - V_i)$	节点电势：V_i，V_j	电流平衡：$I_i + I_j = 0$

习题

1. 工程问题可以转化为与之等价的数学物理方程，简述常见的数学物理方程。

2. 控制微分方程常见的数值算法有哪些？

3. 简述有限元分析的基本原理及步骤。

4. 如何描述单元精度与单元节点数之间的关系？

5. 试述结构有限元分析中，3D梁、3D壳、3D实体低阶单元的节点数、单元自由度数目，并用示意图画出来。

6. 请写出两种以上验证有限元分析结果正确的方法

7. 如图所示，直杆一端固定，另一端受外力$P=100kN$，弯矩$M=1kNm$，直杆长度$L=1m$，横截面积$A=50mm×50mm$，假设材料为钢，弹性模量$E=200GPa$，屈服应力为250MPa，使用ANSYS 15.0 Workbench软件计算直杆轴向的最大变形及最大拉应力（88MPa）。

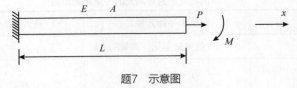

题7 示意图

8. 如图所示为单轴直杆模型，一端温度$T(0)=200℃$，另一端温度$T(L)=20℃$，直杆长度$L=500mm$、横截面积$A=10mm×10mm$，假设材料为铝合金，导热系数$k=150W/m℃$，使用ANSYS 15.0 Workbench软件计算直杆轴向温度分布，给出200mm、400mm处的温度值，并计算流入流出的热流率各是多少？

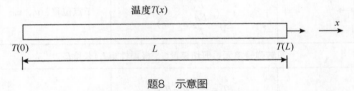

题8 示意图

9. 如图所示为单轴直杆模型，电流$I=1000A$从电位$V(L)$的一端流出，长度$L=400mm$、横截面积$A=20mm×20mm$的直杆，假设材料为铜合金，电阻率1.7e-8Wm，使用ANSYS 15.0 Workbench软件计算计算直杆轴向电位分布，给出最大电位值。

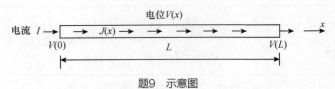

题9 示意图

第2章 ANSYS Workbench平台

2.1 ANSYS Workbench概述

ANSYS Workbench平台是基于业内最广泛、最深刻的高级工程仿真技术生成的集成框架。使用创新的项目图解视图将完整的模拟过程联结在一起，整个模拟过程中，通过简洁的拖放操作完成简单甚至复杂的多场耦合分析。具有CAD双向连通性、强大的高度自动化的网格划分、项目级别的更新机制、参数化管理及集成优化工具遍及各个模块，ANSYS Workbench平台提供了前所未有的"模拟驱动产品研发"的能力。

ANSYS15.0 Workbench拥有大量的涵盖多学科领域的工程应用模块。

- Mechanical：结构及热分析。
- Fluid Flow（CFX或FLUENT）：掌控流体动力分析技术前沿领域的CFD求解器，包括CFX和FLUENT。
- Geomtry (Design Modeler)：创建/修改CAD几何模型用于数值模拟分析。
- ANSYS ICEM CFD：应用于CFD的网格划分工具，具有通用前处理和后处理特征。
- AUTODYN：显式动力求解器，用于求解涉及大变形、大应变、非线性材料行为、非线性屈曲、复杂的接触行为、断裂和冲击波传播的瞬态非线性问题。
- ANSYS LS-DYNA：强效结合了LSTC公司的LS-DYNA显式动力求解技术和ANSYS软件的前后处理器，可模拟碰撞试验、金属锻造、冲压和突变失效等。
- Maxwell：耦合多物理场（结构、热、电）分析时模拟电磁场。

2.2 ANSYS Workbench数值模拟的一般过程

ANSYS15.0 Workbench数值模拟的一般过程如下。

（1）启动ANSYS15.0 Workbench应用程序。

（2）设计分析流程：选择需要的分析系统或组件系统，将其加入到项目流程图。

（3）使用分析系统或组件系统。

（4）Design Modeler建立几何模型或导入CAD模型。

（5）利用提供的工程材料或自定义来分配材料属性。

（6）施加载荷和边界条件。

（7）设置需要求解得到的结果。

（8）计算求解。

（9）查看结果。

（10）如果分析流程涉及多个分析系统或组件系统，继续进行关联系统的分析设置及求解。

（11）如果分析系统或组件系统中设置了输入输出参数，可查看参数和设计点，继续优化分析。

（12）生成数值模拟分析报告。

提示

通过上面的过程可以完成一般的有限元数值模拟，然而，值得提示的是，利用Workbench平台模拟不同分析类型的工程问题时，比如静力分析、动力分析、自由振动等，这些分析类型中可能包含不同的材料非线性、瞬态载荷、刚体运动等特征，这就需要增加相应的属性定义以帮助完成分析。

2.3 ANSYS Workbench启动

启动ANSYS Workbench有两种方式：从系统环境中启动或从CAD系统中启动。

一般从系统环境中启动方式为：用鼠标左键单击Windows的【开始】-【所有程序】-【ANSYS15.0】-【Workbench 15.0】，则进入Workbench工作界面，如图2.3-1所示。

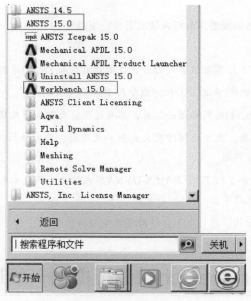

图2.3-1 启动ANSYS15.0 Workbench

2.4 ANSYS Workbench的工作环境

Workbench（以下简称WB）以项目流程图【Project Schematic】的方式管理复杂的多物理场分析问题，通过系统间的相互关联实现，因此WB工作界面也是以项目流程图为主，相关区域如表2.4-1所示。

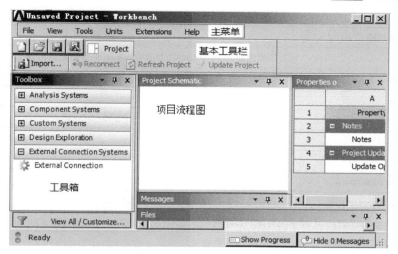

图2.4-1 ANSYS 15.0 Workbench的工作环境

2.4.1 主菜单

主菜单包括基本的菜单系统，如文件操作【File】、窗口显示【View】、工具选项【Tools】、单位系统【Units】、扩展选项【Extensions】、帮助信息【Help】，如图2.4-2所示。

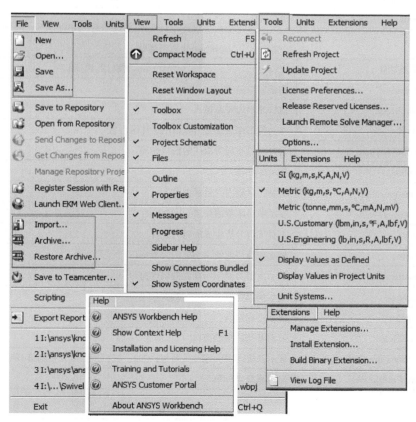

图2.4-2 菜单功能

其中：扩展选项用于为WB的定制工具包（ACT）指定扩展处理的相关设置。

菜单功能的使用如表2.4-1～表2.4-6所示，具体操作见后续相关案例。

表2.4-1   Workbench文件菜单

文件菜单功能	使 用 说 明
New	关闭当前的Workbench项目文件，打开一个新项目文件
Open	打开一个已有的Workbench项目文件
Save	保存当前的Workbench项目文件
Save as	另存一个Workbench项目文件
Save to Repository	项目文件存入档案库，用工程知识管理程序（EKM）管理
Open from Repository	从档案库中打开项目文件
Send Changes to Repository	将项目文件的更改内容放入档案库
Get Changes to Repository	从档案库中得到项目文件的更改内容
Manage Repository Project	管理档案库的项目文件
Register Session with Repository	用档案库注册会议
Launch EKM Web Client	发布EKM Web客户端
Import	导入Workbench支持的外部文件
Archive	将所有相关文件快速生成一个独立的压缩文件（wbpz或.zip格式）
Restore Archive	解压并打开压缩的项目文件
Save to Teamcenter	保存到Teamcenter
Scripting	脚本，用于记录和执行日志文件
Export Report	输出报告
Exit	退出WB

表2.4-2   Workbench显示菜单

显示菜单功能	使 用 说 明
Refresh	刷新窗口显示
Compact Mode	窗口显示为紧凑模式
Reset Workspace	将当前工作区恢复为默认的工作区设置
Reset Window Layout	重置窗口布局为默认的窗口布局
Toolbox	显示工具箱
Toolbox Customization	定制工具箱内的显示内容
Project Schematic	显示项目流程图窗口
Files	显示项目分析生成的相关文件
Outline	显示项目当前使用功能的大纲窗口
Properties	显示项目当前使用功能的属性窗口
Messages	显示信息窗口
Progress	显示进程窗口
Sidebar Help	显示补充的帮助窗口
Show Connections Bundled	显示系统间单向连接关系包，如2：4代表第2单元格到第4单元格的数据共享
Show System Coordinates	显示系统坐标系

表2.4-3   Workbench工具菜单

工具菜单功能	使 用 说 明
Reconnect	重新连接
Refresh Project	刷新项目文件

续表

工具菜单功能	使 用 说 明
Update Project	更新项目文件
License Preference	设置使用软件许可证的优先权
Release Reserved Licenses	人工发布保留的许可证（更新设计点，作为恢复机制使用）
Launch Remote Solve Manager	启动远程求解管理器
Options	整体设置选项设置，包括项目管理、外观、图形交互设置等

表2.4-4   Workbench设置单位系统菜单

单位系统菜单功能	使 用 说 明
SI (kg, m, s, K, A, N, V)	选国际单位（kg, m, s, K, A, N, V）为所有系统的默认单位
Metric (kg, m, s, C, A, N, V)	选公制单位（kg, m, s, C, A, N, V）为所有系统默认单位
Metric (tonne, mm, s, C, mA, N, mV)	选公制单位（tonne, mm, s, C, mA, N, mV）为系统单位
U.S.Customary (lbm, in, s, F, A, lbf, V)	选US常用单位（lbm, in, s, F, A, lbf, V）为系统默认单位
U.S.Engineering (lb, in, s, R, A, lbf, V)	选US工程单位（lb, in, s, R, A, lbf, V）为系统的默认单位
Metric (kg, mm, s, C, mA, N, mV)	选公制单位（kg, mm, s, C, mA, N, mV）为系统默认单位
Display Values as Defined	根据Workbench或原始应用程序定义的单位显示值，不显示转换信息
Display Values in Project Units	根据项目单位显示值，即显示值是转换到所选项目单位以后的值
Unit Systems	修改单位系统

表2.4-5   扩展工具菜单

扩展工具菜单功能	使 用 说 明
Manage Extensions	管理扩展工具
Install Extensions	安装扩展工具
Build Binary Extension	建立二进制可扩展工具
View Log File	查看日志文件

表2.4-6   Workbench帮助菜单

帮助菜单功能	使 用 说 明
ANSYS Workbench Help	查看ANSYS Workbench帮助信息
Show Context Help	显示上下文的帮助信息
Installation and Licensing Help	安装与授权许可帮助信息
Training and Tutorials	培训及教程
ANSYS Customer Portal	ANSYS客户端口
About ANSYS Workbench	关于ANSYS Workbench

2.4.2 基本工具栏

    基本工具条包括常用命令按钮，如新建文件【New】、打开文件【Open】、保存文件【Save】、另存为文件【Save As】、导入外部文件【Import】、重新连接【Reconnect】（用于当项目关闭时，重新连接到更新处于挂起状态的单元格）、刷新项目【Refresh Project】、更新项目【Update Project】等，如2.4小节中图2.4-1所示。

2.4.3 工具箱

WB界面左侧是工具箱，工具箱窗口中包含了工程数值模拟所需的各类模块。

（1）分析系统【Analysis Systems】：分析系统提供各种预定义的分析功能见表2.4-7。

表2.4-7 分析系统

分析系统	说明
Design Assessment	设计评估
Electric	电场分析
Explicit Dynamics	显式动力学分析
Fluid Flow-Blow Molding（Polyflow）	吹塑成形
Fluid Flow-Extrusion（Polyflow）	挤压成形
Fluid Flow (CFX)	CFX流体分析
Fluid Flow (Fluent)	Fluent流体分析
Fluid Flow（Polyflow）	Polyflow流体分析
Hamonic Response	谐响应分析
Hydrodynamic Diffraction	水动力衍射分析
Hydrodynamic Time Response	水动力时程响应
IC Engine	内燃机流体分析
Linear Buckling	线性失稳分析
Magnetostatic	静磁分析
Modal	模态分析
Random Vibration	随机振动分析
Response Spectrum	响应谱分析
Rigid Dynamics	刚体动力分析
Static Structural	结构静力分析
Steady-State Thermal	稳态热分析
Thermal-Electric	热电耦合分析
Transient Structural	结构瞬态分析
Transient Thermal	瞬态热分析

（2）组件系统【Component Systems】：允许独立使用各种分析功能，见表2.4-8。

表2.4-8 组件系统

组件系统	说明
Autodyn	Autodyn显式动力分析
BladeGen	涡轮机械叶栅的几何生成工具
CFX	CFX高端流体分析
Engineering Data	工程数据
Explicit Dynamic (LS-DYNA Export)	显式动力分析（LS-DYNA输出）
External Data	外部数据

组 件 系 统	说 明
External Model	外部模型
Finite Element Modeler	FEM有限元模型
Fluent	Fluent流体分析
Fluent (with TGrid meshing)	Fluent流体（TGrid网格划分）
Geometry	几何建模
ICEM CFD	ICEM流体网格划分工具
Icepak	电子设计传热及流体分析
Mechanical APDL	传统的APDL结构分析
Mechanical Model	结构分析模型
Mesh	网格划分
Microsoft Office Excel	微软电子表格软件
Polyflow	Polyflow流体分析
Polyflow-Blow Molding	Polyflow吹塑成形
Polyflow-Extrusion	Polyflow挤压成形
Results	结果后处理
System Coupling	系统耦合
TurboGrid	涡轮叶栅通道网格生成
Vista AFD	轴流风扇设计
Vista CCD	离心压缩机初级设计
Vista CCD（with CCM）	离心压缩机初级设计（用CCM）
VistaCPD	泵的1D方式初步设计
Vista RTD	向心涡轮机的初级设计
Vista TF	旋转机械快速直流分析工具

（3）自定义分析系统【CustomSystems】：用于定制分析系统，见表2.4-9。

（4）设计优化【Design Exploration】：提供参数化管理和设计优化工具，见表2.4-9。

（5）外部连接系统【External Connection Systems】：用于连接外部数据，见表2.4-9。

表2.4-9 自定义系统、设计优化及外部连接系统

自定义分析系统	
FSI：CFX-Static Structual	CFX流固双向耦合
FSI：Fluent-Static Structual	Fluent流固双向耦合
Pre-Stress Modal	预应力模态分析
Random Vibration	随机振动分析
Respons Spectrum	响应谱分析
Thermal-Stress	热应力分析
设 计 优 化	
Direct Optimization	直接优化分析
Parameters Correlation	参数相关性分析
Response Surface	响应面分析

Response Surface　Optimization	响应面优化分析
Six Sigma Analysis	六西格玛分析
连接外部系统	
External Connection	外部连接

2.4.4 项目流程图

在ANSYS15.0 Workbench中项目流程图【Project Schematic】窗口是管理工程项目的一个区域，如图2.4-3所示，依靠引入的分析对象描述工作流程，分析系统和各个组件都可以加入项目流程图，并建立关联，使用ANSYS15.0 Workbench中的各项功能。

图2.4-3给出了一个预应力模态分析的连接方式。

（1）先用鼠标在"工具箱"的"分析系统"内选中"结构静力分析系统"【Static Structural】，将其拖入工程流程图，然后再将"模态分析"【Modal】拖到【Static Structural】中的【Solution】单元格上，放开鼠标。

（2）点击工具栏【Save】按钮将保存结果。点击鼠标左键，选择WB的视图菜单【View】中的【Files】，显示分析过程中涉及的文件列表。

（3）图2.4-3中显示生成的主文件shaft.wbpj及工程数据文件EngineeringData.xml。实际的文件列表将根据使用应用程序不同而发生变化，表2.4-10给出了WB常用应用程序数据库文件。

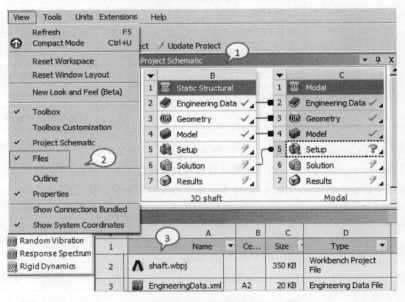

图2.4-3　分析流程

💡 提示

可以看到关联系统的共享数据以不同的线连接，方点指示的关联数据，即模态分析的【Engineering Data】、【Geometry】、【Model】单元格为灰色，表明这些数据和原始的结构静力分析系统数据共享，不能编辑，只能在原始数据中修改进行更新；而圆点指示的关联数据（Solution→Setup）为白色，表示求解结果将从前一个分析系统传递到后一个分析系统，此处编辑/删除均可。

表2.4-10   Workbench应用程序的数据库文件

ANSYS Workbench项目数据库文件=.wbpj	Meshing=.cmdb
Mechanical APDL=.db	Engineering Data=.eddb
FLUENT=.cas, .dat, .msh	FE Modeler=.fedb
CFX=.cfx, .def, .res, .mdef及.mres	Mesh Morpher=.rsx
DesignModeler=.agdb	ANSYS AUTODYN=.ad
CFX-Mesh=.cmdb	Design Exploration=.dxdb
Mechanical=.mechdb	BladeGen=.bgd

分析系统中的单元格显示为绿勾 ✓ ，表示已经完成的分析步骤；黄色闪电 ⚡表示待定求解；问号 ❓则表示需要输入缺少的参数；如果全部分析步骤正常完成，将看到所有单元格后面全部为绿勾 ✓ 标记。

在每个单元格处右击鼠标，弹出该单元格的快捷菜单，可以执行相应的命令，步骤操作如图2.4-4所示。

（4）比如【Geometry】单元格的快捷菜单中，选择【Edit Geometry】可在DM中编辑几何模型，而改变模型后，项目流程图中会看到下游单元格命令随着上游单元格命令的变化立即产生相应的改变。可在每个单元格中右击鼠标选【Update】更新该项内容，或者选择工具按钮【Update Project】以批处理方式进行整体更新。

（5）某些命令的级联菜单会显示后续操作命令，如选择【Transfer Data To New】将DM模型导出到ANSYS程序支持的分析对象。

（6）其他命令操作类似，如选择替换当前几何模型【Replace Geometry】、复制分析系统【Duplicate】、从其他程序导入DM模型【Transfer Data From New】、重命名【Rename】、定义属性【Properties】及帮助【Quick Help】等。

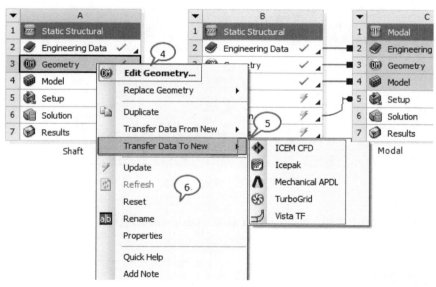

图2.4-4 执行相关命令

2.4.5 参数设置

参数化设置可以进行假设分析，更好地比较设计方案的优劣。如果在激活的分析系统中定义了可变参数，在项目流程图中就可看到参数设置栏【Parameter Set】，如图2.4-5所示。

双击【Parameter Set】，打开参数设置窗口，载入的设计点表格【Table of Design Points】中每一行代表一个参数设计方案，可增加任意行数，如增加1个设计点DP1，选择工具栏"更新所有设计点"按钮【Update All Design Points】可以更新所有的设计方案，如图2.4-6所示。选【Project】则切换到项目流程图窗口。

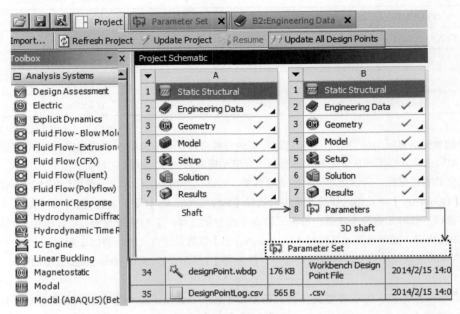

图2.4-5　参数化设计

	A		B		C		A		B		C
Table of Design Points						Table of Design Points					
1	Name ▼		P1 - Force Y Compo... ▼		P2 - Total Deformation Minimum Maximum Value Over Time		Name ▼		P1 - Force Y Compo... ▼		P2 - Total Deformation Minimum Maximum Value Over Time
2	Units		N ▼		mm		Units		N ▼		mm
3	Current		-3E+05	⚡	⇨		Current		-3E+05		1.8186
4	DP 1		-5E+05	⚡			DP 1		-5E+05		2.7473

图2.4-6　设计方案图表

显示文件则看到增加的设计点文件，如designPoint.wbdp，DesignPointLog.csv。

2.4.6　定制分析流程

如果想把设计流程用于其他的工程项目，可以将其保存为自定义模板，供以后调用。

在"项目流程图"【Project Schematic】中右击鼠标，选择【Add to Custom】，在"添加项目模板"【Add Project Template】对话框中输入名称即可。打开"定制系统"【Custom Systems】，可以看到生成的定制模板【3D shaft】见图2.4-7，双击【3D shaft】则可生成定制的分析系统。

点击【View All/Customize】可以简化或定制工具箱内的显示内容，勾选需要的分析系统，则工具箱的分析系统中只出现勾选的，屏蔽掉没有勾选的分析系统，选择【Back】返回，如图2.4-8所示。

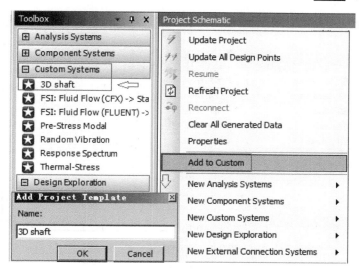

图2.4-7 定制分析流程

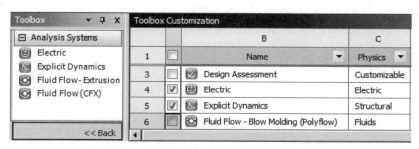

图2.4-8 定制工具箱内的显示内容

2.5 ANSYS Workbench窗口管理功能

ANSYS15.0 Workbench使用多窗口管理，以静力分析为例，调入几何模型时，DM窗口打开，编辑模型单元时，Mechanical程序窗口打开，Windows任务栏中WB主程序以黄色L按钮表示，应用程序以红色M按钮表示，这里打开的应用程序有DM和Mechanical，通过这些按钮的切换，可以进行不同程序的操作，如改变几何模型和更新分析过程等，如图2.5-1所示。

图2.5-1 WB多窗口管理

WB窗口在【Compact Mode】紧凑模式下工作是很方便的。从菜单栏选择"紧凑模式"命令【View】-【Compact Mode】，WB窗口仅显示项目流程图界面，如图2.5-2所示。

右上方工具按钮提供不同的窗口显示方式及显示内容，如选择【Applications】-【Arrange Vertically】可以垂直排列当前应用的分析系统窗口，选择【Workbench】-【Restore Full Mode】或按钮⬇则恢复完全模式。

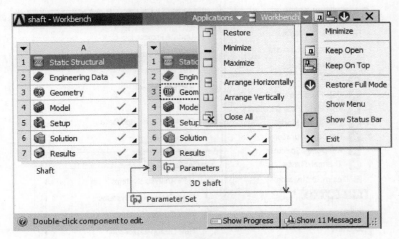

图2.5-2　WB紧凑模式

2.6　ANSYS Workbench文件管理

2.6.1　Workbench文件系统

　　ANSYS Workbench文件管理系统在一个项目中储存不同的文件，以目录树的形式管理每个系统及与系统中的应用程序对应的文件。

　　当创建项目文件（文件名.wbpj）时，WB同时也生成一个同名文件夹，所有和项目有关的文件都保存在该文件夹中，该文件夹下主要的子文件夹为dp0和user_files。

1．dp0子文件夹

　　WB指定当前项目为零设计点，生成子文件夹dp0。设计点文件夹包含每个分析系统的系统文件夹，而系统文件夹又包含每个应用系统，如Mechanial，Fluent等。这些文件夹包含特定应用的文件和文件夹，如输入文件、模型路径、工程数据、源数据等。部分系统的系统文件夹如表2.6-1所示。

表2.6-1　　　　　　　　　　　　　　　　　　系统文件夹列表

系 统 类 型	文件夹名称
AUTODYN	ATD
BladeGen	BG
Design Exploration	DX
Engineering Data	ENGD
FE Modeler	FEM
Fluid Flow (FLUENT)	FFF（分析系统），FLU（组件系统）
Fluid Flow (CFX)	CFX
Geometry	Geom
Mesh	SYS（顶层）/MECH（子文件夹）
Mechanical	SYS（顶层）/MECH（子文件夹）
Mechanical APDL	APDL
TurboGrid	TS
Vista TF	VTF
Icepak	IPK

> **提示**
>
> Mechanical应用程序和Mesh系统文件夹的标识都是SYS，由于两者都由Mechanical应用程序生成，所以都写入MECH子文件夹。

除了系统文件夹以外，dp0文件夹也包括global文件夹，其下的子文件夹用于所有系统，可由多个系统共享，包含所有数据库文件及其关联文件，比如Mechanical应用程序的图片和接触工具等。

2. user_files子文件夹

该文件夹包含任意文件，如输入文件、参考文件等，这些文件由Workbench生成图片、图表、动画等。

表2.6-2给出了前面分析案例的文件结构及相关说明。

表2.6-2 文件结构示例说明

结构图	说明
	项目文件名称
	项目文件夹
shaft.wbpj	dp0对应零设计点的文件夹
shaft_files	global全局文件夹（包括共享结构数据库和接触工具）
dp0	MECH结构共享数据库子文件夹（含网格数据库文件，接触工具子文件夹），这里面包含系统SYS与系统SYS-2
global	SYS第1个结构分析文件夹
MECH	DM几何模型文件夹
SYS	ENGD工程数据文件夹
SYS-2	MECH结构分析子文件夹
SYS	SYS-2第2个结构分析文件夹
DM	DM几何模型文件夹
ENGD	ENGD工程数据文件夹
MECH	MECH结构分析子文件夹
SYS-2	User_files用户文件夹
DM	
ENGD	
MECH	
user_files	

2.6.2 显示文件

选择[View]-[Files]可以显示文件名称、大小、类型、创建时间及其位置，如图2.6-1。

	A	B	C	D	E	F
1	Name	Cell ID	Size	Type	Date Modified	Location
2	shaft.wbpj		350 KB	Workbench Project File	2014/2/13 23:28:34	I:\ansys\\
3	EngineeringData.xml	A2	20 KB	Engineering Data File	2014/2/15 14:08:58	I:\ansys\\
4	SYS.agdb	A3	2 MB	Geometry File	2014/2/12 19:04:08	I:\ansys\\
5	material.engd	A2	20 KB	Engineering Data File	2014/2/12 13:50:18	I:\ansys\\
6	SYS.engd	A4	20 KB	Engineering Data File	2014/2/12 13:50:18	I:\ansys\\
7	SYS.mechdb	A4	44 KB	Mechanical Database File	2014/2/13 18:53:37	I:\ansys\\

图2.6-1 显示文件

2.6.3 文件归档及复原

快速生成压缩文件【Archive…】将包含所有相关文件，文件采用zip压缩格式（.wbpz），可使用"恢复归档文件"命令【Restore Archive…】打开，归档文件时也提供一些有用的选项，如图2.6-2所示，示例压缩文件为shaft. wbpz。

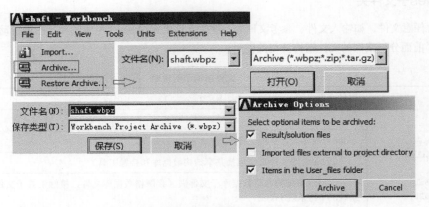

图2.6-2　压缩文件与恢复压缩文件

2.7　ANSYS Workbench的单位系统

WB中的"单位"【Unit】菜单中，可以选择预定义的单位系统（如Metric），创建自定义的单位系统【Unit Systems】，在工程数据、参数及图表中控制需要显示的单位。

选择【Unit Systems】则激活单位系统对话框，可以设置优先显示的单位系统，如图2.7-1所示，其中A列为单位系统，B列设置为当前项目所使用的（如Metric），C列设置为默认（如Metric），D列则抑制单位。

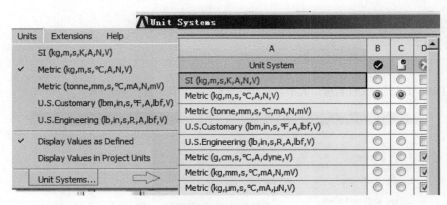

图2.7-1　单位系统

自定义单位系统时，可以通过复制已有的单位系统，然后进行编辑修改，定制好的系统可以导入或导出，如图2.7-2所示。

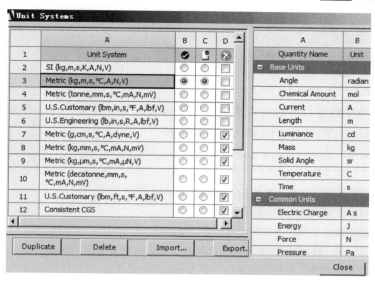

图2.7-2 自定义单位系统

2.8 ANSYS Workbench应用程序使用基础

由于Workbench平台将应用程序进行统一管理，所以应用程序中的许多功能都相似，许多常见的操作也是相同的，如视图操作、选择操作等。下面以结构分析【Mechanical】应用程序为例，给出常用的操作功能。

2.8.1 应用程序的工作界面

结构分析采用的求解器类型为【Mechanical APDL】，从图2.8-1中可以看到分析系统中的许多分析系统模块都与结构分析应用程序有关，如结构静力分析、结构动力分析、线性失稳分析、稳态热分析、瞬态热分析、稳态电流分析、静磁分析等。

	Name	Physics	Solver Type	AnalysisType
Analysis Systems				
☑	Design Assessment	Customizable	Mechanical APDL	DesignAssessment
◉	Electric	Electric	Mechanical APDL	Steady-State Electric Conduction
	Explicit Dynamics	Structural	AUTODYN	Explicit Dynamics
	Harmonic Response	Structural	Mechanical APDL	Harmonic Response
	Linear Buckling	Structural	Mechanical APDL	Linear Buckling
⊚	Magnetostatic	Electromagnet	Mechanical APDL	Magnetostatic
	Modal	Structural	Mechanical APDL	Modal
	Random Vibration	Structural	Mechanical APDL	Random Vibration
	Response Spectrum	Structural	Mechanical APDL	Response Spectrum
	Rigid Dynamics	Structural	Rigid Body Dynamics	Transient
	Static Structural	Structural	Mechanical APDL	Static Structural
	Steady-State Thermal	Thermal	Mechanical APDL	Steady-State
	Thermal-Electric	Thermal -Electric	Mechanical APDL	Steady-State Thermal-Electric Conduction
⊙	Throughflow	Fluids		
	Transient Structural	Structural	Mechanical APDL	Transient
	Transient Thermal	Thermal	Mechanical APDL	Transient

图2.8-1 结构分析程序相关的分析系统模块

将结构静力分析系统【Static Structural】调入项目流程图【Project Schematic】，然后在分析系统中选择【Geometry】单元格，右击鼠标，选【Import Geometry】导入几何模型，在分析系统中双击【Model】单元格，则进入结构分析程序，如图2.8-2所示。

💡 提示 ┄┄┄

WB及应用程序中的窗口可以自定义，如果返回默认窗口设置，可进行如下设置：

- Mechanical: "View > Windows > Reset Window Layout".
- Workbench: "View > Reset Window Layout".

（1）标题栏：显示分析类型、产品及激活的ANSYS授权许可。

（2）菜单栏：以菜单形式提供应用程序的命令。

（3）常用工具栏：提供常用工具，如选择、视图命令按钮等。

（4）当前选项工具栏：当选择导航栏中的某一选项时，激活的相关命令出现在当前工具栏，如在导航栏中选择【Static Structural（A5）】，则当前工具栏显示了结构静力分析的加载环境，可以施加载荷与约束条件。对应属性的明细窗口位于导航树窗口的下方。

（5）导航栏：分析问题的所有操作过程都记录在导航栏中，展开导航栏，可知道该应用程序分析的具体内容。

（6）明细窗口：给出具体命令的详细选项，设置与该命令有关的参数。

（7）图形区：显示操作对象的图形。

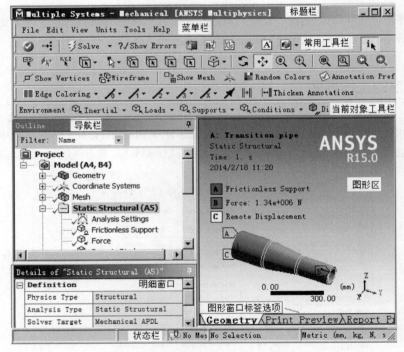

图2.8-2 应用程序（结构分析）工作界面

💡 提示 ┄┄┄

结构分析中图形窗口显示几何模型及分析结果，切换标签选项也可以得到打印预览【Print Preview】及报告预览【Report Preview】视图。

（8）状态栏：显示当前工作状态。

2.8.2 应用程序的菜单功能

通过应用程序的菜单栏，可以获得文件、编辑、视图、单位设置、工具、帮助等操作命令。结构分析的视图功能及单位设置功能（见图2.8-3）如下。

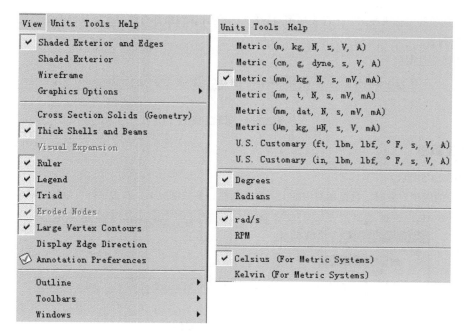

图2.8-3 应用程序（结构分析）视图功能与单位系统

1. 视图菜单

（1）控制基本图形，如阴影、线框模式等。
（2）控制梁、壳的显示模式。
（3）控制显示功能，如图例、坐标轴、标尺等。
（4）选择需要显示的工具栏及窗口。

2. 单位系统

单位系统菜单主要用于定义应用程序中的单位系统，另外的选项可以指定角度单位、转速单位及热分析的参考单位。

 提示

> 结构分析中无需考虑在WB中定义单位系统，可以采用任何单位系统，在需要的时候可以自动转换单位。

2.8.3 应用程序的工具栏

应用程序的工具栏一般提供标准工具栏、上下文工具栏（快捷菜单）、图形工具栏等，以下为结构分析的常用工具栏示例。

1. 标准工具栏

步骤操作如图2.8-4所示。

（1）激活的结构分析向导。

（2）求解。

（3）创建切片平面、标注、图标及表格。

（4）添加注释及图形到导航栏中。

（5）激活可选项的工作表视图：工作表视图对导航栏中的许多对象都有效，比如几何模型、连接关系等，激活工作表可以显示数据列表。

（6）激活选择信息窗口

图2.8-4　标准工具栏

2. 上下文工具栏

步骤操作如图2.8-5所示。

选择导航栏中的应用对象时，会显示对应的上下文工具栏，多数情况下，右击鼠标可以选择对应的快捷菜单。

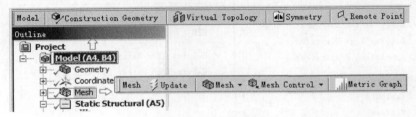

图2.8-5　上下文工具栏

3. 图形工具栏

应用程序的图形工具栏用于选择几何模型及网格，如图2.8-6所示为结构分析图形工具栏。

（1）选择几何模型的过滤工具：提供点选、边选、面选及体选按钮。

（2）选择模式：可以采用单选或框选模式。

（3）选择网格用于选择单元节点，可以选择的模式包括单选框、框选、框选体、拉索及拉索体。

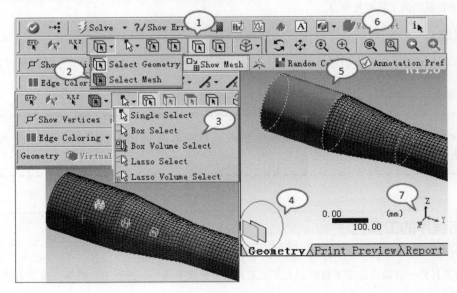

图2.8-6　图形工具栏

（4）图形区下方的选择平面方式：可以方便选取受叠层覆盖的实体，最初选择的点作为通过模型的路径的起点，路径沿视图的垂直方向穿越模型，路径穿过的每个实体都通过选择平面显示出来。

（5）图形区显示选择的对象，如图2.8-6中的面（绿色）。

（6）图形工具栏的图形操作命令：依次包含旋转、平移、缩放、窗口缩放、聚焦、放大镜、前进、后退（图形缩放时，通过程序的记忆功能，可以向前或向后恢复操作）、轴测视图等。

（7）图形区坐标轴也可以调整视图方向。

2.8.4 应用程序的图形显示控制及选择

应用程序的图形显示控制及选择可通过鼠标及相应的控制命令完成，下面给出结构分析中的示例。

1. 图形显示及选择的快捷方式

步骤操作如图2.8-7所示。

● 鼠标中键（滚轮）可以自由旋转、+CTRL=平移、+Shift=缩放。

● 滚动鼠标中键可进行图形缩放，按住鼠标右键进行拖放可以完成窗口缩放操作。

● 右击鼠标的快捷菜单可以得到轴测视图、聚焦以及标准视图。

● 点击坐标轴可以重新定向视图，点击蓝色的小球为等视轴图。

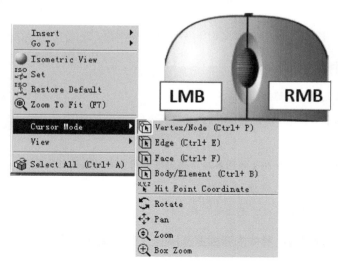

图2.8-7 图形显示控制及选择

2. 图形显示工具栏

步骤操作如图2.8-8所示。提供选项如下。

● 【Show Vertics】：突出显示顶点以便于识别。

● 【Wireframe】：触发显示实体或线框模式。

● 【Show Mesh】：触发显示网格。

● 【Annotation Preference】：注释参数的预设值。

● 【Edge Controls】：基于边的连接关系（与边相连的面的个数）控制边的颜色及显示选项。

● 【Show edge direction】：显示边的方向 。

● 其他选项：如显示位于网格连接处的边 ，对设置边界条件的线增厚显示 Thicken Annotations等。

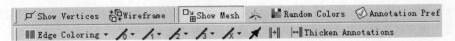

图2.8-8　图形显示选项工具栏

2.8.5 应用程序的导航结构及其明细

应用程序导航栏窗口中，下面的分支代表不同的操作，每个分支都有相关的状态符号，熟悉状态符号有助于快速解决所要分析的问题。结构分析示例如图2.8-9所示。

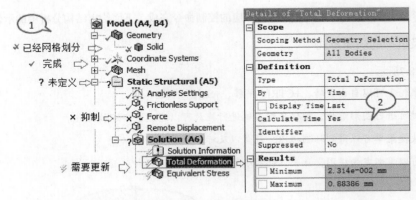

图2.8-9　导航结构及其分支

1. 求解分支的图标中各图标意义

- 黄色闪电：代表还未更新或求解项；
- 绿色闪电：代表正在求解；
- 绿色检查标记：代表求解成功；
- 红色闪电：表示求解失败，叠加的暂停图标暗示求解可以用重启动点进行恢复；
- 绿色朝下箭头：表示后台求解已成功，可以被下载；
- 红色向下箭头：代表后台求解无效，无法被下载。

2. 明细窗口包含输入输出区，具体内容根据选择的分支而有所不同

- 白色区的输入数据可以进行编辑；
- 黄色区表示未完成的输入数据；
- 灰色区仅提供信息，无法修改数据；
- 红色区表示结果不再更新，必须重新求解。

2.8.6 应用程序中加载边界条件

应用程序中载荷及约束的施加有如下两种方式。

（1）指定范围然后应用：图形区选择几何对象，然后定义载荷及约束，如果需要则指定大小及方向。

（2）先应用然后指定范围：选择载荷及约束，然后定义作用区域，明细窗口选【Apply】确认，指定大小及方向（如果需要）。

结构分析中，预选择方法（方法1）最方便。如果希望改变边界条件的位置，只需简单地点击几何区域，在【Apply/Cancel】状态下重新选择即可。

指定方向可以采用矢量【Vector】和分量【Components】方式。分量方式选择需要的整体/局部坐标系，输入X、Y、Z方向的值。

图2.8-10给出结构分析中的加载示例：如在矢量方式下输入载荷大小，点击【Direction】的位置，选择控制几何（顶点、边、面），【Apply】确认，修改方向可以选择图形区的箭头按钮。结构分析中也允许边界条件直接施加到有限元节点上。

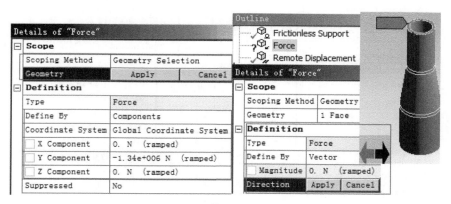

图2.8-10　结构分析中加载

2.8.7　应用工程数据

1. 激活工程数据

步骤操作如图2.8-11所示。

材料参数可通过工程数据【Engineering Data】输入。工程数据可以单独应用或从分析系统中激活。

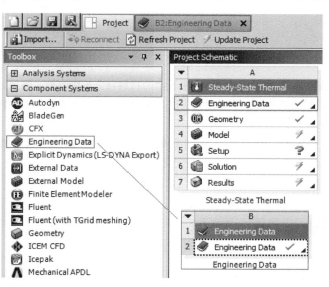

图2.8-11　应用工程数据

2. 工程数据窗口

步骤操作如图2.8-12所示。

双击【Engineering Data】单元格，打开工程数据窗口后，有两个控制选项显示工程数据。

（1）一个是工程数据源按钮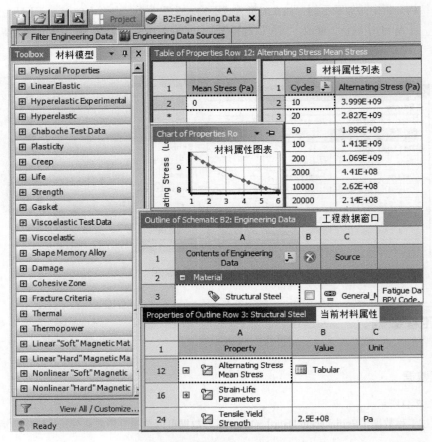，提供工程数据源【EngineeringData Sources】与当前的工程数据的视图切换。

（2）另一个是物理环境过滤触发器，用于显示所有材料及属性或者只在当前分析中有关的材料。

图2.8-12　工程数据的项目视图

3. 工程数据源

工程数据中一个关键的概念：只有当前工程数据中显示的材料在分析中有效，需要从材料库中把材料模型先提取出来进入当前工程数据，才能供分析使用。所以材料可以在工程数据中输入或者从工程数据源视图的材料库中选择材料，工程数据源视图如图2.8-13所示。

（1）多个数据源的材料数据可添加到【Favorites】区域，使之成为有效的自定义数据库。

（2）有效的数据库列表，可以由ANSYS提供或自定义。

（3）检查框允许解锁材料库进行编辑，修改材料之前必须解锁材料库。

（4）浏览已存在的材料库或选择新材料库的位置。

（5）添加自定义材料库。

4. 添加新材料

从材料库中提取材料（见图2.8-14），选择材料库，在需要的材料旁边点击，后面会出现，表示材料已加入到工程数据中，可点击工程数据源按钮，切换到工程数据窗口查看。右击鼠标选【Add to Favorites】也可以添加到喜欢的库中。

自定义材料需输入材料名称，指定相关材料属性，如图2.8-15所示。

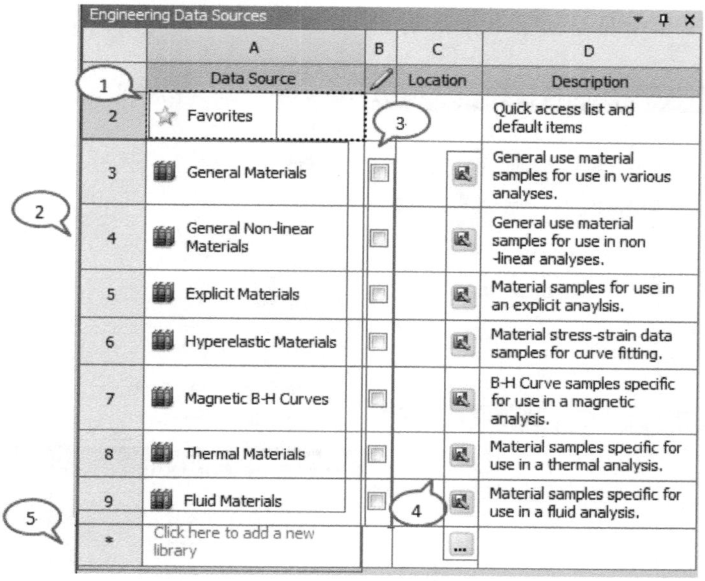

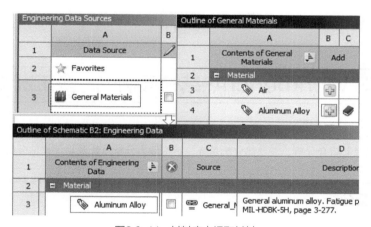

图2.8-13　工程数据源视图

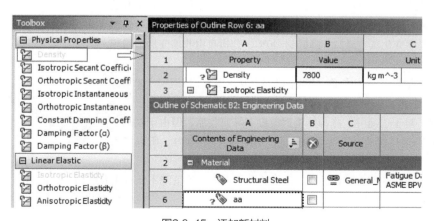

图2.8-14　材料库中提取材料

图2.8-15　添加新材料

5. 将新材料添加到库中

将新材料添加到库中必须先将该材料导出为xml文件，如新添材料名aa，选【File】-【Export Engineering Data】导出材料文件aa.xml。然后打开数据源显示，勾选【Generanl Materials】的编辑框，解锁通用材料库使之为编辑状态，再选【File】-【Import Engineering Data】，导入生成的aa.xml材料文件，如图2.8-16所示。

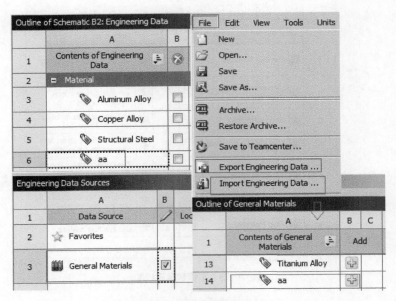

图2.8-16　将新材料添加到库中

2.9　ANSYS Workbench热结构案例——多工况冷却棒热应力

以下分析案例是为了熟悉ANSYS15.0 Workbench进行多物理场分析的使用方法及熟悉不同的分析模块。冷却棒热应力分析中进行两个工况及其组合分析，涉及热分析系统、结构静力分析系统及设计评估分析系统。

2.9.1　问题描述及分析

假设冷却棒模型为长L=1000mm，直径D=100mm，材料为钢，弹性模量E=2e11Pa，泊松比ν=0，热膨胀系数α=1.2e-5/℃，热传导系数λ=100W/m℃。

工况一：环境温度变化从室温22℃降低到-40℃，分析自由收缩变形后的应力分布；

工况二：冷却棒两端限制轴向位移，环境温度变化从室温22℃降温到-160℃，分析限位收缩变形后的应力。

根据分析条件，对于工况一：冷却棒将因温度下降而收缩，但由于收缩不受任何限制，温度变化只能使其产生收缩变形，而不致产生应力，所以应力为零。

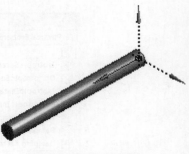

图2.9-1　冷却棒模型

而对于工况二，由于两端有限位约束，因此冷却棒会因温度下降不能自由收缩而产生的热应力。根据变形协调关系，有弹性应变ε^{el}与热应变ε^{th}之和为零，即：

$$\varepsilon^{el}+\varepsilon^{th}=0 \tag{2.9.1}$$

线弹性应力-应变关系：
$$\sigma=E\varepsilon^{el} \tag{2.9.2}$$

热应变：
$$\varepsilon^{th}=\alpha(T-T_{ref}) \tag{2.9.3}$$

由式（2.9.1）~（2.9.3）代入T_{ref}=22℃，T=-160℃，α=1.2e-5/℃，E=2e11Pa，得到应力σ=436.8MPa，弹性应变ε^{el}=0.002 184mm/mm。

下面用ANSYS 15.0 Workbench进行结构热应力的数值模拟，并将计算结果与理论计算结果进行对比。

由于结构变形并不影响温度分布，所以采用热与结构顺序耦合分析方式，即先进行热分析，然后将热分析的温度结果作为结构载荷条件导入到结构分析中进行热应力计算。稳态热分析采用三维20节点热实体单元SOLID90，结构静力分析采用三维20节点结构实体单元SOLID186。

由于分析模型及载荷具有对称性，所以分析模型取一半，用3D实体单元建模，多工况的计算采用程序提供的多载荷步功能。

2.9.2 数值模拟过程

数值模拟的主要步骤如下。

● 根据分析模型的需求，工作流程包含稳态热分析、结构静力分析、分析评估系统。分析模型共享材料及几何模型数据。

● DM中创建3D对称几何模型。

● 对几何模型分配材料，并进行网格划分，建立有限元分析模型。

● 施加温度边界条件及结构边界条件，设置多载荷步分析。

● 求解及检查温度分布、应力分布、分析评估结果。

运行程序→【ANSYS 15.0】→【Workbench 15.0】，进入Workbench数值模拟平台，重新建立一个新文件开始。

1. 在WB中设置分析流程

步骤操作如图2.9-2所示。

（1）由于热应力分析已经放在自定义系统中，所以用鼠标左键双击WB左侧"工具箱"【Toolbox】下方的"自定义系统"【Custom Systems】，则"项目流程图"【Project Schematic】中将出现稳态热分析A及结构静力分析B。

（2）用鼠标左键选WB左侧"工具箱"【Toolbox】下方的"分析系统"【Analysis Systems】中的"设计评估"【Design Assessment】，将其拖入到系统B的求解【Solution】单元格上，同时会框选到系统B的单元格2~4及6，且有红色提示框，放开鼠标，项目流程图中会增加系统C。

（3）工具栏中选择保存按钮，保存文件名为Cooling Cell.wbp，名称显示在标题栏中。

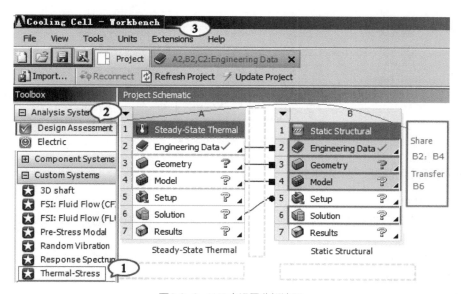

图2.9-2 WB中设置分析流程

2. 输入材料属性

步骤操作如图2.9-3所示。

（1）分析系统A中用鼠标左键双击"工程材料"【Engineering Data】单元格，进入"工程数据"窗口【A2，B2，C2：Engineering Data】。

（2）在已有的工程材料【Outline of Schematic A2，B2，C2：Engineering Data】窗口中输入新材料名称Cooling Cell。

（3）左侧的工具箱下方选择"各项同性热膨胀系数"：【Physical Properties】-【Isotropic Secant Coefficient of Thermal Expansion】。材料属性窗口下输入"热膨胀系数"【Coefficient of Thermal Expansion】=1.2e-5 C^-1，"参考温度"【Reference Temperature】=22C。

（4）左侧的工具箱下方选择"各项同性线弹性模型"：【Linear Elasticity】-【Isotropic Elasticity】。材料属性窗口下输入"弹性模量"【Isotropic Elasticity】-【Young's Modulus】=2e11 Pa，"泊松比"【Poisson's Ration】=0。

（5）在左侧的工具箱下方选择"各项同性热传导系数"：【Thermal】-【Isotropic Thermal Conductivity】。材料属性窗口下输入热传导系数【Isotropic Thermal Conductivity】=100 Wm^-1 C^-1。

（6）工具栏中用鼠标点击【Project】按钮，返回工程流程图的WB界面。

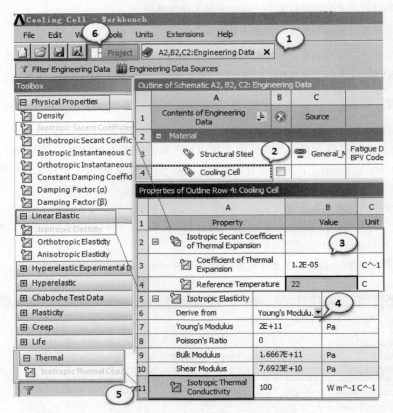

图2.9-3　输入材料数据

3. 建立3D直杆几何模型：创建圆柱体

步骤操作如图2.9-4所示。

（1）WB中，鼠标双击分析系统A中的"几何"单元格【Geometry】进入DM程序，修改单位为mm：选择菜单栏中【Units】-【Millimeter】。

（2）DM中选择菜单栏中的"创建圆柱"命令：【Create】-【Primitives】-【Cylinder】。

（3）明细窗口中输入轴向长度及半径的值：【Axis Definition】=Components，【FD8, Axis Z Component】=1000mm，【FD10, Radius】=50mm。

（4）工具栏中点击【Generate】生成按钮，导航栏中创建圆柱体特征【Cylinder1】前面已有绿勾的完成标记，图形区显示生成的圆柱体。

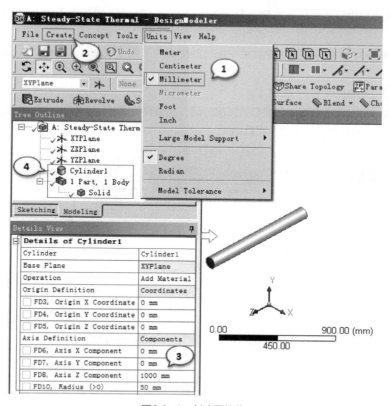

图2.9-4　创建圆柱体

4. 建立3D直杆几何模型：创建工作平面

步骤操作如图2.9-5所示。

（1）WB中，鼠标单击工具栏中的新平面按钮 ✛ 。

（2）明细窗口中设置变换方式为基于XYPlane的Z方向偏移500mm：【Details of Plane4】-【Transform 1】=offset Z，【FD1, Value 1】=500mm。

（3）工具栏中点击【Generate】生成按钮。

（4）导航栏中创建新平面【Plane4】前面已有绿勾的完成标记，图形区显示新平面位置。

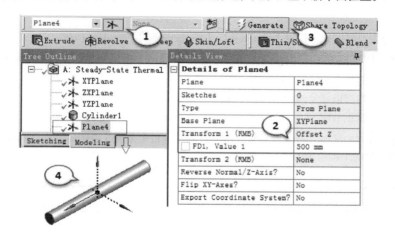

图2.9-5　创建工作平面

5. 建立3D直杆几何模型：创建对称模型

步骤操作如图2.9-6所示。

（1）DM中选择菜单栏中的"对称"工具：【Tools】-【Symmetry】，导航栏中加入未完成的对称命令，默认名称为【Symmetry1】。

（2）明细窗口中确认对称面的位置：导航栏中选已经生成的平面【Plane4】，在【Symmetry Plane1】处点击【Apply】确认。

（3）工具栏中点击【Generate】生成按钮。

（4）导航栏中【Symmetry1】前面会有绿勾的完成标记，明细窗口中显示【Symmetry Plane1】=Plane4，图形区显示几何模型为原来的一半，对称面就是工作平面Plane4。

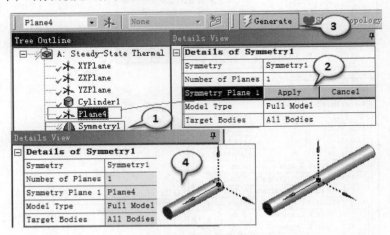

图2.9-6　创建对称模型

> **提示**
>
> DM中使用对称命令【Symmetry】的好处就是：除了模型减半以外，DM中的对称平面将自动传递到结构分析中成为对称面，同时也一并施加了对称约束，这样对称面上就不需要人工添加约束条件。

6. 网格划分

步骤操作如图2.9-7所示。

（1）分配材料：WB界面中双击系统A"模型"【Model】单元格，进入【Mechanical】分析程序。导航栏中选【Geometry】-【Solid】。

（2）明细窗口中分配材料属性：设置【Material】-【Assignment】=Cooling Cell。

（3）导航栏中选"网格划分"【Mesh】，其明细窗口中提供了网格划分的整体设置选项，设置【Defaults】-【Physics Preference】=Mechanical；【Relevance】=100。

（4）当前活动工具栏为网格划分的相关命令，选择【Updat】更新网格。

（5）图形区可看到生成的3D实体单元，为了清楚地显示单元，可放大关心的区域。在工具栏中点击框选放大按钮 🔍，图形区框选择需要放大的区域。查看网格统计结果：明细窗口中展开【Statistics】，显示3D实体单元有5499个节点，1088个单元，网格质量的平均值为0.86。

> **提示**
>
> 对于规则的几何模型，WB一般生成的六面体单元网格质量较高；对于一半模型，也减少了计算成本。

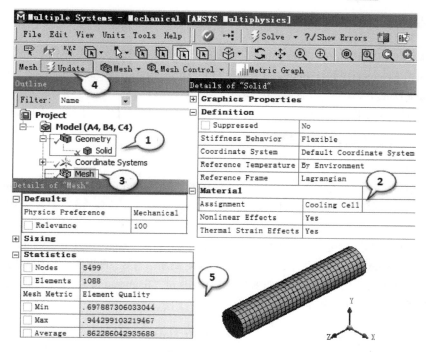

图2.9-7 网格划分

7. 稳态热分析：分析设置及施加温度载荷

步骤操作如图2.9-8所示。

（1）在导航栏中用鼠标点击【Steady-State Thermal（A5）】，当前工具栏中显示"稳态热分析"环境的相关命令选项。

（2）在导航栏中选择"分析设置"【Analysis Setting】，在明细窗口中设置两个载荷步：【Step Controls】-【Number of Steps】=2，这对应前面提到的两组工况。

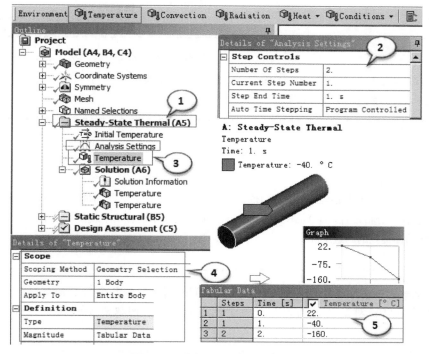

图2.9-8 分析设置及施加温度载荷

（3）工具栏中鼠标点击体选按钮 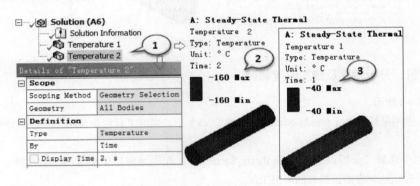，图形区选择圆柱体，施加环境温度：热分析环境工具栏中点击"温度"【Temperature】将其添加到导航栏中。

（4）温度明细窗口【Details of "Temperature"】中确认实体及表格输入方式：【Scope】-【Scope Method】=Geometry Selection，【Geometry】=1 Body，【Apply to】=Entire Body；【Definition】-【Type】=Temperature，【Magnitude】=Tabular Data。

（5）表格中输入两个温度载荷：【Time】=1s，【Temperature】=-40℃，【Time】=2s，【Temperature】=-160℃。

8. 稳态热分析：求解及查看温度结果

步骤操作如图2.9-9所示。

（1）导航栏中选择"求解"【Solution(A6)】，在求解环境工具栏中选择【Thermal】-【Temperature】，或者右击鼠标使用快捷菜单插入温度结果：【Insert】-【Thermal】-【Temperature】，重复两次，对应两个温度，工具栏中点击"求解"【Solve】。

（2）两个温度结果分别对应两组工况，对应显示时间分别为1s和2s：如图中对【Temperature 2】的结果，在明细窗口【Details of "Temperature 2"】中设置【Display Time】=2s，更新结果后，图形区可看到温度分布为-160℃。

（3）同样对【Temperature 1】的结果，在明细窗口【Details of "Temperature 1"】中设置【Display Time】=1s，更新结果后，图形区可看到温度分布为-40℃。

图2.9-9　求解及查看温度结果

> **提示**
>
> 由于本例中，涉及三个模块，所以结构分析中会出现三个求解环境，分别对应于稳态热分析（A5）、结构静力分析（B5）、设计评估（C5）。几何模型使用了对称工具，所以结构分析中会看到传递过来的对称边界及命名选择。

9. 结构静力分析：分析设置及施加位移约束

步骤操作如图2.9-10所示。

（1）在导航栏中用鼠标点击【Static Structural（B5）】，当前工具栏中显示"结构静力分析"环境的相关命令选项。

（2）导航栏中选择"分析设置"【Analysis Setting】，明细窗口中设置两个载荷步：【Step Controls】-【Number of Steps】=2，这对应前面提到的两组工况。

> **提示**
>
> 这里【Current Step Number】=2，【Step End Time】=2s，表示当前图形区显示的内容为第两个载荷步表示的条件，对应的时间为2s。由于稳态分析中时间仅表示载荷步，所以并不代表真实的物理时间。

（3）在工具栏中用鼠标点击面按钮 🔲，图形区选择圆柱体端面，施加位移约束：结构分析环境工具栏中点击"位移"【Supports】-【Displacement】将其添加到导航栏中。

（4）位移明细窗口【Details of "Displacement"】中设置位移分量：【Definition】-【Define By】=Components，【X Components】=Free，【Y Components】=Free，【Z Components】=0。

（5）表格中修改第二行Z方向位移：右击鼠标快捷菜单中选【Activate/Deactivate at this step】，这样第一个载荷步（对应工况1）该约束条件无效，仅在第二个载荷步（对应工况2）该约束条件有效。

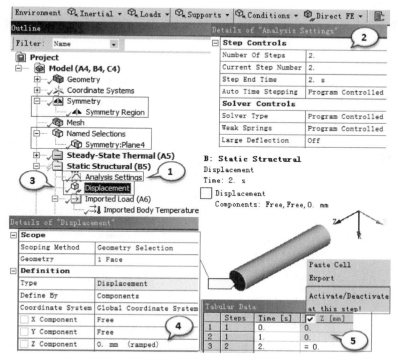

图2.9-10　分析设置及施加位移约束

10. 结构静力分析：导入温度载荷

步骤操作如图2.9-11所示。

（1）对结构分析而言，温度载荷来自于前面的稳态热分析结果，所以这里只要导入温度即可。导航栏中选择"导入体温度"【Imported Load（A6）】-【Imported Body Temperature】，右击鼠标快捷菜单中点击"导入载荷"【Import Load】，图形区可以看到当前导入的温度结果。

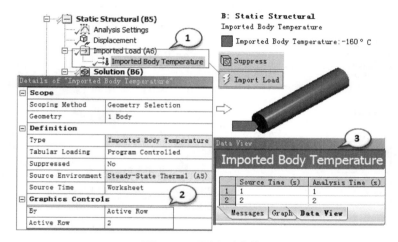

图2.9-11　导入温度载荷

（2）设置不同载荷步的温度显示：明细窗口中【Details of "Imported Body Temperature"】中设置【Graphic Controls】-【By】=Active Row，【Active Row】=2，图形区可看到温度分布为-160℃。

（3）由于程序默认分析时间为1s对应于源数据的结束时间，所以需要数据视图【Data View】窗口设置分析时间与导入时间的关系：对【Source Time】=1s，设置【Analysis Time】=1s；对【Source Time】=2s，设置【Analysis Time】=2s。

11. 结构静力分析：设置及求解结果

步骤操作如图2.9-12所示。

（1）导航栏中选择"求解"【Solution（B6）】分支。求解工具栏中选择"变形分量"【Deformation】-【Directional】。

（2）求解工具栏中选择"等效应变"【Strain】-【Equivalent（von-Mises）】。

（3）求解工具栏中选择"等效应力"【Stress】-【Equivalent（von-Mises）】

（4）导航栏【Solution（B6）】下面会出现【Directional Deformation】、【Equivalent Elastic Strain】、【Equivalent Stress】，工具栏中点击【Solve】求解结果。

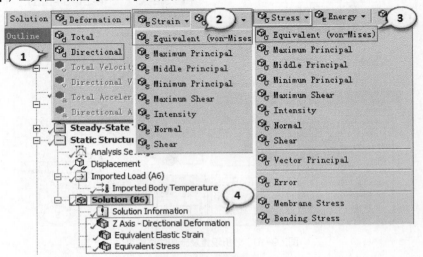

图2.9-12 设置及求解结果

12. 结构静力分析：查看轴向变形结果

步骤操作如图2.9-13所示。

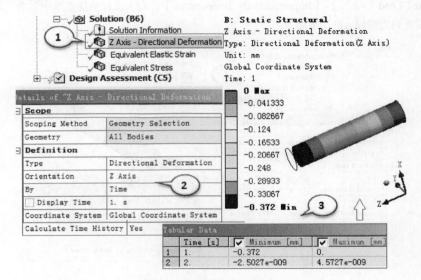

图2.9-13 查看轴向变形结果

（1）导航栏中选择"轴向变形"【Solution（B6）】-【Z Axis-Directional Deformation】分支。

（2）明细窗口确定Z轴方向的变形：【Definition】-【Type】=DirectionalDeformation，【Orientation】=Z Axis，【Display Time】=1s。

（3）图形区显示工况1的轴向收缩变形为-0.372mm（这是一半模型的变形，整个模型应该为-0.744mm），表格数据给出两个载荷步的轴向变形结果，可以看到由于工况2有轴向限位，所以载荷步2的轴向变形为零（程序计算给出极小值，量级为10^{-9}mm）。

13. 结构静力分析：查看应力及应变结果

步骤操作如图2.9-14所示。

（1）选择导航栏【Solution（B6）】下面的【Equivalent Stress】，图形区显示工况2的等效应力为436.8MPa，表格数据给出两个载荷步的等效应力结果，可以看到由于工况2有轴向限位，所以载荷步2的等效应力很大，而载荷步1的等效应力为0（程序计算给出极小值）。

（2）选择导航栏【Solution（B6）】下面的【Equivalent Elastic Strain】，图形区显示工况2的等效弹性应变为0.002184mm/mm，同样，表格数据给出两个载荷步的等效弹性应变结果。可以看到由于工况2有轴向限位，所以载荷步2产生等效弹性应变，而载荷步1为零（程序计算给出极小值，量级为$10^{-10}\sim10^{-11}$mm/mm），即无自由变形，无弹性应变。

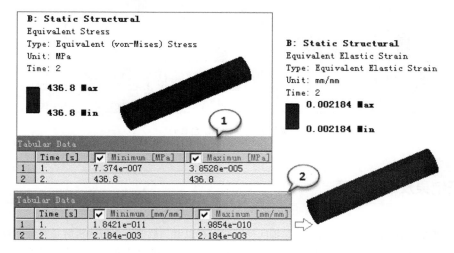

图2.9-14 查看应力及应变结果

> 💡 **提示**
>
> 等效应力总是正值，这里轴向拉应力的结果与等效应力相同，轴向拉应力可用"正应力"【Normal Stress】查看，并设置【Orientation】=Z Axis。

14. 设计评估

步骤操作如图2.9-15所示。

（1）设计评估可以设置不同的载荷进行组合，调整载荷系数得到需要的结果，选择导航栏中"设计评估"【Design Assessment】下面的"求解选择"【Solution Selection】。

（2）求解选择中组合载荷工况：【Worksheet】窗口的空白行中，右击鼠标，选【Add】，加入相应的载荷工况，如设置第1行"系数"【Coefficient】=0.5，【Step】=2；第2行的"系数"【Coefficient】=1，【Step】=1。这表示对应于载荷步1的组合系数为0.5x1+2x1=2.5，对应于载荷步2的组合系数为0.5。

（3）计算等效应力与轴向变形的结果：【Solution（C6）】中添加与【Equivalent Stress】、【Z Axis-Directional

Deformation】，工具栏点击【Solve】求解。

（4）求解后，得到组合载荷的分析结果：载荷步1的等效应力为0，载荷步2为原值的一半，即218.4MPa。

（5）轴向变形：载荷步1最大轴向变形为原值的2.5倍，即-0.93mm，载荷步2的轴向变形为0。

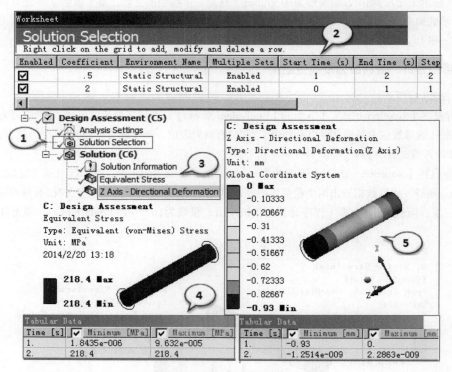

图2.9-15　评估组合载荷

2.9.3　验证结果及理解问题

冷却棒计算结果的对比见表2.9-1，在只考虑轴向变形时，可以看到数值结果与解析解是完全一致的。热应力的分析计算使用ANSYS15.0 Workbench温度场计算的结果作为结构静力分析的输入条件得到应力与变形结果。

表2.9-1　　　　　　　　　　　冷却棒计算结果的对比

分类 名称	工况2		工况1 轴向变形mm
	应力MPa	弹性应变mm/mm	
解析解	436.8	0.002184	−0.372
ANSYS15.0 Workbench	436.8	0.002184	−0.372
误差（%）	0	0	0

2.10　ANSYS Workbench热电耦合案例——通电导线传热

以下分析案例是为了熟悉ANSYS15.0 Workbench进行热电顺序耦合场分析的使用方法，涉及稳态电流分析系统、结构稳态热分析系统。

2.10.1 问题描述及分析

一根裸露钢线，电阻为R，通过电流I，需要确定电线中心温度和表面温度，表面与空气对流系数为h，空气温度为Ta，相关参数见2.10-1。

表2.10-1　　　　　　　　　　　　　　　　　　　　　　导线参数

模　　型	材 料 参 数	几 何 参 数	载　　荷
	热传导率 $\alpha=60.5$　$W/m℃$	截面半径 $r_0=0.005$ m	对流换热系数 $h=5W/m^2℃$
	电阻率 $\rho=1.7e-7\Omega m$	导线长度 $L=0.1$ m	环境温度 $Ta=20℃$
			电流$I=20A$

为方便起见，选择导线自由长度0.1m，电阻可以计算得到：

$$R = \rho L/(\pi r_0^2) \tag{2.10.1}$$

电压：

$$U=IR \tag{2.10.2}$$

单位体积的热生成率：

$$q_J=I^2R/(L\pi r_0^2) \tag{2.10.3}$$

导线表面温度：

$$T=I^2R/(2h L\pi r_0)+Ta \tag{2.10.4}$$

代入数值，得到电阻$R=0.21645mW$，电压$U=4.329mV$，体积热生成率$q_J=11024$ W/m³，导线表面温度$T=25.512℃$。

2.10.2 数值模拟过程

本例的热源来自于通电电阻产生的焦耳热，使导线产生温度变化。分析流程可以使用热电直接耦合模式：即采用【Thermal-Electric】分析系统；或热电顺序耦合模式，即【Steady-State Thermal】+【Electric】分析系统，这里为了熟悉Ansys Workbench的多物理场操作，选用第二种方式。主要步骤如下。

● 根据分析模型的需求，工作流程包含稳态电流分析、稳态热分析，分析模型共享材料及几何模型数据。

● DM中创建3D几何模型。

● 对几何模型分配材料，并进行网格划分，建立有限元分析模型。

● 电场分析中施加电流源，热场分析中施加对流边界条件。

● 求解及检查电压、温度分布等。

1. 运行程序→【ANSYS 15.0】→【Workbench 15.0】，进入Workbench数值模拟平台，重新建立一个新文件开始。

2. WB中设置分析流程

步骤操作如图2.10-1所示。

（1）用鼠标左键选WB左侧"工具箱"【Toolbox】下方的"分析系统"【Analysis Systems】中的"稳态电流分析系统"【Electric】，将其拖入工程流程图内。

（2）用鼠标左键选WB左侧"工具箱"【Toolbox】下方的"分析系统"【Analysis Systems】中的"稳态热分析"【Steady-State Thermal】，将其拖入到系统A的求解【Solution】单元格上，同时会框选到系统A的单元格2~4及6，且有红色提示框，放开鼠标，项目流程图中会增加系统B。

（3）在工具栏中选择保存按钮，保存文件名为wire.wbp，名称会显示在标题栏中。

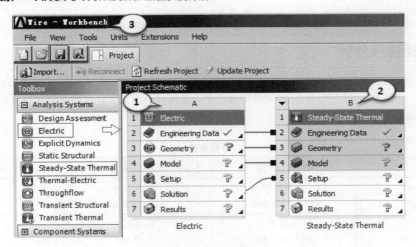

图2.10-1 WB中设置分析流程

3. 输入材料属性

步骤操作如图2.10-2所示。

（1）分析系统A中用鼠标左键双击"工程材料"【Engineering Data】单元格，进入"工程数据"窗口【A2，B2：Engineering Data】。

（2）在已有的工程材料【Outline of Schematic A2，B2：Engineering Data】窗口中输入新材料名称wire。

（3）左侧的工具箱下方选择"各项同性热传导系数"：【Thermal】-【Isotropic Thermal Conductivity】。材料属性窗口下输入热传导系数【Isotropic Thermal Conductivity】=60.5Wm^-1 C^-1。

（4）左侧的工具箱下方选择"各项同性电阻率"：【Electric】-【Isotropic Resistivity】。材料属性窗口下输入电阻率【Isotropic Resistivity】=1.7e-7 ohmm。

（5）工具栏中用鼠标点击【Project】按钮，返回工程流程图的WB界面。

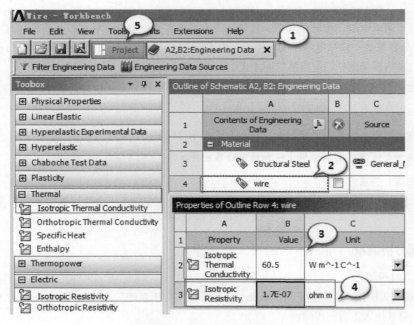

图2.10-2 输入材料数据

4. 建立3D直杆几何模型：创建圆柱体

步骤操作如图2.10-3所示。

（1）WB中，鼠标双击分析系统A中的"几何"单元格【Geometry】进入DM程序，修改单位为mm：选择菜单栏中【Units】-【Millimeter】。

（2）DM中选择菜单栏中的"创建圆柱"命令：【Create】-【Primitives】-【Cylinder】。

（3）明细窗口中输入轴向长度及半径的值：【Axis Definition】=Components，【FD8, Axis Z Component】=100mm，【FD10, Radius】=5mm。

（4）工具栏中点击【Generate】生成按钮。

（5）导航栏中创建圆柱体特征【Cylinder1】前面已有绿勾的完成标记，图形区显示生成的圆柱体。

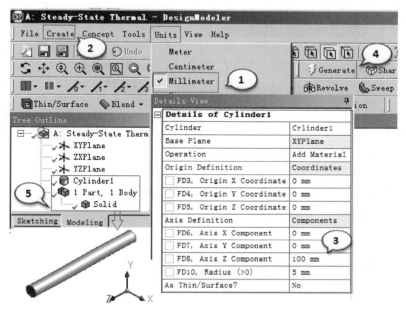

图2.10-3　创建圆柱体

5. 网格划分

步骤操作如图2.10-4所示。

（1）分配材料：WB界面中双击系统A"模型"【Model】单元格，进入【Mechanical】分析程序。导航栏中选【Geometry】-【Solid】。

（2）明细窗口中分配材料属性：设置【Material】-【Assignment】=wire。

（3）工具栏中点击选线按钮，图形区选择导线一端的圆边。

（4）控制单元大小：导航栏中选"网格划分"【Mesh】，网格划分工具栏中选择【Mesh Control】-【Sizing】。

（5）明细窗口中确定选择的边【Scope】-【Geometry】=1 Edge，设置单元大小的分割数量为20份：【Definition】-【Type】=Number of Divisions，【Number of Divisions】=20。

（6）【Mesh】工具栏中点击【Update】生成网格。

（7）图形区可看到生成的3D实体单元。

（8）导航栏中已经完成了网格设置选项【Mesh】-【Edge Sizing】。

（9）查看网格统计结果：明细窗口中展开【Statistics】，显示3D实体单元有8747个节点，1806个单元，网格质量的平均值为0.756。

> 提示
>
> 　　相比2.9中的模型，本例模型的细长比（轴向长度与截面宽度之比）更大，WB生成的六面体单元网格质量会变差，可将单元大小减少，增加网格数量，提高网格质量，但会增加计算成本。

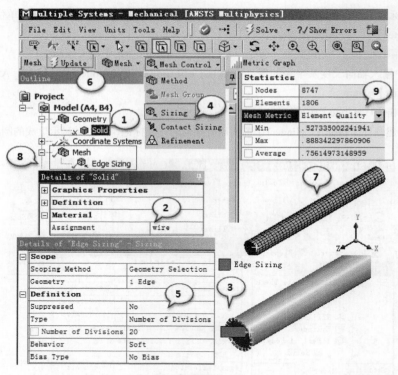

图2.10-4　网格划分

6. 稳态电流分析：施加电压及电流

步骤操作如图2.10-5所示。

（1）在工具栏中用鼠标点击选面按钮 🔲 。

（2）在图形区选择导线端面。

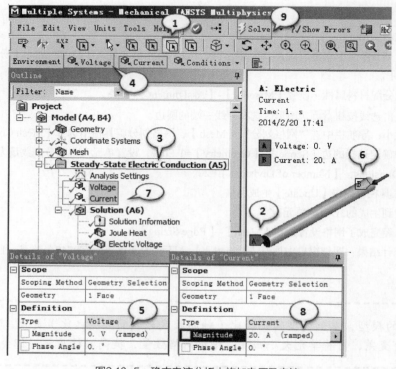

图2.10-5　稳态电流分析中施加电压及电流

（3）在导航栏中用鼠标点击【Steady-State Electric Conduction（A5）】，当前工具栏中显示"稳态电流分析"环境的相关命令选项。

（4）施加电压：电流分析环境工具栏中点击"电压"【Voltage】将其添加到导航栏中。

（5）明细窗口【Details of "Voltage"】中输入0电压：【Definition】-【Type】=Voltage，【Magnitude】=0 V。

（6）同样，在工具栏中用鼠标点击选面按钮，图形区选择导线另一端面。

（7）电流分析环境工具栏中点击"电流"【Current】将其添加到导航栏中。

（8）施加20A电流：明细窗口【Details of "Current"】中设置【Definition】-【Type】=Current，【Magnitude】=20A。

（9）工具栏点击【Solve】求解。

7. 稳态电流分析：查看电压分布及焦耳热

步骤操作如图2.10-6所示。

（1）导航栏中选择"求解"【Solution(A6)】，在求解环境工具栏中选择【Electric】-【Electric Voltage】与【Joule Heat】。

（2）导航栏中出现加入的结果，工具栏中点击【Solve】求解。

（3）求解完成后，选择导航栏中【Joule Heat】，查看热生成为11024 W/m^3。

（4）选择导航栏中【Electric Voltage】，查看电压分布，最大电压为0.0043291V。

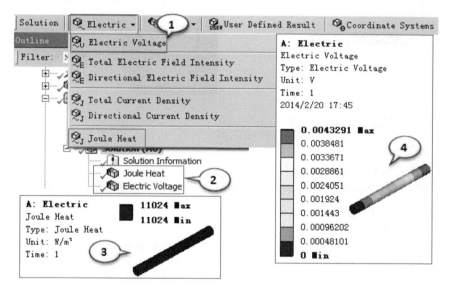

图2.10-6　查看电压分布及热生成

8. 稳态热分析：导入热生成及施加对流边界

步骤操作如图2.10-7所示。

（1）导航栏中鼠标点击【Steady-State Thermal（B5）】，当前工具栏中显示"稳态热分析"环境的相关命令选项。再选择【Import Load（A6）】-【Imported Heat Generation】，右击鼠标，选【Import Load】这将导入前面生成的焦耳热。

（2）导航栏中选【Imported Heat Generation】，图形区可查看导入的焦耳热。

（3）工具栏中鼠标点击选面按钮 🔲 。

（4）图形区选择圆柱体外表面。

（5）施加对流边界：热分析环境工具栏中点击"对流"【Convection】将其添加到导航栏中。

（6）对流边界条件设置：明细窗口【Details of "Convection"】中【Definition】-【Film Coefficient】=5W/m^2℃；【Ambient Temperature】=20℃。

（7）运行【Solve】求解。

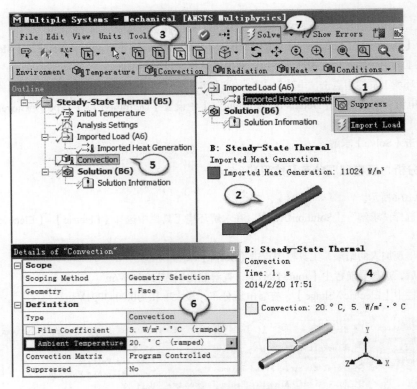

图2.10-7　导入热生成及施加对流边界

9. 稳态热分析：求解及查看温度结果

步骤操作如图2.10-8所示。

（1）导航栏中选择"求解"【Solution(B6)】。

（2）在求解环境工具栏中选择【Thermal】-【Temperature】，添加温度结果，同样增加总热通量【Total Heat Flux】，工具栏中点击【Solve】更新结果。

（3）导航栏中选择温度【Temperature】。

（4）图形区显示温度分布中心为25.513℃，表面为25.512℃；同样可查看导航栏选择热通量【Total Heat Flux】，从内向外沿径向增加，外表面热通量最大。

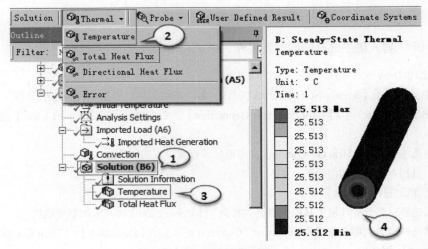

图2.10-8　查看温度结果

2.10.3 验证结果及理解问题

计算结果的对比见表2.10-2，可看到通电导线传热进行热电顺序耦合场分析的数值结果与解析解是完全一致的。热源来自于通电电阻产生的焦耳热，使导线产生温度变化很小。

表2.10-2　　　　　通电导线传热理论解与ANSYS数值模拟结果比较

	表面温度℃	电压mV	焦耳热W/m³
解析解	25.512	4.329	11024
ANSYS15.0 Workbench	25.512	4.329	11024
误差（%）	0	0	0

其他还可以查看电场强度0.043291V/m，电流密度2.5465A/m²，热流量0.086582W，输入电流20A的结果。

2.11 本章小结

本章介绍ANSYS15.0 Workbench平台的使用，讲解了Workbench的启动、工作环境、窗口管理功能、文件管理、单位系统、应用程序的基本使用方法，并给出两个多物理场分析案例，以帮助读者熟悉ANSYS 15.0 Workbench平台的简单操作。

第3章 ANSYS Workbench结构分析基础

3.1 结构静力分析概述

任何结构受到力的作用都会产生变化（图3.1-1），结构分析主要研究结构的变化，如位移、速度、加速度、应力、应变等和力的关系。

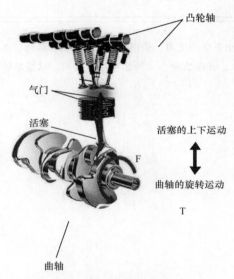

图3.1-1 汽车发动机的受力与运动

实际工程中，结构除了承受永久性载荷以外，还会受到动载荷的影响。当载荷变化缓慢，变化周期远大于结构的自振周期时，其动力响应很小，可以作为静载荷处理。反之则作为动载荷处理。

3.1.1 结构静力分析

结构静力分析中不考虑随时间变化的载荷，忽略惯性力和阻尼，常用于低速结构。对结构运动过程中的各个位置，采用静力平衡方程分析结构的承载能力。

结构静力分析的有限元方程可写为：

$$[K]\{u\}=\{F\} \tag{3.1.1}$$

其中$[K]$为刚度矩阵，$\{u\}$为位移矢量，$\{F\}$为静力载荷。如果假设材料为线弹性，结构小变形，则$[K]$是常量，求解的是线性静力问题；如果$[K]$为变量，则求解非线性静力问题。

3.1.2 结构动态静力分析

随着结构速度的提高，惯性力不能被忽略，假设结构遵循理想运动规律，根据达朗贝尔原理，将惯性力计入静力平衡方程，这种方法称为动态静力分析。由于该方法中需要计入惯性力，因此动态静力分析之前需要进行运动分析，获得结构的加速度。

考虑质量[M]具有常值加速度$\{\ddot{u}\}$引入的惯性力，忽略阻尼，则结构动态静力分析的有限元方程可写为：

$$[K]\{u\}=\{F\}-[M]\{\ddot{u}\} \tag{3.1.2}$$

3.1.3 ANSYS Workbench中的结构静力分析方法

ANSYS Workbench中的结构静力分析【Static Structural】系统提供了结构线性/非线性的静力分析和动态静力分析的功能。

ANSYS Workbench中的【Static Structural】进行结构静力分析的方法如下。

1. 理解问题，提供静力分析需要的参数：

提示

> 定义刚度矩阵[K]中需要的材料属性、几何模型的相关尺寸、边界条件需要的约束（对应在静力平衡方程的位移矢量$\{u\}$中）及载荷（对应在静力平衡方程的载荷矢量$\{F\}$中）。

2. 工程问题的实际模型简化为分析的物理模型

建立分析模型时，经验是非常有助于决定哪些部件应该考虑因而必须建立在模型中，哪些部件不应该考虑因而不需建立到模型中，这就是所谓的模型简化。

比如广泛使用在建筑和桥梁中的细长杆件、用作汽车和火车的车轴，以及作为飞机的机翼和书店的书架，可以简化为线单元建模。厚度很薄的薄板根据受力情况，可以简化为3D壳模型或2D平面应力模型；而即便是3D模型，详细建模也不是必须的，比如螺栓连接中详细的螺纹特征多数条件下（如装配体中）是不用建模的。

图示3.1-2给出火力发电厂样煤取样机系统的安装平台简化为梁壳结构的分析模型。

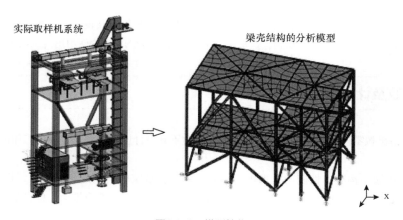

实际取样机系统　　　　　梁壳结构的分析模型

图3.1-2　模型简化

3. 创建分析系统：将结构静力分析【Static Structural】调入工程流程图【Porject Schematic】。

4．工程数据【Engineering Data】中定义刚度矩阵[K]中需要的材料属性。

5．创建或导入刚度矩阵[K]中需要的几何模型。

> **提示**
>
> 几何模型为理想化的物理模型，因此采用何种模型，比如是零件还是装配体？模型是否可以简化？能否使用对称性？都是需要事先考虑的问题。

6．定义刚体/柔体的零件行为。

7．定义联接关系：接触关系、关节、弹簧、梁连接等在静力分析中都有效。

8．对模型进行网格划分：

> **提示**
>
> 这里将结构离散为有限元模型，构造节点位移矩阵$\{u\}$、刚度矩阵$[K]$。采用何种单元类型？网格划分的质量如何？对计算结果的准确性影响很大。

9．创建分析设置：对简单线性行为无需设置，对复杂分析则需要设置一些控制选项。

10．施加载荷及约束，给出方程需要的边界条件，对应在载荷矢量$\{F\}$与位移矢量$\{u\}$中。

11．设置求解选项并求解。

> **提示**
>
> 在有限元模型中，对整体平衡方程求解节点位移，每个单元使用插值函数（形函数$[N]$）计算位移场，如果形函数为线性，则该单元为线性单元或低阶单元，如果形函数为二次多项式，则该单元为二阶单元或高阶单元。根据应变-位移的几何关系计算应变场，根据应力-应变关系（线弹性材料模型为胡克定律）计算应力场。

12．结果后处理。

结果后处理包括结果云图显示和动画，对非线性分析，使用探测器【Probes】显示随载荷的增加而产生变化的结果。如果关心输出结果之间的关系如位移-载荷，可以使用图表【Charts】。

3.2 应力分析及相关术语

为了能正确使用ANSYS软件，下面对结构分析相关的物理概念给出解释及说明。这些概念在一般的材料力学、工程力学、弹性力学等力学书籍中也都可以找到，这里给出来也是方便与ANSYS软件中出现的命令对应起来。

3.2.1 结构失效及计算准则

结构失效一般是指机械零件或组件丧失正常工作能力或达不到设计性能的要求，其中工作能力指具有足够抵抗失效的能力。

工程实践中，对机械结构基本性能的要求可归结为：保证在规定的使用寿命期限内，机械零件或组件不发生各种形式的失效，常见的失效形式有：变形、断裂、腐蚀、磨损、老化、打滑或松动，也有复合形式的失效，示例如图3.2-1。

计算准则是以防止失效为目的而确定的机械结构工作能力计算依据的基本原则。由于失效类型不同，所有机械结构的计算标准也不同，常用的计算准则有强度准则、刚度准则、稳定性准则、耐热性准则、可靠性准则等。

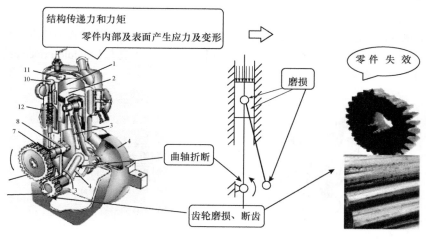

图3.2-1　结构失效

3.2.2　应力分析

应力分析，通过分析和求解机械零件和组件等物体内各点的应力及应力分布，来确定与机械零件和组件失效有关的危险点的应力集中、应变集中部位的峰值应力和应变。ANSYS中的应力求解结果可以预测结构分析中指定模型的安全因子、应力、应变和位移。

3.2.3　应力及其分类

● 应力

材料发生形变时内部产生了大小相等但方向相反的反作用力以抵抗外力，把分布内力在一点的集度称为应力【Stress】，应力定义为"单位面积上所承受的附加内力"，如图3.2-2。

● 应力分量

应力与方向有关，假设在三维空间（x，y，z）中，在物质内部某点P的邻域内作一小六面体元，它的六个表面分别与坐标面平行，同截面垂直的称为正应力或法向应力，如图3.2-3中σ_x，σ_y，σ_z，同截面相切的称为剪应力或切应力τ_{xy}，τ_{yz}，τ_{zx}。ANSYS 15.0 Workbench的静力分析【Static Structural】中分别对应的命令为【Normal】、【Shear】：三向应力状态由整体坐标系下的三个正应力分量Normal（X，Y，Z）和三个剪应力分量Shear（XY，YZ，XZ）确定。

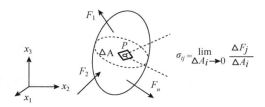

图3.2-2　一个可变形连续物质内部的各种可能应力
（i，j=1，2，3表示x，y，z方向）

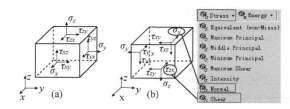

图3.2-3　一点的应力分量

由于剪应力互等，即$\tau_{xy}=\tau_{yx}$，$\tau_{yz}=\tau_{zy}$，$\tau_{zx}=\tau_{xz}$，则应力也可表示为：

$$\{\sigma\} = \begin{cases} \sigma_x & \tau_{xy} & \tau_{xz} \\ \tau_{yx} & \sigma_y & \tau_{yz} \\ \tau_{zx} & \tau_{zy} & \sigma_z \end{cases} = \{\sigma_x \ \sigma_y \ \sigma_z \ \tau_{xy} \ \tau_{yz} \ \tau_{zx}\} \tag{3.2.1}$$

● 主应力

根据弹性理论的观点，任意点处的一个无限小体积可以自由旋转到仅有正应力而剪切应力为零的状态，这三个正应力就称为主应力，σ_1为第一主应力【Maximum Principal】，σ_2为第二主应力【Middle Principal】，σ_3为第三主应力【Minimum Principal】，其关系为$\sigma_1>\sigma_2>\sigma_3$。

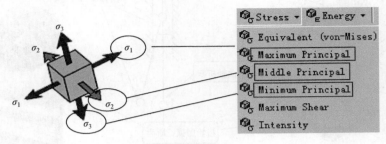

图3.2-4　主应力

● 最大剪应力【Maximum Shear】

最大剪应力τ_{max}可以通过画主应力的莫尔圆得到，如图3.2-5：

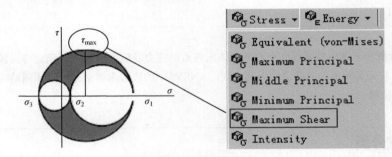

图3.2-5　最大剪应力

或根据计算式：

$$\tau_{max} = \frac{\sigma_1 - \sigma_3}{2} \tag{3.2.2}$$

● 应力强度【Intensity】

应力强度定义为：

$$\sigma_I = \max(|\sigma_1 - \sigma_2|, |\sigma_2 - \sigma_3|, |\sigma_3 - \sigma_1|) \tag{3.2.3}$$

应力强度与最大剪应力的关系为：

$$\sigma_I = 2\tau_{max} \tag{3.2.4}$$

● 等效应力【Equivalent (von Mises)】

等效应力和主应力的关系可以表示为：

$$\sigma_e = \sqrt{\frac{1}{2}\left[(\sigma_1 - \sigma_2)^2 + (\sigma_2 - \sigma_3)^2 + (\sigma_3 - \sigma_1)^2\right]} \tag{3.2.5}$$

等效应力也称为Von Mises应力，可将任意三向应力状态表示为一个等效的正值应力，形状改变比能准则中用于预测塑性材料的屈服行为。

🌀 提示 -

通常，主应力（$\sigma_1>\sigma_2>\sigma_3$）和最大剪应力$\tau_{max}$称为应力不变量，该值与整体坐标系无关，可作为单独的结果导出。而同样主应变（$\varepsilon_1>\varepsilon_2>\varepsilon_3$）和最大剪切应变$Y_{max}$也是如此，主应变的排序和主应力一样，常用的应力关系也适用于应变，但是最大剪应力和应力强度的关系并不适用于最大剪应变和应变强度的关系。

3.2.4 应力集中

在孔、槽、螺纹根部、不同直径轴的过渡处及零件形状急剧变化的地方，应力分布是不均匀的，会产生应力集中。

应力集中区的最大局部弹性应力σ_{max}和名义应力σ_0比值称为理论应力集中系数K_T：

$$K_\tau = \frac{\sigma_{max}}{\sigma_0} \qquad (3.2.6)$$

名义应力可根据材料力学公式计算，最大应力可由弹性分析方法计算或试验测定。结构形状变化越厉害，应力集中系数越大，常见结构中，$K_T < 4$。

3.2.5 接触应力

结构分析中，当一个零件与另一个零件以较小的接触面积传递力的时候，如齿轮轮齿间的接触区，球轴承、滚柱轴承接触区、透平机械叶片与轮子卡紧的连接部位，会产生很大的局部应力，这些应力称为接触应力。为保证接触强度，零件一般需要进行提高硬度的表面强化处理。

3.2.6 温度应力

结构受热膨胀会产生热应变ε_{th}：

$$\varepsilon_{th} = \alpha \Delta T \qquad (3.2.7)$$

式中：α为材料热膨胀系数，ΔT为温差，如果受热结构被固定，则将产生压缩温度应力，等于弹性模量E与热应变ε_{th}的乘积，即：

$$\sigma = E\alpha \Delta T \qquad (3.2.8)$$

结构冷却时，温度应力为拉应力，如果结构上各点温度不同，或受热组件由不同热膨胀系数的材料组成时，也会产生温度应力，其中，热膨胀系数大的零件承受压应力。

其他条件相同时，材料导热性能越好，结构上的受热就越均匀，因而温度应力也就越低。

3.2.7 应力状态

应力状态可分为以下三种。

1. 线应力状态（单向应力状态）

这种应力状态，三个主应力中只有一个不为0，如：结构受拉伸、压缩、纯弯曲时的应力状态就是单向应力状态。

2. 平面应力状态（两向应力状态）

这种应力状态中，三个主应力中有两个不为0，如：受内压的薄壁容器、旋转轮盘、处于纯扭转和横向弯曲情况下的杆件，就是处于两向应力状态。任意轮廓的结构表面没有受到载荷作用的部分也总是处于两向应力状态。

3. 空间应力状态（三向应力状态）

对于空间应力状态而言，三个主应力均不为0，如：受内压的厚壁容器，不同物体的接触区，大型零件的芯部等。

3.2.8 位移

设在三维空间（x，y，z）中弹性体占有空间区域W，它在外界因素影响下产生了变形，域内的点P（x，y，z）变成了点P'（x'，y'，z'），其间的位置差异是位移矢量u【Displacement】，即有：

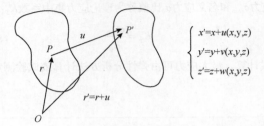

$$\begin{cases} x'=x+u(x,y,z) \\ y'=y+v(x,y,z) \\ z'=z+w(x,y,z) \end{cases}$$

图3.2-6　位移矢量

如图3.2-6所示，其中r=（x，y，z），r'=（x'，y'，z'），u=（u，v，w）。假定u是单值函数，并有所需的各阶连续偏导数。

3.2.9 应变

当材料在外力作用下而又不产生惯性移动时，它的几何形状和尺寸将发生变化，这种形变就称为应变【Strain】。

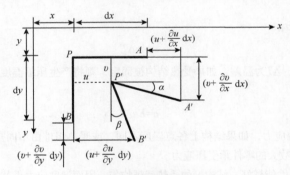

图3.2-7　平面内的应变

如图3.2-7中，平面直角在变形前为∠APB，变形后为∠A'P'B'：

定义x方向的相对伸长量为线应变ε_x，

$$\varepsilon_x = \frac{P'A'-PA}{PA} = \frac{\left(u+\dfrac{\partial u}{\partial x}dx\right)-u}{dx} = \frac{\partial u}{\partial x} \qquad (3.2.9)$$

定义y方向的相对伸长量为线应变ε_y，

$$\varepsilon_y = \frac{P'B'-PB}{PB} = \frac{\left(v+\dfrac{\partial v}{\partial y}dy\right)-v}{dy} = \frac{\partial v}{\partial y} \qquad (3.2.10)$$

定义夹角的变化为角应变γ_{xy}

$$\gamma_{xy} = \alpha + \beta = \frac{\left(v+\dfrac{\partial v}{\partial x}dx\right)-v}{dx} + \frac{\left(u+\dfrac{\partial u}{\partial y}dy\right)-u}{dy} = \frac{\partial v}{\partial x} + \frac{\partial u}{\partial y} \qquad (3.2.11)$$

同样扩展到三维问题，则有：

$$\varepsilon_z = \frac{\partial w}{\partial z}, \quad \gamma_{yz} = \frac{\partial w}{\partial y} + \frac{\partial v}{\partial z}, \quad \gamma_{zx} = \frac{\partial w}{\partial x} + \frac{\partial u}{\partial z} \tag{3.2.12}$$

由于角应变互等，即：$\gamma_{xy} = \gamma_{yx}$，$\gamma_{yz} = \gamma_{zy}$，$\gamma_{zx} = \gamma_{xz}$，则应变也可表示为：

$$\{\varepsilon\} = \begin{Bmatrix} \varepsilon_x & \gamma_{xy} & \gamma_{xz} \\ \gamma_{yx} & \varepsilon_y & \gamma_{yz} \\ \gamma_{zx} & \gamma_{zy} & \varepsilon_z \end{Bmatrix} = \{\varepsilon_x \; \varepsilon_y \; \varepsilon_z \; \gamma_{xy} \; \gamma_{yz} \; \gamma_{zx}\} \tag{3.2.13}$$

3.2.10 线性应力 – 应变关系

结构分析中，材料模型指材料的应力-应变关系，对于各项同性线弹性材料，应力 – 应变关系服从胡克定律，如式（3.2.14），需要的基本材料参数为：弹性模量E与泊松比v，

$$\begin{cases} \varepsilon_x = \frac{\sigma_x}{E} - v\frac{\sigma_y}{E} - v\frac{\sigma_z}{E} \\[2mm] \varepsilon_y = \frac{\sigma_y}{E} - v\frac{\sigma_z}{E} - v\frac{\sigma_x}{E} \\[2mm] \varepsilon_z = \frac{\sigma_z}{E} - v\frac{\sigma_x}{E} - v\frac{\sigma_y}{E} \\[2mm] \gamma_{xy} = \frac{\tau_{xy}}{G}, \; \gamma_{yz} = \frac{\tau_{yz}}{G}, \; \gamma_{zx} = \frac{\tau_{zx}}{G} \end{cases} \tag{3.2.14}$$

剪切模量G可由弹性模量与泊松比导出：

$$G = \frac{E}{2(1+v)} \tag{3.2.15}$$

如果考虑整体环境的温度变化产生的热膨胀，则需要给出热膨胀系数α，则应力-应变关系中需要增加热应变 $\varepsilon_{th} = \alpha\Delta T$，如式（3.2.13）；如果考虑常值惯性力需要输入质量密度。

$$\begin{cases} \varepsilon_x = \alpha\Delta T + \frac{\sigma_x}{E} - v\frac{\sigma_y}{E} - v\frac{\sigma_z}{E} \\[2mm] \varepsilon_y = \alpha\Delta T + \frac{\sigma_y}{E} - v\frac{\sigma_z}{E} - v\frac{\sigma_x}{E} \\[2mm] \varepsilon_z = \alpha\Delta T + \frac{\sigma_z}{E} - v\frac{\sigma_x}{E} - v\frac{\sigma_y}{E} \\[2mm] \gamma_{xy} = \frac{\tau_{xy}}{G}, \; \gamma_{yz} = \frac{\tau_{yz}}{G}, \; \gamma_{zx} = \frac{\tau_{zx}}{G} \end{cases} \tag{3.2.16}$$

3.2.11 结构材料的机械性能

3.2.11.1 材料的主要机械性能

结构材料的主要机械性能（或称为力学性能）有：弹性、塑性、刚度、时效敏感性、强度、硬度、冲击韧性、疲劳强度和断裂韧性等。

- 强度：承受载荷而不破坏的能力。
- 变形性：改变尺寸及形状而不破坏的能力。
- 弹性：卸载后恢复到初始尺寸与形状的能力。

- 塑性：卸载后产生永久变形而不致引起破坏的能力，和塑性相反的材料性能为脆性。

- 硬度：局部接触作用下，材料表面层内抵抗塑性变形或者脆性破坏的能力。

- 疲劳强度：材料抵抗疲劳破坏的能力，也就是材料在多次重复载荷作用下抵抗裂纹发生和发展的能力。可以根据疲劳强度判断材料在交变应力下的工作能力。

- 冲击韧性：材料抵抗冲击载荷作用下断裂的能力。

- 断裂韧性：用来反映材料抵抗裂纹失稳扩张能力的性能指标。

同一种材料，在不同加载速度和不同温度下，会具有不同的机械性能。

机械性能的定量描述是通过标准试样承载试验确定的。如：确定静应力下的材料性能，由材料拉伸试验确定抗拉强度、屈服强度、延伸率、断面收缩率；压缩试验确定材料的压缩强度；硬度试验确定材料硬度；冲击试验机上对标准形状的缺口试件进行冲击破坏试验来确定材料的冲击韧性等。

应力会随着外力的增加而增长，对于某一种材料，应力的增长是有限度的，超过这一限度，材料就要破坏。对某种材料来说，应力可能达到的这个限度称为该种材料的极限应力。极限应力值要通过材料的力学试验来测定。图3.2-8给出了典型的脆性材料、塑性材料及超弹材料进行拉伸力学试验得到的名义应力-名义应变曲线。

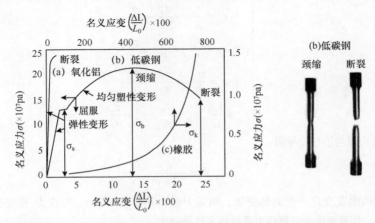

图3.2-8　氧化铝、低碳钢、橡胶拉伸试验的名义应力-名义应变曲线

从图3.2-8可以看到，脆性断裂在弹性变形后就直接发生了（图中（a）），而塑性断裂则经历弹性阶段及塑性阶段（图中（b）），超弹材料则经历很大的非线性弹性变形（图中（c）），因此强度分析中对不同的失效形式采用不同的失效判据，设计条件中再将测定的极限应力（如σ_b或σ_s）做适当降低，规定出材料能安全工作的应力最大值，这就是许用应力$[\sigma]$。

3.2.11.2　高温与低温情况下的材料性能

多数结构材料，常温下静强度与载荷作用时间无关，但随着温度升高会发生变化，如强度极限、屈服极限、弹性模量降低；塑性一般增高。高温下的材料性能包括：蠕变极限、持久强度极限、残余应力与应力松弛及其影响因素。

- 持久强度

高温下，材料的静强度与载荷作用时间有关，因此把材料长期工作中的强度称为持久强度。经过给定时间试样的应力为持久强度极限，温度T不变，持久强度极限和时间的关系为持久强度曲线，双对数坐标上，这种关系在一定范围内为直线。

持久强度极限：在给定的温度下和规定时间内，试样发生断裂的应力值，可用符号$\sigma(T, t)$表示。

其中σ表示应力，单位为MPa；T为温度，单位为℃；t为时间，单位为h。

例如：$\sigma(700, 1000)=200$MPa，表示材料在700℃时，持续时间为1000h的持久强度极限为200MPa。

金属材料的持久极限根据高温持久试验来测定。飞机发动机和机组的设计寿命一般是数百至数千小时，材料的持久极限可以直接用相同时间的试验确定。在锅炉、燃气轮机和其他透平机械制造中，机组的设计寿命一般为数万小时以上，它们的持久极限可用短时间的试验数据直线外推以得到数万小时以上的持久极限。经验表明，蠕变速度小的零件，达到持久极限的时间较长。锅炉管道对蠕变要求不严，但必须保证使用时不破坏，需要用持久强度作为设计的主要依据。

持久强度设计的判据是：工作应力小于或等于其许用应力，而许用应力等于持久极限除以相应的安全系数。

● 蠕变

高温下受恒定载荷作用时，零件的尺寸随时间流逝不断变化，这种现象称为蠕变。在应力和温度恒定情况下，残余变形和时间的关系曲线为蠕变曲线。

蠕变曲线的起始阶段，残余变形增长得很快，（阶段I-不稳定蠕变）；随后，基本II时间内，蠕变速度基本上为常数（阶段II-稳定蠕变）；最后，材料破坏之前，蠕变速度迅速增加（阶段III），应力和温度越高，蠕变发展越快。规定时间内，蠕变变形不超过规定值时的最大应力为蠕变极限。

● 应力松弛

当零件总变形量不变（如螺纹连接的拉紧量不变），塑性变形随时间增长而增大导致弹性变形减少和应力降低（这时，导致螺纹连接减弱），成为应力松弛。

低温很低时，材料机械性能一般强度增高，塑性降低。如-200℃，钢材的强度极限和屈服极限平均增高20%～30%，而延伸率和断面收缩率明显下降，也就是材料变脆，这时，材料对应力集中的敏感性增强。

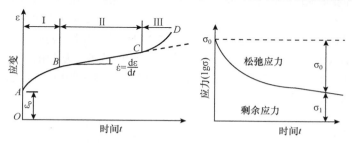

图3.2-9　材料的蠕变与应力松弛

3.2.11.3　交变应力下的材料性能

交变应力下，零件在低于静应力的载荷下破坏。通常，疲劳破坏先从应力集中高的部位表面处开始，裂纹沿最大正应力作用线的垂直方向发展。疲劳断裂与静载下的断裂不同，无论是脆性材料还是韧性材料，疲劳破坏时，断裂是突然发生的，不产生明显的塑性变形。

根据应力大小、应力循环频率高低，分为高周疲劳和低周疲劳。

● 高周疲劳

高周疲劳指应力较低，应力循环频率较高产生的疲劳，也就是通常所说的疲劳。在疲劳载荷的描述中经常使用应力幅σ_a和应力范围$\Delta\sigma$（也称为应力振幅、应力幅度）的概念，定义如下。

$$\sigma_a = \frac{\sigma_{max} - \sigma_{min}}{2} \tag{3.2.17}$$

$$\Delta\sigma = \sigma_{max} - \sigma_{min} = 2\sigma_a \tag{3.2.18}$$

应力幅σ_a反映了交变应力在一个应力循环中变化大小的程度，它是使金属构件发生疲劳破坏的根本原因。

当研究的部位除承受有动载荷外，还有静载分量荷时，动静载荷的共同作用下的应力-时间变化曲线如图3.2-10，相当于对称循环应力曲线向上平移了一个静应力分量。这种循环载荷称为不对称循环载荷，并用最小应力与最大应力的比值R来描述循环应力的不对称程度，R称为应力比，有时又称为不对称系数，即：

$$R = \frac{\sigma_{min}}{\sigma_{max}} \tag{3.2.19}$$

当R=-1时的循环应力即为对称循环应力，当R≠0时统称不对称循环应力。其中，R=0时为拉伸脉动应力，R=-∞时为压缩脉动循环，R=1时为静载。循环应力中的静载分量通常称为平均应力，用σ_m表示，可由下式求出。

$$\sigma_m = \frac{\sigma_{max} + \sigma_{min}}{2} \tag{3.2.20}$$

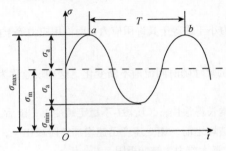

图3.2-10　交变应力

　　静载分量或平均应力对构件的疲劳强度有一定的影响。压缩平均应力往往能提高构件的疲劳强度，而拉伸平均应力往往会降低构件的疲劳强度。因此，在疲劳强度和疲劳寿命的研究中，给定一个循环应力水平时，需要同时给出应力幅σ_a和应力比R，或者同时给出最大应力σ_{max}和平均应力σ_m，也有时直接给出最大应力σ_{max}和最小应力σ_{min}来表示循环应力水平。

　　一般情况下，材料所承受的循环载荷的应力幅越小，到发生疲劳破断时所经历的应力循环次数越长。S-N曲线就是材料所承受的应力幅水平与该应力幅下发生疲劳破坏时所经历的应力循环次数的关系曲线。

　　S-N曲线一般是使用标准试样进行疲劳试验获得的。如图3.2-11所示，纵坐标表示试样承受的应力幅，有时也表示为最大应力，但二者一般都用σ表示；横坐标表示应力循环次数，常用Nf表示。为使用方便，在双对数坐标系下S-N曲线被近似简化成两条直线。但也有很多情况只对横坐标取对数，此时也常把S-N曲线近似简化成两条直线。疲劳曲线描述材料破坏时的循环次数N和最大应力或应力幅之间的关系。

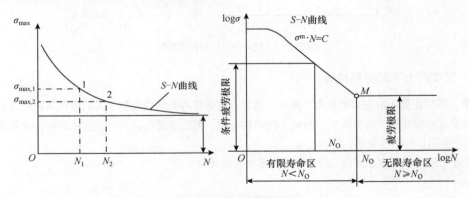

图3.2-11　疲劳曲线

　　S-N曲线中的水平直线部分对应的应力水平就是材料的疲劳极限，其原意为材料经受无数次应力循环都不发生破坏的应力极限，对钢铁材料此"无限"的定义一般为10^7次应力循环。但现代高速疲劳试验机的研究成果表明，即使应力循环次数超过10^7，材料仍然有可能发生疲劳断裂。不过10^7次的应力循环次数，对于实际的工程中的疲劳强度设计已经完全能够满足需要。疲劳极限对于无缺口的光滑试样，多用σ_{w0}表示，而应力比R=-1时的疲劳极限常用σ_{-1}来表示。某些不锈钢和有色金属的S-N中没有水平直线部分，此时的疲劳极限都一般定义为10^8次应力循环下对应的应力幅水平。疲劳极限是材料抗疲劳能力的重要性能指标，也是进行疲劳强度的无限寿命设计的主要依据。

　　斜线部分给出了试样承受的应力幅水平与发生疲劳破断时所经历的应力循环次数之间的关系，多用幂函数的形式表示。

$$\sigma^m N = C \qquad\qquad (3.2.21)$$

　　式中：σ为应力幅或最大应力，N为达到疲劳破断时的应力循环次数，m、C材料常数。

　　如果给定一个应力循环次数，便可由上式求出或由斜线量出材料在该条件下所能承受的最大应力幅水平。反之，也可以由一定的工作应力幅求出对应的疲劳寿命。因为此时试样或材料所能承受的应力幅水平是与给定的应力循环次数相关联的，所以称为条件疲劳极限，或称为疲劳强度。斜线部分是零部件疲劳强度的有限寿命设计或疲劳寿命计算的主要依据。

　　材料或构件到发生疲劳破坏时所经历的应力循环次数称为材料或构件的疲劳寿命，它通常包括疲劳裂纹的萌生寿命与裂纹的扩展寿命之和。疲劳裂纹萌生寿命为构件从开始使用到局部区域产生疲劳损伤累积、萌生裂纹时的寿命；裂纹扩展寿命为构件在裂纹萌生后继续使用而导致裂纹扩展达到疲劳破坏时的寿命。在疲劳强度设计中，疲劳破坏可能被定义为疲劳破断或规定的报废限度。

几个参数对材料疲劳极限的影响很大：零件的绝对尺寸，应力集中，表面状态，周围介质对表面状态的影响，交变应力的频率。

● 低周疲劳和热疲劳

低周疲劳是指应力较高，即工作应力接近或高于材料的屈服应力，应力循环频率低，断裂时应力循环次数少的情况下产生的疲劳，也称应变疲劳。

低周疲劳的构件在较小循环次数1000~10000下破坏，抵抗这种破坏的能力称为低周强度。低周强度的规律性介于静强度与疲劳强度"中间"位置，$N > 10000$，疲劳破坏（应力集中，表面质量的影响）规律性明显，$N < 1000$低周循环，静破坏特性较典型。

循环次数小时，应力幅度可能大于比例极限，因此重复加载时，应力-应变的关系是循环的弹塑性变形滞后曲线，回线宽度为塑性变形幅$\Delta \varepsilon_p$，为了保证材料有很高的低周强度，材料应有一定的强度性能与塑性性能，并且在零件结构上避免形成高应力集中区。

按照应力幅σ_a或变形量ε_a与破坏循环次数N的关系估计材料的低周强度。总应变幅$\Delta \varepsilon_a = 2\varepsilon_a$

零件受反复冷热的温度应力而破坏，材料抵抗这种形式的破坏能力称为热强度。为提高热强度，应满足和低周强度相同的要求。

3.2.12 强度理论与强度设计准则

强度理论表述了对材料破坏现象的各种分析假设。材料的破坏可以分为脆断破坏和屈服破坏两种形式，材料在断裂前没有明显的塑性变形称为脆断破坏；材料在断裂前有明显的塑性变形称为屈服破坏；但是材料危险点的应力状态可能是单向、双向或三向的，材料产生何种形式的破坏，和应力状态有关，一种材料在不同的应力状态下，会发生不同类型的破坏。如塑性材料处于三向拉伸应力时往往发生脆性破坏，而脆性材料在三向受压的应力状态，也会出现明显的塑性变形。

材料试验确定了材料破坏的极限应力，如强度极限、疲劳极限等。为使结构正常工作，最大许用应力要小于规定的极限值，极限应力与许用应力二者的比值称为安全系数n。

对静强度分析来说，材料的破坏表现为脆性断裂与塑性屈服。对于静应力下的安全系数的确定，极限应力可取为强度极限σ_u，或屈服机械σ_s；对于高温工作下的结构，可取一定工作时间下的持久静强度或按寿命确定安全系数。对于承受对称循环交变应力，可取考虑结构应力集中系数、表面状态系数及尺寸影响系数的疲劳极限$(\sigma_{-1})_a$作为极限应力，其与作用的交变应力幅σ_a的比值作为安全系数。

适用的强度设计准则一般有以下几种：断裂准则、屈服准则、莫尔准则。

● 断裂准则：无裂纹体的断裂准则——最大拉应力准则。带裂纹体的断裂准则——线性断裂力学准则。

● 屈服准则：最大剪应力准则；形状改变比能准则。

● 莫尔准则：适用于拉压强度不相等的材料。

1. 最大拉应力准则

最大拉应力准则指无论材料处于什么应力状态，只要最大拉应力达到极限值，材料发生脆性断裂。该准则适用于脆性材料的拉、扭，一般材料的三向拉伸，铸铁的二向拉伸或拉压。

失效判据：$\sigma_1 = \sigma_b$ 设计要求：$\sigma_1 \leqslant \dfrac{\sigma_b}{n_b} = [\sigma]$ （3.2.22）

2. 线性断裂力学准则

线性断裂力学准则用于韧性材料脆性断裂。由于在裂纹尖端存在应力集中，在应力集中区域处于三向拉伸的应力状态，就可能发生脆性断裂。

如图3.2-12所示：在裂纹尖端不仅有y向的应力，还有x向的应力和切应力，都与一个因数K_I有关，σ是不考虑应力集中所得的名义应力。当离裂纹尖端的距离r越近（$r \rightarrow 0$），应力值就越大，在裂纹尖端处达到无穷大（σ_x，σ_y，τ_{xy}，$\rightarrow \infty$）。

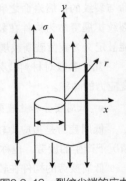

图3.2-12　裂纹尖端的应力

$$
\begin{cases}
\sigma_x = \dfrac{K_I}{\sqrt{2\pi r}} \cos\dfrac{\theta}{2}\left(1 - \sin\dfrac{\theta}{2}\sin\dfrac{3\theta}{2}\right) \\[2mm]
\sigma_y = \dfrac{K_I}{\sqrt{2\pi r}} \cos\dfrac{\theta}{2}\left(1 + \sin\dfrac{\theta}{2}\sin\dfrac{3\theta}{2}\right) \\[2mm]
\tau_{xy} = \dfrac{K_I}{\sqrt{2\pi r}}\left(\sin\dfrac{\theta}{2}\cos\dfrac{\theta}{2}\cos\dfrac{3\theta}{2}\right) \\[2mm]
K_I = \sigma\sqrt{\pi a}
\end{cases}
\qquad (3.2.23)
$$

由于裂纹尖端的应力集中，采用线性断裂力学判据为应力强度因子K_I低于材料的断裂韧性K_{IC}（由实验确定），即：

$$K_I \leq K_{IC} \qquad (3.2.24)$$

3. 最大剪应力准则

最大剪应力准则指无论材料处于什么应力状态，只要最大剪应力达到极限值，材料就发生屈服破坏。该准则适用于塑性材料屈服破坏及一般材料三向受压。

失效判据：$\sigma_1 - \sigma_3 = \sigma_i = \sigma_S$　　　　　设计准则：$\sigma_1 - \sigma_3 = \sigma_1 \leq \dfrac{\sigma_S}{n_S} = [\sigma]$　　　　（3.2.25）

（$\sigma_1 - \sigma_3$）称为应力强度SINT，其缺点是没有考虑中间主应力σ_2对材料屈服的影响。

4. 形状改变比能准则

形状改变比能准则指无论材料处于什么应力状态，只要形状改变比能达到极限值，材料发生屈服破坏。该准则适用于塑性材料屈服破坏及一般材料三向受压。

失效判据：$\sigma_e = \sigma_S$　　　　　设计准则：$\sigma_e \leq \dfrac{\sigma_S}{n_S} = [\sigma]$　　　　　（3.2.26）

形状改变比能是引起材料屈服破坏的因素，归为剪切型的强度理论，用SEQV表示。比较两者，SINT比SEQV略为保守。

5. 莫尔强度准则

莫尔强度准则是以各种状态下的材料的破坏试验结果为依据建立起来的有一定经验性的准则。该准则考虑材料拉压强度不等的情况，可以用于铸铁等脆性材料，也可用于塑性材料，当材料拉压强度相同时，等效于最大剪应力准则。

不同行业有不同评定标准，如压力容器规则设计标准中，圆筒体设计采用最大拉应力准则，强度校核通常采用最大剪应力准则，当量应力为应力强度SINT；分析设计方法中，强度校核采用最大剪应力准则或形状改变比能准则，当量应力为应力强度SINT或等效应力SEQV。

ANSYS中的应力工具【Stress Tool】可给出采用不同的强度准则时有限元分析结果具有的安全裕度。为便于工程应用，下面给出各种强度准则的适用范围。

- 三轴拉伸时，脆性或塑性材料都会发生脆性断裂，应采用最大拉应力准则，应力工具为【Max Tensile Stress】。

- 对于脆性材料，在二轴应力状态下应采用最大拉应力准则，如果抗拉抗压强度不同，应采用莫尔强度准则，应力工具为【Mohr-Coulomb Stress】。

- 对于塑性材料，应采用形状改变比能准则，应力工具为【Max Equivalent Stress】；或最大剪应力准则，应力工具为【Max Shear Stress】。

- 在三轴压缩应力状态下，对塑性和脆性材料一般采用形状改变比能准则。

以下四个算例基于一个工程模型，主要围绕上述结构应力分析涉及的相关概念，采用不同的有限元建模方式，进行机车轮轴结构静强度计算，并对应力集中处局部应力评估其疲劳寿命。

3.3 工程案例——应用梁单元进行机车轮轴的静强度分析

3.3.1 问题描述及分析

图3.3-1中（a）为机车轮轴的简图，试校核该轴的静强度，已知的直径d_1=180mm，d_2=150mm，a=300mm，b=200mm，L=1000mm，F=300kN，材料45#钢，弹性模量E=2.1e11Pa，泊松比v=0.28，屈服应力σ_s=355MPa。

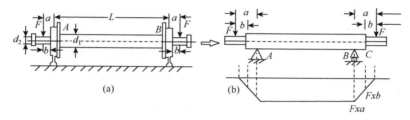

图3.3-1 （a）机车轮轴的简图（b）简化模型及弯矩图

该工程问题可以简化为简支梁外端受载问题，其简化模型及弯矩图见图（b）。梁段AB上，只有弯矩M_{AB}=$F×a$，没有剪力，是纯弯曲状态；梁外伸到轮轴加载段，既有弯矩又有剪力，属于横力弯曲。根据材料力学，最大弯曲应力产生在C截面，C截面强度为：

$$\sigma_{\max} = \sigma_C = \frac{M_C}{W_C} = \frac{32Fb}{\pi d_2^3} = \frac{32×300000×200}{\pi×150^3} = 181.083\text{MPa} \qquad (3.3.1)$$

$$\sigma_{AB} = \frac{M_{AB}}{W_{AB}} = \frac{32Fa}{\pi d_1^3} = \frac{32×300000×300}{\pi×180^3} = 157.19\text{MPa} \qquad (3.3.2)$$

下面用ANSYS 15.0 Workbench的结构静力分析进行数值模拟并和理论计算的结果解对比。由于施力F点的外侧不承载，所以数值模拟中的几何模型长度为$L+2a$，采用三维有限应变梁单元BEAM188。

3.3.2 应用梁单元计算轮轴应力的数值模拟过程

1. 运行程序→【ANSYS15.0】→【Workbench 15.0】，进入Workbench数值模拟平台，鼠标左键点击OK按钮关闭欢迎窗口。

2. 【Workbench】设置静力分析系统

步骤操作如图3.3-2所示。

（1）工具箱中将静力分析系统【Static Structural】拖入到【Project Schematic】。

（2）键入分析系统名称Shaft。

（3）点击【Save】按钮，保存项目文件名称为Shaft.wbpj。

3. 输入材料属性

步骤操作如图3.3-3所示。

（1）分析系统A中用鼠标左键双击工程材料【Engineering Data】单元格，进入工程数据窗口。

（2）在已有的工程材料【Outline of Schematic A2: Engineering Data】-【Structural Steel】下方输入新材料名称shaft。

图3.3-2　设置静力分析系统

（3）左侧的工具箱下方选择各项同性线弹性材料模型：【Linear Elastic】-【Isotropic Elasticity】。

（4）材料属性窗口下输入弹性模量2.1e11Pa与泊松比0.28：【Properties of Outline Row 4: shaft】-【Isotropic Elasticity】-【Young's Modulus】=2.1e11Pa，【Poisson's Ratio】=0.28.

（5）工具栏鼠标点击【Project】按钮，返回工程流程图的Workbench界面。

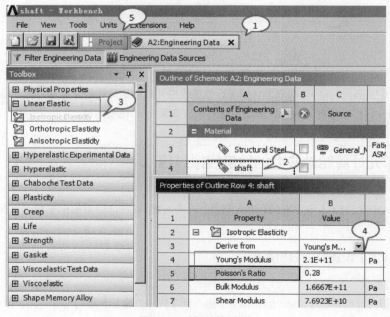

图3.3-3　输入材料参数

4．创建几何模型：创建草图构造点

步骤操作如图3.3-4所示。

（1）WB分析系统A中用鼠标左键双击几何【Geometry】单元格。进入DM窗口，导航树中选【XYPlane】工作平面，工具栏点击新草图按钮 创建新草图【Sketch1】。

（2）选择【Sketching】标签选项。

（3）选择【Draw】下面的构造点命令【Construction Point】。

（4）工具栏中点击正视图按钮 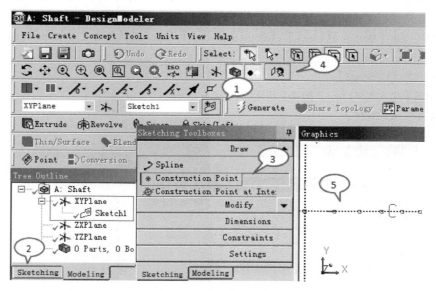，则视图调整到正对XY平面。

（5）图形区点击鼠标左键，设置图示6个点。

图3.3-4 创建草图构造点

5. 创建几何模型：尺寸标注

步骤操作如图3.3-5所示。

（1）选择尺寸标注【Dimensions】。

（2）图形区分别点击相邻的两点拖放鼠标显示水平尺寸，显示为L1，用同样的方法标注另外5个尺寸。

（3）修改尺寸的显示单位为mm，在菜单中选择【Units】-【Millimeter】。

（4）明细窗口中设置尺寸：【Details View】→【Dimensions】→【L1】=200mm，【L2】=100mm，【L3】=1000mm，【L4】=100mm，【L5】=200mm见图。

（5）【Dimensions】-【Display】中勾选【Value】。

（6）图形区显示尺寸大小。

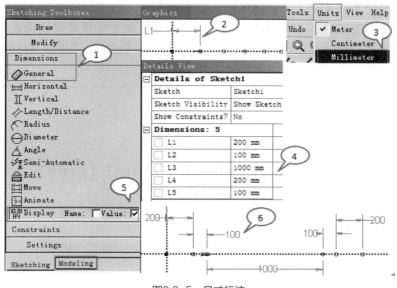

图3.3-5 尺寸标注

6. 创建几何模型：【Modeling】模式中创建线体

步骤操作如图3.3-6所示。

（1）选择【Modeling】标签，根据点创建线体：菜单栏中选择【Concept】-【Lines From Points】。

（2）图形窗口选取图示前两点。

（3）明细窗口中点击【Details of Line1】-【Point Segments】=Apply确认所选点，【Operation】=Add Frozen则将线体冰冻。

（4）工具栏中选择【Generate】。

（5）导航栏中显示生成线体Line1，同样生成线体Line2～Line5。

（6）图形区显示生成的线体。

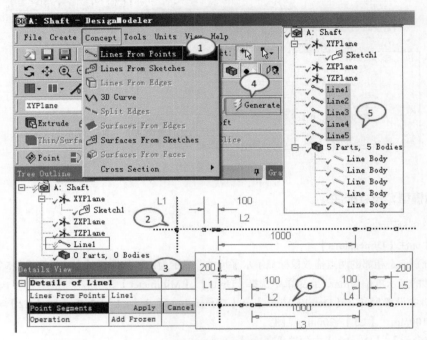

图3.3-6　创建线体

> **提示**
>
> 　　冰冻线体将线体分离，否则线体会合并为一个线体，而无法设置不同的截面；下面要将线体组合为一个零件，这将使线体之间的节点合并为一个节点传递力，否则，后续的分析模型会出现散架分离的错误结果，所以这两步相当重要。

7. 创建几何模型：线体赋予圆形截面

步骤操作如图3.3-7所示。

（1）给线体赋予圆形截面，菜单栏中选择【Concept】-【Cross Section】-【Circular】。

（2）导航栏中会出现【Cross Section】-【Circular1】。

（3）输入Circular1圆截面半径尺寸，选择【Details View】-【Dimensions】-【R】=75mm，圆截面显示在图形区。同样生成Circular2，明细窗口设置圆截面半径【R】=90mm。

（4）分别对线体赋予圆截面，选择导航栏【5 Parts，5 Bodies】下面两端的2个线体。

（5）明细窗口设置【Cross Section】=Circular1。

（6）菜单栏中勾选【View】-【Cross Section Solids】。

（7）图形区的两端的2个线体以横截面的实体方式显示。

（8）同样选择中间的3个线体的明细窗口设置【Cross Section】=Circular2，图形区的5个线体以横截面的实体方式显示。

（9）线体组合成零件，导航树中选【5 Parts，5 Bodies】下面的5个线体【Line Body】，鼠标右键点击【Form New Part】。

（10）导航栏下显示为5个线体组成1个零件【1 Part，5 Bodies】-【Part2】。

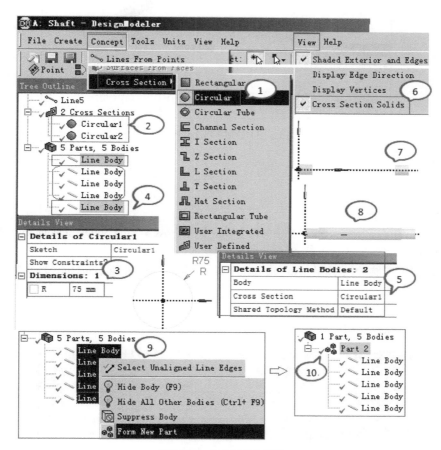

图3.3-7　组合线体为零件

📎提示 --

　　【DM】中的几何元素转为线体模型用于数值模拟分析，线体模型需要赋予横截面，并形成多体零件分析。

----

8. 切换回Workbench项目流程窗口，双击【Setup】单元格，进入【Mechanical】环境。

9. 静力分析中分配材料及网格划分

步骤操作如图3.3-8所示。

（1）分配材料：导航树中选择【Model】-【Geometry】-【Part2】。

（2）明细窗口中指定前面定义过的材料：【Assignment】=shaft。

（3）导航树中选择【Mesh】，右击鼠标，选【Generate Mesh】生成默认网格。

（4）图形区显示梁单元网格。

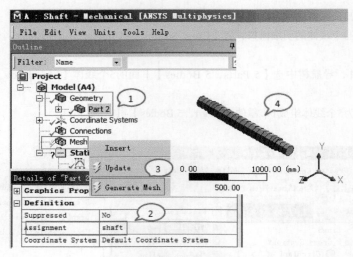

图3.3-8　分配材料及网格划分

10. 施加约束

步骤操作如图3.3-9所示。

（1）工具栏中选点选按钮▣。

（2）图形区选择左侧第三个点。（菜单栏中勾选【View】-【Cross Section Solids（Geometry）】，可以显示实体模型以方便选择对象）。

（3）插入简支约束：导航树中选择【Static Structural（A5）】，工具栏中选【Supports】à【Simply Supported】，这将限制x，y，z方向的移动。

（4）图形区选择左侧第三个点及右侧第三个点，

（5）插入固定转动【Supports】-【Fixed Rotation】、

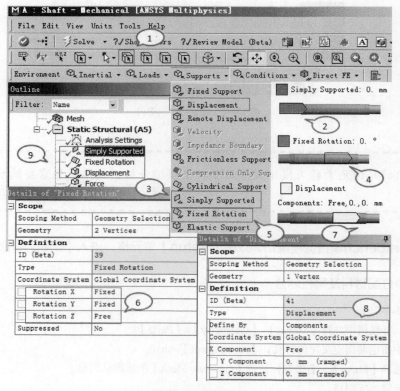

图3.3-9　施加约束

（6）明细窗口中【Definition】→【Rotation X】=Fixed；【Rotation Y】=Fixed；【Rotation Z】=Free。

（7）图形区选择右侧第三个点，插入位移【Supports】-【Displacement】。

（8）编辑【Displacement】属性，约束Y、Z方向位移，明细窗口设置【Definition】→【X Component】=Free；【Y Component】=0；【Z Component】=0。

（9）导航栏显示施加的三个约束条件。

💿 **提示**

施加约束的方法并不唯一，但简支不同于完全固定。由于本例中的梁单元有3个平动及3个转动自由度，因此一端限制3个方向的位移，而另一端是允许轴向移动，整个轴允许弯曲，所以放松绕z轴转动。简支约束也可用全约束位移【Displacement】进行等效。

11. 施加载荷

步骤操作如图3.3-10所示。

（1）工具栏中选点选按钮 🔲，图形区选择左侧第一个点。

（2）施加集中力：导航树中选择【Static Structural（A5）】，工具栏中选【Loads】→【Force】。

（3）编辑【Force】属性，施加负Y轴方向力300kN，明细窗口中设置【Definition】→【Define by】=Components；【Y Component】=-300000N，同样施加300kN在右侧第一个点，（施力图A、B处）。

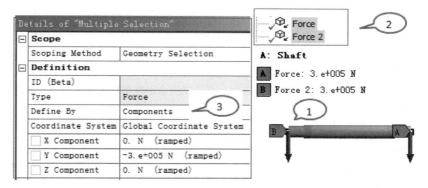

图3.3-10　施加载荷

12. 添加求解选项并求解

步骤操作如图3.3-11所示。

（1）工具栏中点击选线按钮 🔲。

（2）右击鼠标，快捷菜单中点击选择所有命令【Select All】。

（3）导航栏中选【Solution（A6）】。

（4）求解工具栏中添加总变形结果，选择【Deformation】-【Total】。

（5）求解工具栏中添加梁工具，选【Tools】-【Beam Tool】。

（6）求解工具栏中插入梁分析结果【Beam Results】-【Shear-Moment Diagram】、【Bending Moment】、【Shear Force】。

（7）工具栏中点击【Solve】求解。

（8）计算完成后，导航栏总变形【Total Deformation】、梁单元总剪力-弯矩图【Total Shear-Moment Diagram】、梁单元总弯矩【Total Bending Moment】、梁单元总剪力【Total Shear Force】及梁工具【Beam Tool】显示绿勾。

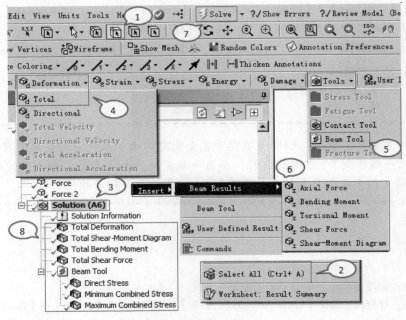

图3.3-11　添加求解选项并求解

13. 查看结果

步骤操作如图3.3-12所示。

（1）分别查看：导航栏中选择总变形【Total Deformation】。

（2）最大变形在轴两端，为1.7281mm。

（3）导航栏中展开【Beam Tool】，选择【Maximum Combined Stress】。

（4）图形区显示最大组合应力，由于没有轴向应力，组合拉应力也就是最大弯曲应力，图中看到最大拉应力值为181.46MPa，在轴截面突变处。

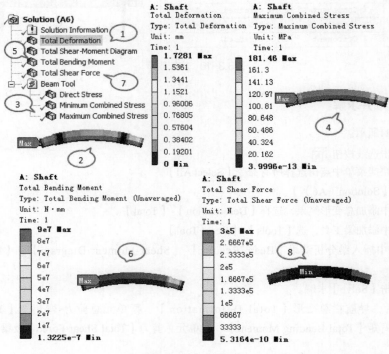

图3.3-12　查看结果

（5）导航栏中选总弯矩【Total Bending Moment】。

（6）图形区显示梁单元上的总弯矩最大在中间段为9e7 N·mm。

（7）导航栏中选总剪力【Total Shear Force】。

（8）梁单元上的总剪力最大在小轴上，两端到约束处为3e5 N。

14. 导航栏中点击总剪力-弯矩图【Total Shear-Moment Diagram】

步骤操作如图3.3-13所示。

剪力-弯矩图显示在【Worksheet】中，分别沿长度方向给出梁单元（*I*，*J*）节点上的总位移、弯矩及剪力的变化值，并标注最大值、最小值及其所对应的位置。

显示在图形区下方为总剪力、总弯矩、总位移三个结果合并在一个图内，列表数据给出长度、总剪力、总弯矩、总位移的具体值，每个长度有两个数据，分别代表梁单元节点的*I*与*J*。

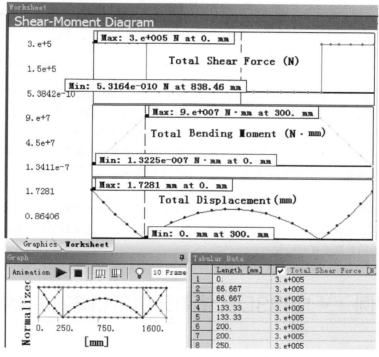

图3.3-13 总剪力-弯矩图

15. 点击【Geometry】标签，图形区可显示未平均的总位移，总弯矩、剪力随长度的变化，这里设置【Graphics Display】=Total Bending Moment，则图形区显示为总弯矩沿路径的变化。（图3.3-14）

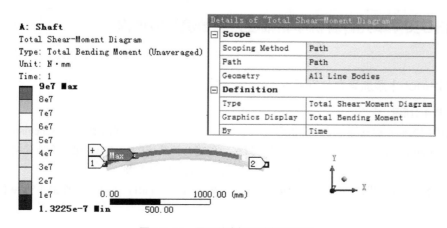

图3.3-14 显示总弯矩沿路径的变化

3.3.3 结果分析与解读

计算结果和理论解对比见表3.3-1，可以看出数值模拟的结果和理论解误差很小。

表3.3-1　　　　　　　　　　　　　　机车轮轴计算结果对比

	理论解	数值模拟结果	偏　差
最大应力（MPa）	181.083	181.46	0.1%

　　参考机械设计手册，轴的静强度校核的目的在于评定轴对塑形变形的抵抗能力。对于屈服应力σ_s=355MPa，安全系数n=1.5，则许用应力$[\sigma]=\sigma_s/n$=237MPa，计算结果显示181.46MPa<237MPa，即小于许用应力，所以机车轮轴是满足静强度要求的，（注意这里加载力已经考虑机动车载系数的影响，分析模型依据等效原则简化为静力分析）。

　　本例中将轮轴受载的工程问题转化为梁弯曲的有限元模型。这样就将一个真实的3D结构简化为一个等效的线单元分析模型，其简化原则是基于：分析模型长度方向的尺寸远大于截面尺寸，一般为一个数量级以上，即>>10，且关心结构的整体强度。

　　实际上，做有限元分析，事先根据已有的力学知识做一个预先的计算或者判断。比如借助于材料力学方法求解，再用有限元分析软件验算；ANSYS的帮助中也提供了很多个验证例子，这些例子都是有解析解的。读者不妨对二者进行对比，这都是值得借鉴的非常重要的经验。

3.4　工程案例──应用3D实体单元进行机车轮轴的应力分析

　　多数情况下，几何模型的三个方向的尺寸相差不大，或者需要考虑局部特征，这样需要采用3D实体单元进行分析。下面给出3D实体单元的应力分析案例的数值模拟过程，仍然采用3.3.1的模型，这样可以和梁单元的计算结果进行对比，并对3D模型的相关建模策略、网格划分及分析结果加以讨论。

3.4.1 应用3D实体单元计算机车轮轴应力的数值模拟过程

1.【Workbench】添加静力分析系统

步骤操作如图3.4-1所示。

　　（1）工具箱中用鼠标左键选择"静力分析系统"【Static Structural】拖入到【Project Schematic】中的A分析系统的"工程数据"【Engineering Data】单元格上，放开鼠标，创建分析系统B。A与B的第二个单元格有共享数据连线，这样分析系统A中定义的材料参数自动传递到B中，不需要再重新输入材料参数。

　　（2）为了与分析系统A加以区分，键入分析系统B的标题名称3D Shaft。工具栏中点击【Save】按钮，保存项目文件。

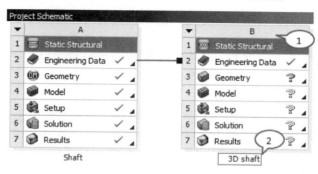

图3.4-1 添加静力分析系统

2. 材料属性

已从分析系统A导入

3. 创建3D几何模型

步骤操作如图3.4-2和图3.4-3所示。

（1）WB中鼠标双击几何【Geometry】单元格，进入DM程序，建模单位为mm，菜单栏中选择【Units】-【Millimeter】。

（2）创建圆柱体：菜单栏中选择【Create】-【Primitives】-【Cylinder】。

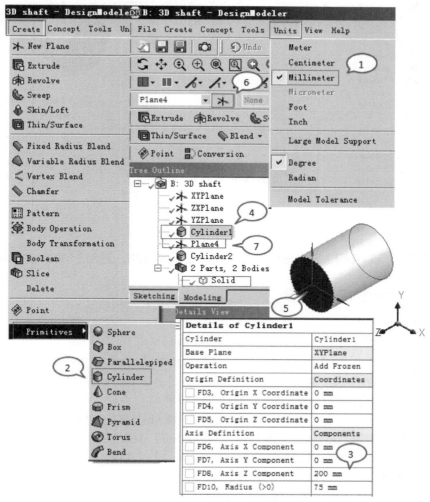

图3.4-2 创建1个圆柱体

（3）明细窗口中点击【Details of Cylinder1】-【Operation】=Add Frozen，【FD8, Axis Z Component】=200mm，【FD10, Radius】=75mm。

（4）工具栏中点击生成按钮【Generate】，导航栏中显示生成圆柱体Cylinder1。

（5）创建新平面：工具栏点击面选按钮，图形区选择圆柱顶面。

（6）工具栏点击新平面按钮。

（7）工具栏中点击生成按钮【Generate】，导航栏中显示生成新平面【Plane4】。

（8）创建圆柱体Cylinder2：菜单栏中选择【Create】-【Primitives】-【Cylinder】。

（9）明细窗口中点击【Details of Cylinder2】-【Base Plane】=Plane4，【Operation】=Add Frozen，【FD8, Axis Z Component】=100mm，【FD10, Radius】=90mm。

（10）同样创建另外3个圆柱体Cylinder3～Cylinder5，及新平面Plane5～Plane7。其中，Cylinder3的轴向长度1000mm，半径90mm；Cylinder4的轴向长度100mm，半径90mm；Cylinder5的轴向长度200mm，半径75mm。然后再将5个实体组合成零件，导航树中选【5 Parts，5 Bodies】下面的5个实体【Solid】，鼠标右键点击【Form New Part】，合并为1个Part的属性可设置为imprint，避免后续添加远端约束时出现2条线。

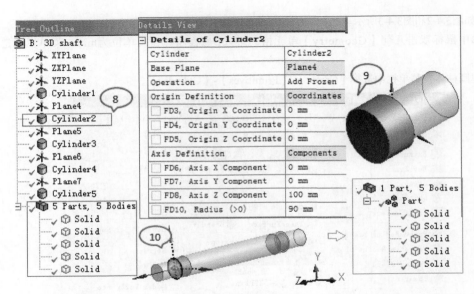

图3.4-3　创建整个轮轴

4. 切换回WB项目流程窗口，双击分析系统B【Setup】单元格，进入【Mechanical】程序。

5. 静力分析B中分配材料及网格划分

步骤操作如图3.4-4所示。

（1）分配材料：导航树中选择【Model】-【Geometry】-【Part】。

（2）明细窗口中指定分析系统A中传递过来的材料：【Assignment】=shaft。

（3）工具栏中点击体选按钮，再用框选方式【Box Select】，图形区按住鼠标左键，拖动鼠标，框选所有5个实体（模型大小可用鼠标中键进行缩放，或点击工具栏中的缩放按钮）。

（4）多区网格划分：导航树中选择【Mesh】，网格工具栏中插入网格划分方法【Mesh Control】-【Method】。

（5）明细窗口设置多重区域网格划分：【Definition】-【Method】=MultiZone。

（6）设置单元大小：网格工具栏中插入尺寸命令【Mesh Control】-【Sizing】。

（7）明细窗口设置单元尺寸：【Definition】-【Type】=Element Size，【Element Size】=25mm。导航栏中选【Mesh】右击鼠标，快捷菜单中选【Generate Mesh】生成网格。

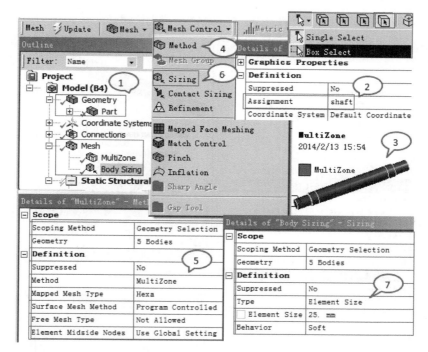

图3.4-4 分配材料及网格划分

6. 静力分析B中显示网格

步骤操作如图3.4-5所示。

（1）导航栏中选择【Mesh】，图形区显示网格。

（2）显示网格数量及质量：明细窗口展开【Statistics】，设置【Mesh Metric】=Element Quality，显示网格节点19057，单元4136，网格平均质量为0.81。

（3）图形区下方以直方图形式显示网格划分的质量，横坐标为网格质量，纵坐标为单元数目，如图中0.99单元质量的个数有1550个。点击每个列柱，图形区可显示具有该网格质量的单元。

（4）剖面显示：工具栏中点击剖面按钮 ▦。

（5）图形区在模型中拖动鼠标画一直线。

（6）出现剖面窗口中，点击显示整个单元的按钮 ◥。

（7）则图形区显示某个剖面的网格，如果不看该剖面，则在剖面窗口中，将已经创建的剖面【Section Plane1】前面的勾 ☑ 去掉，或删除。

7. 施加载荷及约束

步骤操作如图3.4-6所示。

（1）工具栏中选面选按钮 ▧。

（2）图形区选择左侧端面。

（3）施加集中力：导航树中选择【Static Structural（B5）】，工具栏中选【Loads】-【Force】。

（4）编辑【Force】属性，施加负Y轴方向力300kN，明细窗口中设置【Definition】→【Define by】=Components，【Y Component】=-300000N，同样施加300kN在右侧端面，（施力图A、B处）。

（5）工具栏中选线选按钮 ▧。

（6）图形区选左侧第三条环线。

（7）远端位移约束：导航树中选择【Static Structural（B5）】，工具栏中选【Supports】→【Remote Displacement】。

（8）明细窗口中设置【Definition】-【X Component】=0，【Y Component】=0，【Z Component】=0，【Rotation X】=Free，【Rotation Y】=0，【Rotation Z】=0。

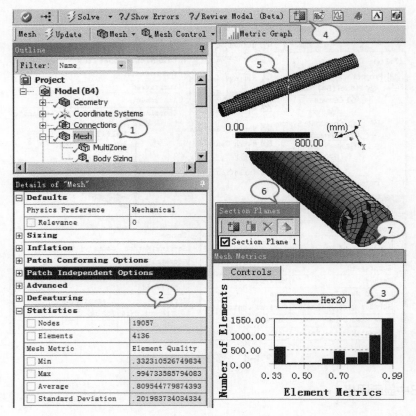

图3.4-5　显示网格

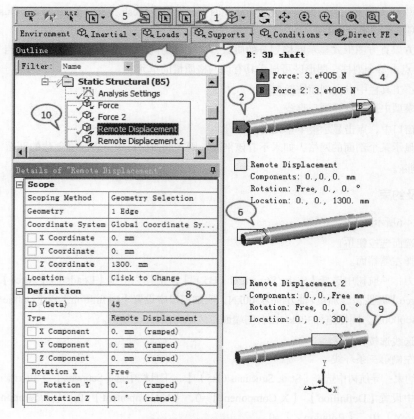

图3.4-6　施加载荷及约束

（9）同样图形区选右侧第三条环线，插入【Supports】→【Remote Displacement】，明细窗口设置【Definition】-【X Component】=0，【Y Component】=0，【Z Component】=free，【Rotation X】=Free，【Rotation Y】=0，【Rotation Z】=0。

（10）导航栏显示施加的两个集中力载荷Force、Force2及两个远端位移约束Remote Displacement、Remote Displacement2。

8. 添加求解选项并求解查看结果

步骤操作如图3.4-7所示。

（1）导航栏中选【Solution（B6）】，求解工具栏中添加总变形结果，选择【Deformation】-【Total】。

（2）求解工具栏中添加等效应力，选【Stress】-【Equivalent（von-Mises）】。

（3）工具栏中点击【Solve】求解。计算完成后，导航栏总变形【Total Deformation】、等效应力【Equivalent Stress】显示绿勾。分别查看：导航栏中选择总变形【Total Deformation】。

（4）图形区显示最大变形在轴两端为1.8229mm。

（5）导航栏中选择等效应力【Equivalent　Stress】。

（6）图形区显示应力分布，最大258MPa，中间轴点选查看到156MPa左右。

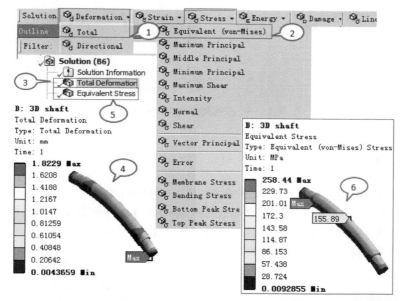

图3.4-7　查看变形及应力分布

9. 显示车轴端面挠度

步骤操作如图3.4-8所示。

（1）工具栏中选面选按钮。

（2）图形区选择车轴左侧端面（Z=0mm位置的端面）。

（3）添加方向变形：导航栏中选【Solution（B6）】，求解工具栏中添加方向变形结果，选择【Deformation】-【Directional】。

（4）导航栏中选【Solution（B6）】-【Directional Deformation】，右击鼠标选【Rename Based on Definition】，这将基于指定内容对结果选项重新命名。

（5）明细窗口中设置Y方向变形分量：【Definition】-【Type】=Directional Deformation，【Orientation】=Y Axis。工具栏中点击【Solve】更新求解结果。

（6）计算完成后，导航栏中选重新命名的Y方向变形分量的结果【Y Axis-Directional Deformation-Solid】，图形区显示端面Y方向变形分布为-1.7578mm～-1.7515mm，中间约-1.7527mm。图例还给出相关信息显示如图。

（7）明细窗口中也给出变形的最大值【Maximum】=-1.7515mm，最小值【Minimum】=-1.7578mm。

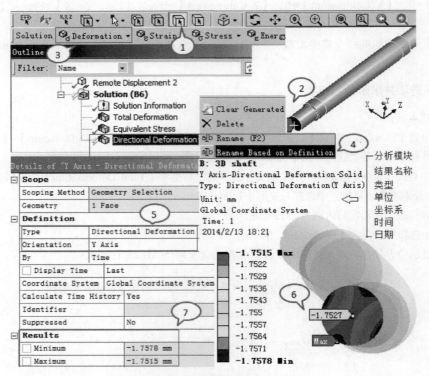

图3.4-8 车轴端面Y方向变形分布

10. 定义路径

步骤操作如图3.4-9所示。

（1）导航栏中点击【Model（B4）】，工具栏中出现与模型有关的命令按钮。

（2）模型工具栏中选择"构造几何"命令【Construction Geometry】，选择完成后，该选项为灰色。

（3）再选择导航栏中加入的【Construction Geometry】，显示相应的几何构造命令。

（4）工具栏中点击"路径"【Path】按钮，则将新建一条路径。

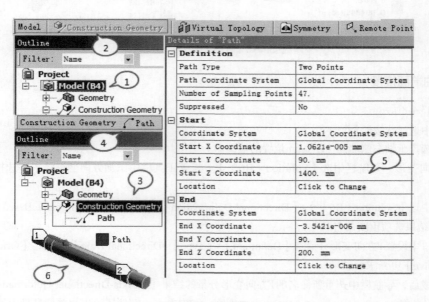

图3.4-9 定义路径

（5）设置路径：选导航栏中加入的【Construction Geometry】-【Path】，明细窗口中选取两个点连接为一条直线路径，这里在【Start】-【Location】旁边的【Click to Change】单元格处，用鼠标点击一下，然后在图形区选取粗轴的圆弧线作为起点，同样在【End】-【Location】旁边的【Click to Change】处定义终点，然后修改Y轴的坐标为90mm，即【Start Y Coordinate】=90mm，【End Y Coordinate】=90mm。另外一种做法：直接输入起点坐标值（0，90mm，1400mm）与终点坐标值（0，90mm，200mm）。

（6）图形区显示路径沿轴向粗轴的边缘处，数字1为起点，2为终点。

11. 根据路径显示拉应力并与梁单元结果对比

步骤操作如图3.4-10所示。

（1）添加拉应力：导航栏中选【Solution（B6）】，求解工具栏中添加"法向应力"，选择【Stress】-【Normal】。

（2）明细窗口中设置按路径显示：【Scoping Method】=Path，【Path】=Path，【Type】=Normal Stress，【Orientation】=Z Axis，其余默认。右击鼠标选【Rename Based on Definition】，则导航栏中更改显示名称为【Z Axis-Normal Stress-Path】，工具栏中点击【Solve】更新求解结果。

（3）计算完成后，导航栏中选【Z Axis-Normal Stress-Path】，图形区显示沿路径变化的轴向应力结果。

（4）图形区下方给出轴向应力沿路径长度的变化曲线及数据列表。

（5）数据列表显示300～900mm的等效应力相同为157.45MPa。

（6）为了与梁单元的分析结果对比，可将窗口切换到WB中，双击分析系统A下方的【Results】，进入分析系统A的结构分析程序（分析系统B不用关闭），插入"梁工具"【Beam Tool】更新分析系统A的求解结果，得到【Beam Tool 2】-【Maximum Combined　Stress】。

（7）分析系统A导航栏中选【Beam Tool 2】-【Maximum Combined　Stress】。得到粗轴的最大组合应力是相同的，为157.52MPa。

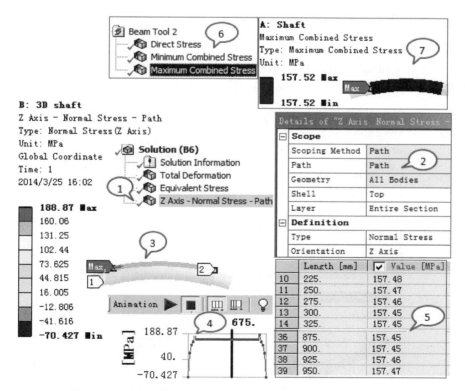

图3.4-10　分析系统B根据路径显示拉应力并与系统A梁单元结果对比

3.4.2 结果分析与应力评定解读

1. 梁模型与实体模型AB段拉应力结果对比（表3.4-1）

表3.4-1　　　　　　　　　　　　　　　　机车轮轴计算结果对比

	理论解	梁模型	梁模型偏差	3D实体模型	实体模型偏差
AB段拉应力（MPa）	157.19	157.52	0.34%	157.45	0.17%

计算结果（图3.4-10）和理论解（式3.3.2）对比见表3.4-1，可以看出梁模型与3D实体模型对于轴的AB段拉应力的计算结果和理论解误差很小。

💡 提示

　　梁模型计算中，梁工具得到的是长度方向拉/压应力、最大/最小弯曲应力或拉弯组合的最大/最小单向应力，所以为方便对比，导出结果为轴向正应力。

3D模型中，可以完整描述模型的三向应力状态，因此查看各个方向的应力分量及不同强度准则对应的当量应力是很方便的。对于本例，为防止结构钢的塑形屈服，强度准则可采用最大剪应力准则或形状改变比能准则。当量应力分别对应于应力强度【Stress Intensity】及等效应力【Equivalent (von-Mises) Stress】，应力强度为最大主应力【Maximum Principal　Stress】与最小主应力【Minimum Principal　Stress】之差。

下面我们得到这些结果，以方便理解3D模型的计算结果。

2. 构造表面

步骤操作如图3.4-11所示。

（1）导航栏中点击【Coordinate Systems】，工具栏中出现与坐标系模型有关的命令按钮，点击创建坐标系按钮，导航栏中出现新的坐标系，默认名称为【Coordinate Systems】。

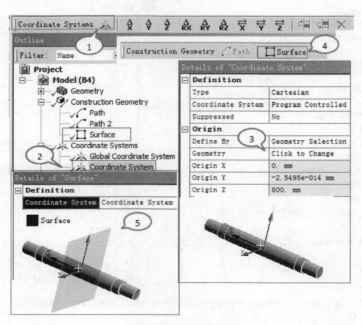

图3.4-11　创建平面

（2）选择导航栏中新的【Coordinate Systems】。

（3）图形区中选择中间的圆柱面，明细窗口中【Geometry】=Click to Change处点击Apply按钮确认，则新坐标建立在图示模型中间。

（4）导航栏中选择"构造几何"命令【Construction Geometry】，在相应的工具栏中选择创建表面【Surface】。

（5）设置表面：选导航栏中加入的【Construction Geometry】-【Surface】，明细窗口设置【Coordinate Systems】=Coordinate Systems，这样创建的表面位于前面设置的新坐标系处的XY平面。

3. 获得中截面处不同的应力结果

步骤操作如图3.4-12所示。

（1）添加等效应力：导航栏中选【Solution（B6）】，求解工具栏中添加"等效应力"，选择【Stress】-【Equivalent（von-Mises）Stress】。

（2）明细窗口中设置按表面显示：【Scoping Method】=Surface，【Surface】=Surface，【Type】=Equivalent（von-Mises）Stress，其余默认。右击鼠标选【Rename Based on Definition】则导航栏中更改显示名称为【Equivalent（von-Mises）Stress-Surface】，工具栏中点击【Solve】更新求解结果。

（3）计算完成后，导航栏中选【Equivalent（von-Mises）Stress-Surface】，图形区显示中截面处的等效应力，最大值157.51MPa在中截面Y方向的上下处，中间为0。

（4）同样设置中截面的应力强度结果【Stress Intensity-Surface】、最大主应力结果【Maximum Principal Stress-Surface】、最小主应力结果【Minimum Principal Stress - Surface】。

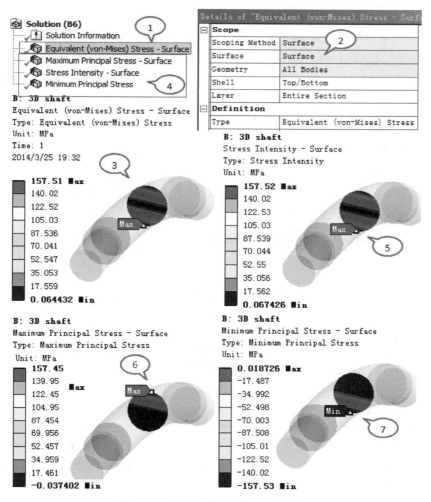

图3.4-12 获得中截面处的不同应力结果

（5）导航栏中选【Stress Intensity-Surface】，图形区显示中截面处的应力强度，最大值157.52MPa在中截面Y方向的上下处，中间为0。

（6）导航栏中选【Maximum Principal Stress-Surface】，图形区显示中截面处的最大主应力，最大拉应力值157.45MPa在中截面Y方向的上面，下面为0。

（7）导航栏中选【Minimum Principal Stress-Surface】，图形区显示中截面处的最小主应力，最大压应力值157.53MPa在中截面Y方向的下面，上面为0。

💡 **提示**

梁模型计算中，一个截面仅显示一个最大/最小的拉/压应力结果，而3D模型中可得到每个节点的应力数据，截面上的应力为渐变分布。由于中间轴为纯弯曲变形，所以可以看到最大主应力值与轴向拉应力值是一样的，中截面Y方向下面$\sigma_3 = -157.53$MPa，$\sigma_2 = \sigma_1 = 0$，则可计算等效应力σ_e与应力强度σ_I如下：

$$\sigma_e = \sqrt{\frac{1}{2}\left[(\sigma_1 - \sigma_2)^2 + (\sigma_2 - \sigma_3)^2 + (\sigma_3 - \sigma_1)^2\right]} = 157.53\text{MPa} \qquad (3.4.1)$$

$$\sigma_I = \max(|\sigma_1 - \sigma_2|, |\sigma_2 - \sigma_3|, |\sigma_3 - \sigma_1|) = 157.53\text{MPa} \qquad (3.4.2)$$

4. 查看C截面轴向应力

步骤操作如图3.4-13所示。

（1）添加拉应力：导航栏中选【Solution（B6）】，求解工具栏中添加"拉应力"，选择【Stress】-【Normal】。明细窗口中设置按路径显示：【Type】=Normal Stress，【Orientation】=Z Axis，其余默认。右击鼠标选【Rename Based on Definition】则导航栏中更改显示名称为【Z Axis-Normal Stress】，工具栏中点击【Solve】更新求解结果。

（2）计算完成后，导航栏中选【Z Axis-Normal Stress】，图形区显示整体Z轴方向应力。

（3）图形区中显示C截面处最大拉应力329MPa，最大压应力304MPa。

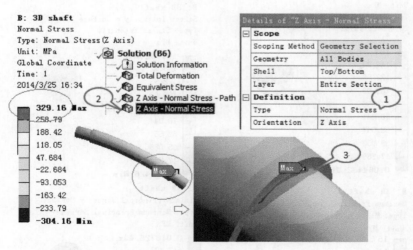

图3.4-13 分析系统B轴向应力分布

💡 **提示**

3D模型中，C截面局部轴向应力与梁模型的计算结果相差很远，这对于强度评定而言是个很棘手的问题，因为如果用329MPa与许用应力237MPa相比的话，结构是不满足强度要求的，这与3.3.3小节的分析结论恰好相反。

5. 细化网格再查看C截面拉应力

步骤操作如图3.4-14所示。

（1）导航栏中选【Mesh】-【Body Sizing】。

（2）明细窗口中设置单元大小为8mm：【Type】=Element Size，【Element Size】=8mm。

（3）工具栏中点击【Solve】更新求解结果，计算完成后，导航栏中选【Z Axis-Normal Stress】，图形区显示更新的整体Z轴方向的应力，C截面处最大拉应力410MPa，最大压应力411MPa。

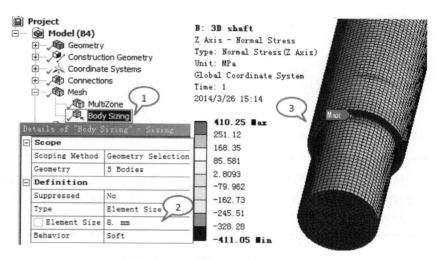

图3.4-14　细化网格后轴向应力分布

可以看到，细化后，C截面处阶梯轴连接处的轴向应力并没有得到我们所期待的一个收敛解，而是变得很大，410MPa相比329MPa增加了25%。

3.4.3　处理应力奇异问题

根据前面的计算可以理解：由于模型阶梯轴C截面并没有给出应有的圆角过渡，所以3D模型得到的是一个应力集中模型产生的应力奇异的结果。

这里解释一下应力奇异的概念："应力奇异是指受力体由于几何关系，在求解应力函数的时候出现的应力无穷大。由于任何物体都是有一定的强度的，不可能出现应力无穷大。所以在实际结构中是不会出现应力奇异的"。

因此有限元分析中当连接过渡处因几何模型不连续时，会出现应力的计算值出现发散而不是收敛的结果，可以判断为应力奇异，如果用该计算值进行强度评定是无效的。

那么静强度校核中，对于3D模型中出现应力奇异的结果，我们该如何处理呢？通常的做法是过滤掉应力奇异引起疲劳破坏的峰值应力，而保留名义应力，这时可采用ANSYS提供的应力结果线性化工具来解决，过程如下。

1. 查看细轴C截面处线性化轴向应力

步骤操作如图3.4-15～图3.4-16所示。

（1）定义路径方式同图3.4-9：再选择导航栏中加入的【Construction Geometry】，显示相应的几何构造命令。

（2）工具栏中点击"路径"【Path】按钮，将新建一条图示路径。

（3）设置路径：选导航栏中加入的【Construction Geometry】-【Path 4】，明细窗口中选取两个点连接为一条直线路径。这里在【Start】处输入坐标值【Start X Coordinate】=0mm，【Start Y Coordinate】=75mm，【Start Z Coordinate】=200mm；在【End】处输入坐标值：【End X Coordinate】=0mm，【End Y Coordinate】=-75mm，【End Z Coordinate】=200mm。

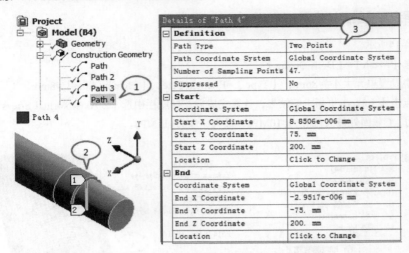

图3.4-15　设置C截面处路径

💿 提示 -

　　由于输入坐标值设置的路径可能不经过网格节点，所以可以选【Construction Geometry】-【Path 4】，右击鼠标，快捷菜单中单击【Snap to mesh nodes】，将路径端点设置到网格节点上，这时坐标值会发生少许变化。

　　（4）下面添加轴向应力线性化结果：导航栏中选【Solution（B6）】，工具栏中单击【Linearized Stress】-【Normal】，导航栏会出现【Linearized Normal Stress】。

　　（5）明细窗口中设置：【Path】=Path 4，图形区选择侧面的直径为150mm的细轴，在【Geometry】处点击【Apply】，完成后显示【Geometry】=1 Body；再设置轴向应力线性化：【Type】=Linearized Normal Stress，【Orientention】=Z Axis。

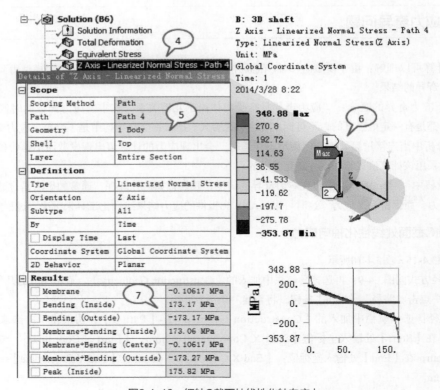

图3.4-16　细轴C截面处线性化轴向应力

（6）导航栏中选【Linearized Normal Stress】，右击鼠标，选【Rename Based on Definition】，自动重新命名为【Z Axis- Normal Stress-Path 4】。工具栏中点击【Solve】更新求解结果，计算完成后，导航栏中选【Z Axis-Normal Stress-Path 4】，图形区显示细轴Z轴方向应力线性化结果。

（7）明细窗口中显示出轴向应力线性化的具体数值，C截面处薄膜应力为0，弯曲应力为173.17MPa，峰值应力为175MPa，同时图形区下方也显示出相应图表及沿路径长度分布的数据表。

💿 提示 -----------------------

> 可以看到弯曲应力为173.17MPa，与材料力学理论解181MPa的误差小于5%。由于应力奇异导致不同的网格划分，峰值应力相差很大，所以反映在总轴向应力（薄膜应力+弯曲应力+峰值应力）相差很大，可参见图3.4-13～图3.4-16。

3.5　工程案例——应用子模型计算机车轮轴过渡处的局部应力

3.5.1　理解应力集中处的应力

通过前面的计算与分析，可以看到在非应力集中区，梁模型中的计算结果与3D实体模型的计算结果是一致的，但在应力集中处，3D模型得到的最大应力是个奇异解，无法用于强度评定。

由于按照最大可能的短时间载荷（考虑动载系数与冲击作用）计算轴的静强度，不会引起疲劳破坏，理想弹塑形材料在静力加载中，其应力集中部位达到屈服极限后，变形时其应力不再增大，这样应力沿截面上变成均匀分布，因此破坏载荷不变，这样静强度分析中不计入应力集中的影响而取名义应力进行强度校核就可以了。由于梁模型中的计算结果与材料力学公式中计算的名义应力是一致的，所以计算结果可直接用于静强度校核。

但对于交变应力，多次重复加载时产生的应力集中则会降低零件的承载能力，也就是说需要考虑应力集中的影响，得到应力集中处的应力，进行疲劳强度分析。

如果分析模型产生应力奇异，我们是没有收敛的应力结果的，因此需要在轴肩处添加过渡圆角，将几何不连续变为几何连续模型，才能得到收敛的应力结果，并将该结果用于后续的疲劳寿命计算。

3.5.2　应用子模型求解机车轮轴局部应力的数值模拟过程

下面应用ANSYS子模型技术，计算机车轮轴轴肩处的应力。

分析过程主要包括以下几步。

- 在机车轮轴轴肩处分割出有过渡圆角的局部细化模型；
- 细化模型的边界条件来自于前面整体模型的计算结果；
- 细分网格后重新求解。

1. 复制分析系统

步骤操作如图3.5-1所示。

WB项目流程图中，选择3D轴静力分析系统B，右击鼠标，单击【Duplicate】，则复制一个新的分析系统C，重新命名标题为【submodel of 3D shaft】，然后双击C3单元格【Geometry】进入DM。

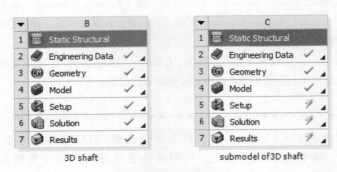

图3.5-1　复制分析模块

2. DM中建立子模型

步骤操作如图3.5-2所示。

（1）DM中建模单位为mm，菜单栏中选择【Units】-【Millimeter】；工具栏点击面选按钮 ，图形区选择阶梯轴交界面；工具栏点击新平面按钮 ，创建新平面【Plane8】，沿轴向偏移100mm，明细窗口设置【Transform 1】=Offset Z，【FD1，Value 1】=100mm。

（2）图形区的局部坐标显示为新平面的位置。

（3）工具栏中点击生成按钮【Generate】，导航栏中显示生成新平面【Plane8】。随后命令【Slice1】用新平面分割轴模型（明细窗口设置【Slice Type】=Slice by Plane，【Base Plane】=Plane8）；命令【Boolean1】合并分割出来的2段轴（明细窗口设置【Operation】=Unite，【Tool Bodies】=2 Bodies。再用命令【FElend2】创建轴肩处的倒圆角。

（4）设置5mm倒圆角：明细窗口设置【Fixed-Radius Blend】=FBlend2，【FD1，Value 1】=5mm。

（5）保留子模型：导航栏中【Part】下方选择不需要的实体模型，右击鼠标选【Suppress】。

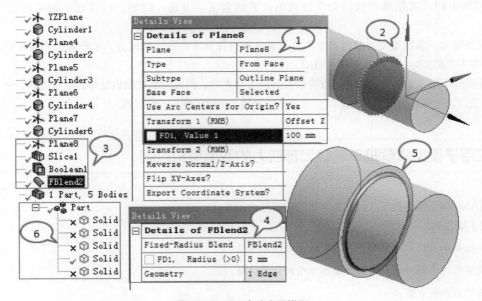

图3.5-2　DM中建立子模型

3. 更新分析系统C

步骤操作如图3.5-3所示。

切换到WB项目流程图窗口中，双击C4单元格【Model】，更新对话框中单击【Y】，进入系统C结构静力分析。

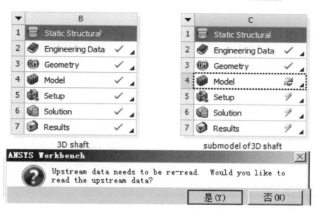

图3.5-3　更新分析系统C

4. 系统C中细分网格并删除边界条件

步骤操作如图3.5-4所示。

（1）导航栏中选择【Mesh】-【Body Sizing】，明细窗口设置【Element Size】=5mm。

（2）网格工具栏中单击【Update】，图形区显示更新后的细分网格。导航栏中单击【Mesh】，明细窗口中设置：【Statistics】-【Mesh Metric】=Element Quality，可用统计功能显示网格划分数量及质量，这里节点数18万，单元数42680，网格平均质量0.957。

（3）导航栏中选择【Static Structural（C5）】下面有问号的命令，右击鼠标，选【Delete】，则删除载荷及约束。（其他有问号的命令也需要删除，以免影响求解）。

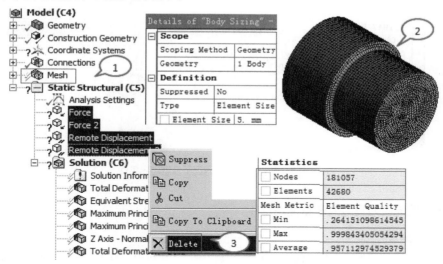

图3.5-4　系统C中细分网格并删除载荷及约束

5. 从整体模型中得到子模型边界条件

步骤操作如图3.5-5所示。

（1）返回WB项目流程图中，将系统B6单元格【Solution】拖入到C5单元格【Setup】上，并双击该单元格，更新窗口中选【Y】。

（2）系统C分析环境中出现子模型命令，导航栏中选【Submodeling（B6）】，右击鼠标选【Insert】-【Cut Boundary Constraint】，则插入边界约束来自整体模型。

（3）展开【Submdeling（B6）】-【Imported Cut Boundary Constraint】，右击鼠标，选【Import Load】，则导入边界条件。

（4）图形区在分割的边界面上，显示导入的位移约束。

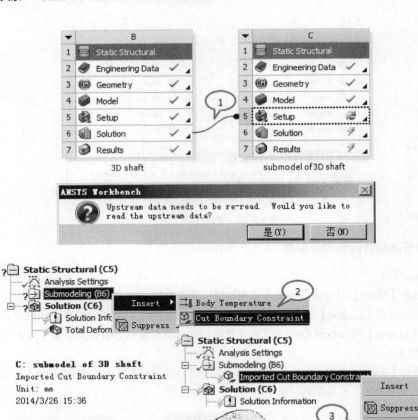

图3.5-5　从整体模型中得到子模型边界条件

6. 查看轴肩处轴向应力及应力收敛性判定

步骤操作如图3.5-6所示。

（1）图形区选择图示轴肩处三个外表面上，求解工具栏中添加正应力，选【Stress】-【Normal】，明细窗口设置轴向正应力：【Type】-【Normal Stress】，【Orientation】=Z Axis，然后根据定义重命名，工具栏点击【Solve】求解。

（2）导航栏中选【Z Axis-Normal Stress-Solid】，查看轴肩处轴向应力，图示显示为422.77MPa。

（3）修改网格划分的单元大小为4mm：导航栏中选择【Mesh】-【Body Sizing】，明细窗口设置【Element Size】=4mm，工具栏点击【Solve】重新求解。导航栏中单击【Mesh】，查看节点数31.5万，单元数74958，网格平均质量0.961。导航栏中选【Z Axis-Normal Stress-Solid】，查看轴肩处轴向应力，图示显示为380MPa。

（4）同前，重新修改网格划分的单元大小为3mm：导航栏中选择【Mesh】-【Body Sizing】，明细窗口设置【Element Size】=3mm，工具栏点击【Solve】重新求解。导航栏中单击【Mesh】，查看节点数78.7万，单元数189756，网格平均质量0.968。导航栏中选【Z Axis-Normal Stress-Solid】，查看轴肩处轴向应力，图示显示为367MPa。

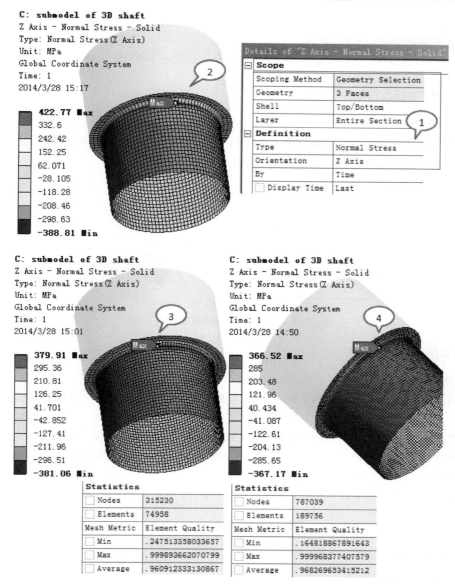

图3.5-6　查看轴肩处轴向应力及应力收敛性判定

3.5.3　应力收敛性判定及结果分析

从图3.5-6可以看到轴肩处的轴向应力从423MPa到380MPa到367MPa，相对误差从11%到3.5%（<5%），说明计算结果是收敛的。从圆周上下面的拉应力/压应力的对比（423/-389MPa，380/-381MPa，367/-367MPa），可以看出：在纯弯曲状态随着网格细化，拉应力与压应力的数值趋向相等，这也反映了结果是收敛的，所以367MPa可以用于后续的疲劳强度分析。

3.6　工程案例——应用疲劳工具计算机车轮轴过渡处的疲劳寿命

由于367MPa已经大于材料的屈服强度355MPa，所以产生局部塑性屈服形成低周疲劳。下面的分析使用ANSYS的疲劳工具进行高周疲劳寿命的计算，因此，修改模型的过渡圆角，以提高结构的疲劳寿命。

3.6.1 修改子模型计算局部应力

1. 系统C的DM中修改圆角为30mm

步骤操作如图3.6-1所示。

WB项目流程图中，双击系统C的【Geometry】单元格，进入DM中，选择导航栏的【FBlend2】命令，明细窗口修改圆角半径【FD1，Radius】=30mm，工具栏单击【Generate】，重新生成模型。

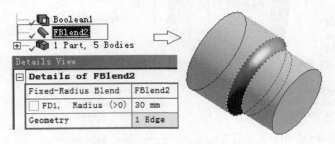

图3.6-1　系统C的DM中修改圆角为30mm

2. 输入材料的疲劳寿命曲线

步骤操作如图3.6-2所示。

（1）WB项目流程图中，双击系统C的【Engineering】单元格，进入工程数据窗口【Engineering Data】中，选择需要的材料shaft。

（2）选择工具箱中的应力寿命：【Alternating Stress Mean Stress】，选中该项后，此命令成灰色。

（3）属性窗口中修改插值数据为双对数：【Alternating Stress Mean Stress】-【Interpolation】=Log-Log。

（4）属性表中输入应力-寿命曲线的数据：由于为对称循环，则A列中平均应力为0，B列为循环次数，C列为交变应力幅值，如图示。（该数据取自《机械工程材料数据手册》，存活率99.9%，圆柱试样疲劳寿命，应力集中系数2。）

（5）属性图表中显示双对数疲劳寿命曲线（S-N曲线）。

（6）单击标签选项【Project】，返回WB项目流程图。

3. 重新计算子模型的轴向应力

步骤操作如图3.6-3所示。

（1）WB项目流程图中，双击系统C的【Model】单元格，进入结构分析窗口，导航栏中单击【Model】-【Geometry】-【Part】。

（2）零件的明细窗口中查看分配的材料，确认为前面修改过的shaft：【Assignment】=shaft。

（3）网格单元大小为4mm：导航栏单击【Mesh】-【Body Sizing】。

（4）明细窗口中设置：【Element Size】=4mm。

（5）工具栏中单击【Solve】，重新求解完毕后，导航栏中单击需要的轴向应力【Z Axis-Normal Stress-Solid】。

（6）图形区中显示轴肩过渡处表面的轴向拉/压应力分别为252.28MPa/-253.34MPa。疲劳寿命将以此为计算依据。

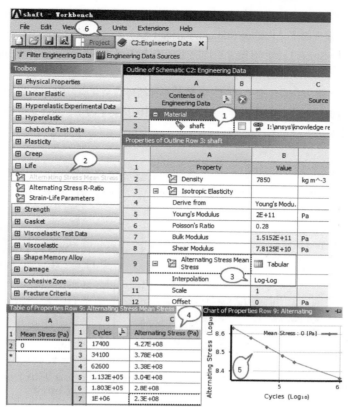

图3.6-2　输入材料的疲劳寿命曲线

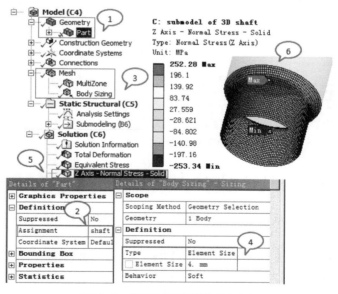

图3.6-3　重新计算子模型的轴向应力

3.6.2 使用疲劳工具计算轴肩过渡处的疲劳寿命

下面使用疲劳工具计算子模型的轴肩过渡处的疲劳寿命。

步骤操作如图3.6-4和图3.6-5所示。

（1）导航栏单击【Solution】，求解工具栏中单击疲劳工具：【Tools】-【Fatigue Tool】。

（2）导航树中会显示插入的疲劳工具【Fatigue Tool】。

（3）明细窗口设置疲劳强度因子【Fatigue Strength Factor（Kf）】=1，对称循环【Type】=Fully Reversed，计算应力疲劳寿命【Analysis Type】=Stress Life，不设置平均应力理论【Mean Stress Theory】=None，Z轴应力分量：【Stress Component】=Component Z。

（4）此时工作表窗口中，上方会显示应力幅值为常数的对称循环的交变应力图，下方为选用的平均应力修正理论。

（5）导航栏单击【Fatigue Tool】，右击鼠标，插入寿命、损伤及安全因子：选【Insert】-【Life】，【Damage】，【Safety Factor】。

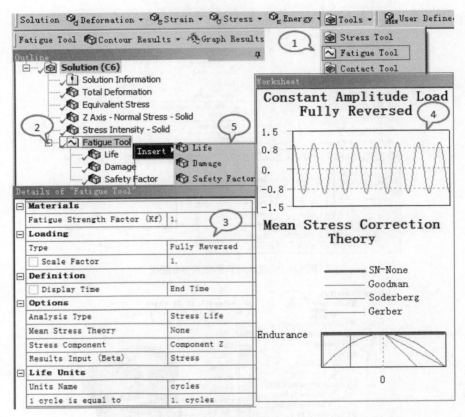

图3.6-4　添加疲劳工具

（6）设置疲劳寿命，导航树中选【Fatigue Tool】-【Life】，选择需要查看的轴肩处两个面，明细窗口中确认后：【Geometry】=2 Faces。

（7）工具栏单击【Solve】，更新求解，图形区查看疲劳寿命，最小为4.3e5次应力循环。出现在轴肩轴向应力最大的位置，图中红色区域为放大显示。

（8）设置疲劳损伤，导航树中选【Fatigue Tool】-【Damage】，选择同样的两个面，并输入设计寿命【Design Life】=1e6，重新求解，结果处显示最大损伤为2.32。

（9）设置疲劳安全因子，导航树中选【Fatigue Tool】-【Safety Factor】，重新求解，结果处显示最小疲劳安全因子为0.90786。

（10）图形区最小疲劳安全因子也是出现在轴肩轴向应力最大的位置。

💡提示 -

疲劳损伤大于1，安全因子小于1，都表示疲劳寿命不能满足设计寿命的要求。所以需要修改设计参数，重新计算，后续分析此处略。

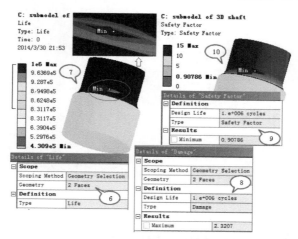

图3.6-5 设置并查看高周疲劳分析结果

3.7 本章小结

本章为ANSYS Workbench结构分析的基础内容，讲述了结构静力分析问题的有限元方程及ANSYS Workbench中求解的基本方法。为了能正确使用ANSYS软件，对结构应力分析及相关术语给出解释及说明，以便与ANSYS软件中出现的命令对应起来。基于一个工程模型给出四个不同的有限元分析模型的算例，进行结构静强度计算，并对应力集中处局部应力进行评估及疲劳寿命计算。

习题

1. 简述结构静力分析应满足什么条件？并给出实例加以说明。

2. 根据结构静力分析的有限元方程，解释一下线性静力问题与非线性静力问题的异同。

3. 影响有限元分析结果准确性的因素都有哪些？请举例说明。

4. 简述应力集中与应力奇异的区别。

5. 结构的强度失效或破坏，与材料的应力状态有关。基于各种分析假设，用不同的强度准则来表述，静强度分析中，适用的强度设计准则一般有哪些？

6. 如图所示，使用ANSYS15.0 WORKBENCH分析载荷均布梁的最大变形和最大应力，梁截面为20mm×20mm方形截面，长度L=2500mm，分布载荷q=500N/m，材料为结构钢，弹性模量200GPa，泊松比0.3，计算结果和材料力学结果对比。

7. 如图所示，矩形板（15m×5m×1m）中心开孔半径0.5m，一个端面固定，另一个端面承受拉伸载荷，压力为-50MPa，考虑孔中心处应力集中，对中心孔圆柱面局部细化网关。假设收敛性标准为10%，计算中心孔圆柱面上拉伸方向的最大正应力，假设材料为钢弹性模量200GPa，泊松比0.3。

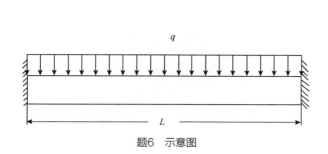

题6 示意图

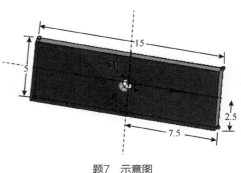

题7 示意图

第4章 ANSYS Workbench建立合理有限元分析模型

4.1 建立合理的有限元分析模型概述

对分析设计而言，合理的有限元分析模型意味着如何将工程问题转化为正确的数理模型。大多数产品及结构都具有复杂形状、承受复杂的外载，导致产生复杂的应力分布与变形，有限元分析方法虽然能进行分析并求解，但也面临着计算成本高的问题，所以根据设计需求，建立合适的分析模型是很重要的。

建立合理的分析模型往往需要经历一个复杂的过程：需要力学知识、结构知识、工程实践经验和洞察力，经过科学抽象、实验论证，根据实际受力、变形规律等主要因素，对结构进行合理简化。它不仅与结构的种类、功能有关，而且与作用在结构上的荷载、计算精度要求、结构构件的刚度比、安装顺序、实际运营状态及其他指标有关。计算模型选择因计算状态（考虑强度或刚度、计算稳定或振动）而异，也依赖于所要采用的计算理论和计算方法。

这时基于常规设计的设计思想在有限元分析中依然是可行而且必需的。比如：高层建筑、钢结构的抗震抗风设计中，将实际的3D实体模型建立为板梁或梁壳组合的有限元分析模型进行仿真计算是符合设计理念的，计算结果也是可信的。

由于ANSYS软件涉及的分析范围很广，这里选用大家经常使用的结构分析为例，说明如何将分析对象建立为适当的有限元分析模型。

基于不同的分析目的，对模型的处理方法也会不同。在ANSYS软件中，使用不同的单元来完成模型化的过程。通常对整体宏观的把握，适合于建立概念模型，而对局部微观的分析，则适合于建立详细的3D实体模型。

现在以上海黄浦江边的杨树浦发电厂XMJ300-10t/16m卸船机抗风分析为例，按照分析目的考虑分析模型。

当我们从远方观测卸船机时（图4.1-1），是看不到卸船机的焊缝、加强筋板等局部细微的部分，由于分析的是风载作用下结构的整体强度、刚度和抗倾覆侧翻能力，因此可采用杆单元（拉杆部分）与梁单元（主梁及支架部分）组成的整体框架模型，计算得到受到分布载荷（风压）、集中载荷（小车自重）、弯矩（附属物产生的）作用下的卸船机应力、变形及支反力等结果，参见图4.1-2。

图4.1-1 卸船机

　　如果靠近卸船机观察，就可以把局部关心的部分作为分析对象，分析局部应力及变形，这就可以建立详细的局部分析模型。

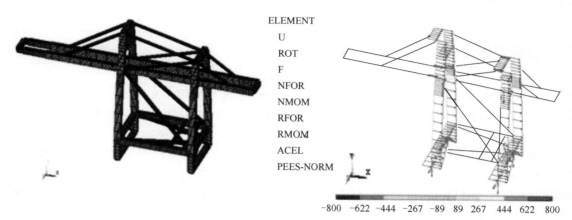

ELEMENT
U
ROT
F
NFOR
NMOM
RFOR
RMOM
ACEL
PEES-NORM

−800　−622　−444　−267　−89　89　267　444　622　800

图4.1-2　卸船机有限元分析模型

　　因此，无论是整体分析还是局部分析，重要的是建立符合分析目的的模型。以下给出一些常用的结构分析建模求解策略。

4.2 结构分析建模求解策略

　　结构分析的主要任务是对结构的力学特性进行定性及定量评价。结构分析中，建立一个行之有效的力学模型至关重要，分析模型应包括分析内容的所有力学特性。

　　一般情况下，分析模型需要考虑的问题包括：确定载荷性质、结构的理想化、有限元单元类型及网格划分、边界条件及初始条件确定、载荷条件确定、计算精度及计算成本等。

4.2.1 结构的载荷分析

　　结构分析用于确定载荷作用下的结构响应，各种环境都可以看作结构的载荷源，分析之前需周详地加以考虑和确定。

　　● 从载荷种类方面考虑，有压力载荷、温度载荷、风载荷、地震载荷、重力载荷、附加载荷等；从设备使用方面考虑，有设计载荷、正常运行的操作载荷、事故条件的特殊载荷、设备起停的不稳定载荷等。依据引起结构载荷的性质，可分为三类：稳态载荷、热载荷、动力激励源。

　　● 稳态载荷（静载荷）用于分析作用时间原低于结构固有弹性周期的载荷，如低速风压、加速度产生的惯性力等，ANSYS Workbench中调用结构静力分析模块【Static Structural】。

　　● 动力激励源（动载荷）描述随时间变化的瞬态载荷，如噪声、振动、冲击载荷等。动载荷是最为复杂的，不同性质的激励源，其表征的动力学激励函数也不同。

　　● 如发动机振动源自机械运动，可以表征为随机力函数或周期力函数。作为随机载荷处理时，ANSYS Workbench中可调用随机振动分析模块【Random Vibration】；作为周期载荷处理时，ANSYS Workbench中可调用谐响应分析模块【Harmonic Response】。

　　● 再如：对于地震载荷，国标中规定的结构抗震分析法有静力法、振型分解反应谱法以及时程分析法。ANSYS Workbench中分别对应结构静力分析【Static Structural】、响应谱分析【Response Spectrum】、结构瞬态分析【Transient Structural】。

● 热载荷在结构中产生温度的变化，引起材料机械性能的改变、产生结构变形及应力。

因此明确载荷性质是进行数值分析的前提条件，简单的载荷可用材料力学、结构力学等解析方法获得，复杂载荷也可通过数值方法分析结构内力得到。

4.2.2 结构理想化

为了对实际工程结构进行分析，必须对实际结构在受力和传力过程中的作用、几何形状、尺寸及材料特性作出假设，简化结构，这一过程就是结构理想化。即使是一个简单结构，如工字钢杆件，如果不做假设，进行有效分析也较难。

简化模型后，得到分析模型。尽管分析模型与实际结构不完全相同，但却保持了原结构的主要力学特征。简化的合理性是分析准确与否的关键，也体现了分析水平的高低，也是最困难的问题。

如梁形结构件，分析模型可以是一个按照材料力学假设处理的梁（参见章节3.3），也可以建立3D有限元分析模型求解（如章节3.4），过多的假设可使问题简化，节省分析时间，但也可能给出偏离实际结果的答案。

结构简化的重点在于：简化模型能提供必要信息，如载荷、应力、应变、位移、模态振型等和足够的计算精度。

很多情况下：可用简单模型进行分析，如根据直观判别几何特征，将其抽象为线、面、体，进而简化为杆、梁、板壳与实体。

结构理想化是否合理，取决于分析人员对结构的认知程度，如结构特点、连接情况、边界条件、传力路径等，力学知识水平、分析经验、所采用的结构特征参数和试验实测数据，以及对分析软件的熟练程度等。

4.2.3 提取分析模型

结构设计一般先是进行方案设计，然后再进行详细设计。详细设计中涉及具体结构尺寸及设计参数。由于分析结构和周围环境存在拉/压压力、剪切力、弯矩和扭矩等载荷传递，以及存在刚性、弹性位移约束等，任何结构都不是孤立的，因此提取分析模型时必须考虑并表征分离界面上的这些关系。

其中，圣维南原理（Saint Venant's Principle）作为弹性力学的基础性原理，阐述了"分布于弹性体上一小块面积（或体积）内的荷载所引起的物体中的应力，在离荷载作用区稍远的地方，基本上只同荷载的合力和合力矩有关；荷载的具体分布只影响荷载作用区附近的应力分布"。这样提取分析模型时，边界条件可简化为等效形式，即提取模型的边界距离关心处的应力足够远，边界上的载荷等效即可。

4.2.3.1 考虑对称性

考虑结构、载荷、材料特征及约束条件是否存在对称轴、对称面或周期对称性。利用对称性可以快速建模，减少计算量。

ANSYS对称性支持（图4.2-1）：结构对称（a）、结构反对称（b）、结构线性周期对称（c）、电磁对称（d）、电磁反对称（e）、显式动力对称。

如图4.2-1（a）为结构几何模型及载荷均对称的2D平面模型，因此建立模型仅1/2即可，如果DM中对整体模型使用[symmetry]命令得到对称模型的话，则其边界条件将直接导入结构分析中，而无须施加对称边界条件。

💡 提示

　　这里，结构对称边界指的是，不能发生对称面外的移动和对称面内的旋转，即：在结构中施加对称条件为限制指向边界的位移和绕边界的转动（UX=0，ROTZ=ROTY=0）。结构反对称边界条件的是，不能发生对称面的移动和对称面外的旋转。即：在结构中施加反对称条件为平行边界的位移和绕垂直边界的转动被约束（UY=UZ=0，ROTX=0）。

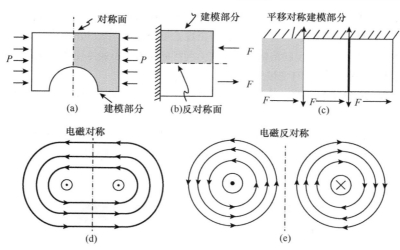

图4.2-1 ANSYS对称性分析模型

如圆筒体上小开孔接管分析问题,如图4.2-2,根据对称性,可以取1/4模型分析,由于开孔与筒体直径相比很小,可以假设在开孔的对面也有相同的开孔,因此也可以取1/8模型,并强制约束切割面上的法向位移。

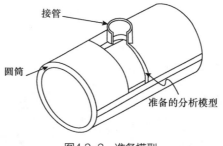

图4.2-2 准备模型

4.2.3.2 处理重点关心位置

重点关心的位置是最危险的或最感兴趣的部位,在建模时需给予特殊考量,如网格细化等;而对于非重点处,则不用过多考虑,以使模型简化,降低分析成本。如开孔接管分析中,接管和筒体相贯部分的应力是希望重点考虑的,而与之较远的法兰连接部分可以忽略。

4.2.3.3 细节结构的考虑

细节指出了结构主体尺寸以外的细节尺寸,如小的过渡圆角、焊接高度等考虑如下。

1. 分析类型

进行静力分析,仅考虑薄膜应力和弯曲应力,而不考虑峰值应力,因此造成峰值应力的局部小尖角等细节尺寸可以忽略。而进行疲劳分析时,需要考虑峰值应力,应详细考虑实际的细节尺寸。

2. 细节结构位置

远离重点部分时,其影响可以忽略。

4.2.4 单元选择

单元的选择取决于模型维数,如2D模型选择面单元,3D模型选择体单元,线模型如桁架或钢结构则选择杆单元或梁单元。

一般来说，同类单元类型，相同的单元形状有低阶线单元和高阶二次单元之分。在相同单元数量情况下，二次单元的计算精度更高，但运算量和内存需求更大。相同的自由度数量条件下，线单元准确性更好。三维问题，壳体单元更节省运算时间，但由于壳体单元只能反映结构的薄膜应力和弯曲应力，不能体现峰值应力，因此疲劳分析不能用。另外在非均匀过渡拐角结构或分岔部位如T型接头等，壳体计算精度较差。

有限元分析是通过单元特征来实现的，单元模式需要考虑结构的形状特征及受力特征，下面给出一个例子说明这一点。

太阳电池结构，边界通过固定钉连接到半刚性基板上（参见图4.2-3），此时，如果计算固定钉的受力，电池模块可以抽象为面，用壳单元建模，而固定钉处作为简支约束点处理，这样可以求出固定点的支反力，分析模型如图4.2-4。

太阳电池模块正面示意图　　背面固定钉示意图

4.2-3　太阳电池模块

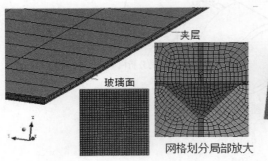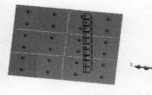

图4.2-4　分析模型

如果计算固有频率，该方法也是可行的，因为太阳电池板的固有频率取决于抗弯刚度与边界条件，而以上简化已经考虑了这两个主要因素。但如果研究固定钉的破坏机理，以上简化就不行了，则需要采用3D实体单元建立固定钉的细化模型对局部区域进行分析。反之如果计算固定钉受力及自振频率，则会使分析模型相当庞大，导致计算成本急剧上升。

4.2.5　网格划分

合理的网格密度、单元形状比和疏密过渡是得到准确结果的保证，网格划分应注意的问题如下。

- 充分关心应力梯度，如应力梯度较大的区域是问题的考虑重点，在该区域应采用细致的网格。
- 网格划分应比较准确地反映结构的真实形状，对于复杂的形状，粗大的网格会造成分析结果失真。
- 分析模型中忽略"非承载"部件，可能造成较大误差。
- 为得到较好的位移解，单元纵横比尽量小于7；为得到较好的应力解，单元纵横比尽量小于3。计算位移是准确的，应力结果才可接受，有时，给出好的位移结果的网格，应力结果不如想象中的准确，这就需要调整网格密度。
- 不同分析类型，构造网格的规则不同，如屈曲分析，一般使用规则和均匀对称网格。

4.2.6 施加载荷与约束条件

● 尽量避免集中载荷施加到某个节点上,产生应力奇异。

● 封闭系统外载荷平衡。

● 约束条件:防止模型有刚体运动。

4.2.7 试算结果评估

为了建立一个有效的结构分析模型,需对分析模型进行检验,以保证分析模型的正确性,常用方法如下。

● 质量特性检查:检查模型质量、质量惯性矩及质心是必需的。

● 自由模态检验:一个未受约束的结构应有6个固有频率为0的刚体模态。检查时可不施加约束,进行模态分析,如果分析结果少于6个零模态,说明模型有多余约束,如果多于6个零模态,说明模型为机构,即结构之间缺少必要的连接。

● 结构变形检查:异常变形往往由载荷或约束不当引起。

● 应力等值线检查:如果网格足够细,应力等值线是连续光滑曲线,如不光滑或有尖角则网格太粗,这对重点区域很重要。

● 检查单元应力,如应力跳跃太大需细化网格。

4.2.8 应力集中现象的处理

4.2.8.1 尖角问题

模型中的尖角问题如角接焊缝、错边,或开孔接管等,如用尖角模拟,实际结构采用弹性分析方法,往往得不到收敛结果,也就是应力奇异现象。实际上,理论上的尖角是不存在的。因此静强度校核可以直接分析,疲劳分析需考虑详细结构。如随着网格加密,薄膜应力和弯曲应力逐渐收敛,峰值应力则发散,尖角改圆角后,45°应力强度、结构最大应力强度及薄膜应力和弯曲应力、峰值应力均收敛。

4.2.8.2 错边问题

错边和不等厚会经常碰到,在错边处,总应力强度和峰值应力不收敛,由于焊缝存在,实际结构不会如此,因此,应考虑实际焊接接头的具体情况。当直径小时,可采用三维分析。如开孔接管:角度大于180°的外尖角总应力强度和峰值应力不收敛,角度小于180的内尖角总应力强度和峰值应力收敛。

4.2.8.3 热点应力

尖角位置存在明显的应力集中,反复加载卸载中会诱发疲劳裂纹,裂纹一旦产生,应力集中不再存在,推动裂纹扩展的动力是局部弯曲应力和薄膜应力。出现明显应力集中的尖角位置为热点,热点位置的薄膜应力和弯曲应力(即总应力中去除峰值应力后得到的应力)称为热点应力,利用热点应力可以获得分散程度最小的疲劳评定曲线(S-N曲线)。

4.3 ANSYS Workbench结构分析模型

ANSYS 15.0 Workbench中建立合理分析模型涵盖ANSYS软件操作的前处理、求解设置及后处理部分。这里以结构分析为例加以说明如下。

4.3.1 分析模型的体类型

几何模型【Geometry】接受来自于CAD系统或DM建立的装配体或多体零件，支持所有体类型：具有3D体积或2D面积的实体【Solid】、具有面积的面体【Surface Body】、线体【Line Body】，参见图4.3-1。

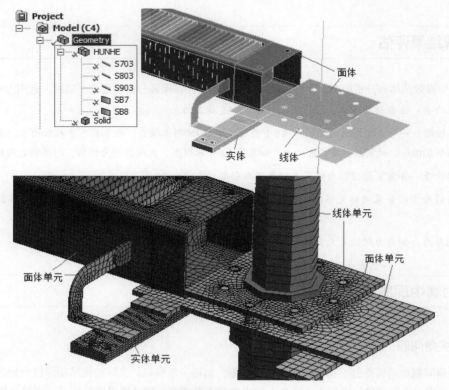

图4.3-1　电阻箱支架的实体、面体及线体

实体可以具有几何上或空间上的3D或2D特征。3D实体的默认网格采用具有二次形函数的高阶四面体或六面体单元，2D实体的默认网格采用具有二次形函数的高阶三角形或四边形单元（2D开关必须在导入几何模型之前打开），结构场中每个节点有三个平动自由度，温度场中每个节点有一个温度自由度。

面体在几何上是2D但在空间上为3D，面体代表空间上的薄层结构，厚度方向无须建模，仅输入厚度值即可。面体采用线性壳单元进行网格划分，具有6个自由度（UX，UY，UZ，ROTX，ROTY，ROTZ）。

线体具有1D几何，3D空间，线体代表空间上的两个方向很薄，横截面无须建模，映射在线体上，线体的横截面及方向在DM中指定，并自动导入到结构分析中。线体采用线性梁单元进行网格划分，具有6个自由度（UX，UY，UZ，ROTX，ROTY，ROTZ）。

4.3.2 多体零件

通常情况下，体与零件是相同的，但是在DM中，多个体可以组合为多体零件。多体零件共享边界，所以在交界面处的节点是共享的，此时无须接触，如图4.3-2。

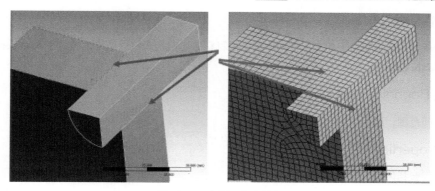

图4.3-2　交界面共享节点

4.3.3　体属性

选中几何模型下面不同的体，可在明细窗口指定属性，如图4.3-3。

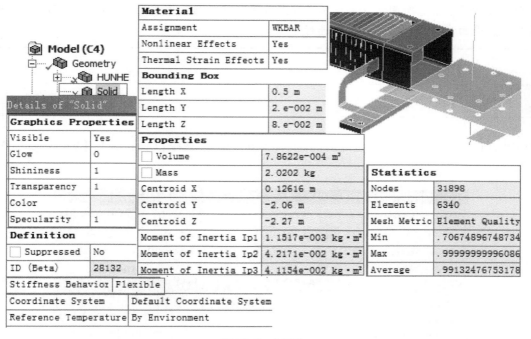

图4.3-3　体属性

1. 指定图形属性【Graphics Properties】

包括可视化【Visible】、透明度【Transparency】及显示颜色【Color】等。

2. 定义选项【Definition】

包括是否抑制体【Suppressed】、刚度行为【Stiffness Behavior】、坐标系【Coordinate System】、参考温度【Reference Temperature】及其他相关选项。

（1）刚度行为可以是刚性【Rigid】或柔性【Flexible】，对于刚体零件，静力分析中仅考虑惯性载荷，可以通过关节载荷施加到刚体上，刚体输出结果为零件的全部运动和传递力。

（2）其他选项和不同的体类型有关，比如面体，需要定义厚度【Thickness】和偏移类型【Offset Type】，面体偏移可以为顶面【Top】、中面【Middle】、底面【Bottom】或自定义【User Defined】。

3. 材料【Material】

对不同的体分配【Assignment】在工程数据中定义的材料，指定是否包含非线性效应【Nonlinear Effects】及热应变效应【Thermal Strain Effects】。

4. 边界框【Bounding Box】

指定模型的空间范围，给出X、Y、Z的长度。

5. 属性【Properties】

统计几何属性，包括体积、质量、质心、惯性矩等。

6. 统计【Statistics】

显示该对象网格模型的统计结果，包括节点数、单元数及网格质量。

> **提示**
>
> 刚体并不划分网格，采用一个质量单元，求解效率高。如果装配体中的一个零件仅考虑载荷的传递作用，就可以设置为刚体，以减少求解时间及模型规模。如果柔体零件包含非线性行为如大变形或超弹等，计算时间将显著增加，因此如果可能的话，采用简化模型如将3D结构转变为2D平面应力、平面应变或轴对称模型等进行分析。

4.3.4 几何工作表

几何工作表汇总所有的几何定义，包括分配的材料、网格统计等。选择【Geometry】-【Worksheet】图标可以查看，如图4.3-4。

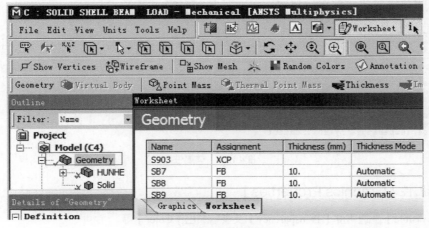

图4.3-4 几何工作表

4.3.5 点质量

添加到几何模型中的点质量用于模拟结构的部分零件，但不用建立相关的模型，计入该结构的惯性效应，点质量的有效载荷只有惯性载荷。添加质量也影响模态计算及谐响应计算结果。

点质量的作用域可以为选择的几何对象（面、边或顶点）、单元节点、命名选择或远端点；默认位置为指定对象的中心，也可以指定局部坐标，输入每个方向的惯性矩。程序默认的点质量与几何模型作用域的连接关系等同远端边界条件。

指定点质量方式如下（参见图4.3-5）。

1. 导航树中选择【Geometry】，几何工具栏中选择【Point Mass】。

2. 选中导航树中出现的【Point Mass】，明细窗口设置点质量位置及属性，【Geometry】表示点质量与实体模型的连接位置。在定义的坐标系中，设置（x，y，z）坐标值如（2.5m，2.5m，-1m）来定义点质量模型的质心位置，也可以在明细窗口中【Location】处选择点、边、面来定义点质量位置。

3. 质量大小在【Mass】中输入。

4. 点质量将会以圆球出现。

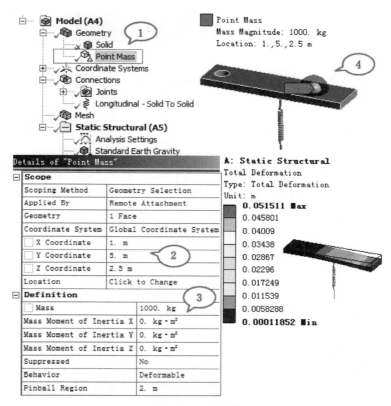

图4.3-5　点质量

💿 提示 --

在结构分析中，只有惯性力才会对点质量起作用，即点质量只受加速度、重力加速度及转速的作用。引入点质量只是为了考虑结构中没有建模的附加重量，同时必须有惯性力出现。点质量本身没有结果，材料属性只需要定义杨氏模量以及泊松比。

4.3.6 厚度

可以对面体中的面指定可变厚度【Thickness】，方式如下，参见图4.3-6。

1. 导航树中选择【Geometry】，几何工具栏中选择 ⬧Thickness 插入【Thickness】对象，导航栏中出现的厚度对象将覆盖任何以前指定的面体厚度。

2. 将厚度对象应用到面体中选中的面，可以指定面偏移。

3. 指定厚度为常量、变量表或函数表达式，图示为局部坐标系X方向的厚度变化。

4. 输入相应的变化值，图形区显示厚度的渐变分布；再点击导航栏的【Mesh】，则图形区显示厚度赋值的壳单元。

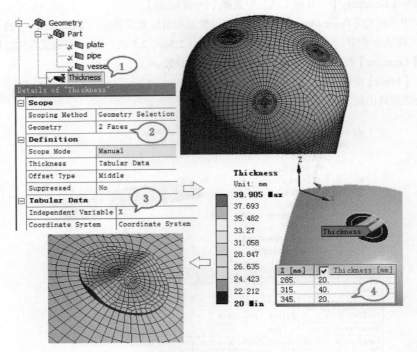

图4.3-6　指定可变厚度

💡 提示

- 面体厚度必须大于0，从DM中导入的面体，厚度自动导入。
- 下列项中并不使用面体指定的面厚度，而使用指定的面体厚度。
    - 装配体属性：显示在明细窗口中体积、质量、质心、惯性矩不随指定厚度的面而改变，但正确的属性基于可变厚度的计算，可通过APDL计算的多种记录结果进行验证。
    - 自动根据面体厚度划分网格，自动收缩控制，面体厚度用于网格合并容差。
    - 求解中梁属性中探测焊点也是使用面体厚度。
- 指定的面厚度不支持刚体。
- 可变厚度仅在网格划分及结果中显示，位置探测、指定路径和表面结果不显示可变厚度，也不考虑可变厚度，而只是假定为常值厚度。
- 如果同一个面上定义多个厚度对象，只有最后一个厚度对象生效。

4.3.7　材料属性

结构静力分析需要输入的材料参数根据具体的工程分析问题而定，对于线弹性小变形问题，需要输入弹性模量及泊松比；如果考虑惯性载荷，需要输入密度；考虑温度加载，需输入热膨胀系数，对于一致温度条件，热导率是不需要的；如果后处理中需要使用应力工具，则材料参数中还要输入应力限值；而采用疲劳工具，则要输入材料疲劳特性数据。

4.4 ANSYS Workbench结构分析的连接关系

分析整体装配模型时，结构之间的连接处理尤为重要。常见结构连接形式有胶接、铆接、螺栓连接、焊接。

通常对于胶接、铆接、焊接理想化刚性连接，而螺栓连接视具体情况而定，有时可简化为刚性连接，约束6个自由度，有时简化为5个自由度，或铰接（3个自由度），这些连接方式的处理可通过ANSYS的连接关系【Connections】进行设置。

可以通过网格连接【Mesh Connections】、接触关系【Contacts】、关节联接【Joints】、弹簧【Spring】、终端释放【End Release】、梁【Beam】实现。当加入接触关系后，程序会自动检测并添加接触关系，而其他连接关系则需通过手动加入。

整体连接属性包括自动检测功能和透明度显示功能，如图4.4-1，自动检测功能用于设置是否在刷新几何模型时生成自动连接关系。

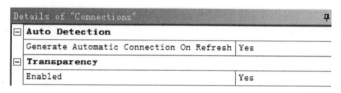

图4.4-1 连接关系属性

4.4.1 接触连接

当表示多个零件时用接触单元定义零件之间的关系，这些关系表达零件之间是否绑定在一起、相互滑移、传热等。如果零件之间没有接触或点焊连接，则零件之间不产生相互作用。接触单元可以想象为覆盖在接触区域上的"皮肤"，参见图4.4-2。

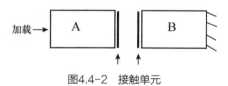

图4.4-2 接触单元

接触包括面/面、面/边、边/边之间的接触【Contact】和点焊接触【Spot Weld】。当装配体输入时，程序自动检测并创建接触，相邻表面用于检测接触。2D几何的接触面为边，接触连接可以传递结构载荷和热流。根据接触类型，分析可以是线性或非线性的，非线性分析为获得收敛的结果将导致运行时间显著增加。

> 🕐 提示
> ----------------
> 分析之前应该验证自动接触是否正确。结构分析中接触采用表面接触单元，接触对用不同的颜色标识，接触对的一面识别为接触面，而另一面则为目标面。

4.4.2 接触控制

默认设置时，由CAD系统导入装配体，程序自动检测接触并通过面与面的关系分配接触区域。

通常接触默认设置和自动检测功能可以处理大多数接触问题，但接触控制功能提供了更广泛的接触模拟，详细说明如表4.4-1。

表4.4-1 接触控制选项

	定义
	连接类型：接触
	范围
	指定范围的方法：可以选择几何模型或命名选择
	自动检测
	自动接触检测公差设置：移动滑块/输入值/使用板厚
	滑移控制公差，+100无间隙或穿透，−100反之
	接触检测公差值
	是否设置区间范围（默认最小值为公差的10%）
	接触检测类型，默认为面与面接触检测
	面与边接触检测，定义为目标面与接触边
	边与边接触检测
	优先权①：包括所有、面优先、边优先
	成组检测②：实体、零件、无
	搜索范围③：在实体间、不同零件实体间、任何自接触

表4.4-1中相关说明如下。

注①：

优先权【Priority】可以选择包括所有【Include All】、面优先【Face Overrides】、边优先【Edge Overrides】。面优先指面与面接触优于面与边接触，不含边与边接触；边优先指边与边接触优于面与边接触，不含面与面接触。

如：壳接触包括边-面接触或边-边接触，默认接触并不自动识别壳接触，需手工设置，优先权【Priority】设置可以阻止过多接触区。

注②：

成组检测【Group By】可以选择实体【Bodies】、零件【Parts】和无【None】。按实体成组指在一个上接触区允许有多个面或边，按零件成组允许多个零件包含在一个独立区域，不成组则生成的任何接触区的目标对象或接触对象上仅一个面或边。如果一个单独区域包含大量的接触及目标面，不成组检测方法可以避免过多的接触搜索时间。另外，该选项也适用于不同的接触区域定义不同的接触行为，如螺栓和支座接触案例中，可以在螺栓螺纹和支座之间定义绑定接触，而螺栓头和支座之间定义无摩擦接触行为。

注③：

搜索范围【Search Across】的自动检测可以选择在实体间【Bodies】、不同零件的实体间【Parts】，以及包含任何自接触的地方【Anywhere】

4.4.3 接触设置

接触设置如表4.4-2，包括指定接触范围【Scoping】（图4.4-3）、定义接触【Definition】、高级控制【Advanced】。

表4.4-2 接触设置

	接触范围控制
	定义范围的方法：选择几何模型/命名选择
	接触对象①：1个面
	目标对象①：1个面
	接触体名称
	目标体名称
	壳单元接触面为：程序控制/底面/顶面
	壳单元目标面为：程序控制/底面/顶面
	是否包含壳单元厚度影响：否/是
	接触定义
	类型②：绑定/不分离/无摩擦/粗糙/摩擦
	接触查找方式：自动查找（默认）
	接触行为③：对称/非对称/自动非对称接触
	接触去除部分：程序控制/打开/关闭
	去除接触的容差：
	是否抑制（否）
	高级接触选项
	接触算法④：程序控制
	检测方法：程序控制
	穿透容差：程序控制
	弹性滑移容差：程序控制
	法向刚度：由程序控制（默认）/手动控制
	刚度更新：程序控制
	弹球区域：程序控制/自动检测/指定半径
	修改几何模型
	修正接触的几何模型：无/螺栓螺纹
	修正目标几何模型：无

表4.4-2中相关说明如下。

注①：接触面与目标面：在每个接触对中都要定义目标面和接触面。接触区域的其中一个对象构成接触面，此区域的另一个对象构成目标面。接触中利用目标面的穿透量，在给定公差范围内来限制接触面上的积分点。

注②：五种接触类型可供选择。

● 绑定【Bonded】为默认设置，接触面或边无滑移、无分离，忽略间隙和穿透，线性求解。

● 不分离接触【No Separation】类似于绑定接触，但是少量无摩擦滑移可以发生，（显式动力分析中不支持此类接触）。绑定的和不分离的接触是最基础的线性行为，仅仅需要一次迭代。

● 无摩擦接触【Frictionless】为标准的单边接触，也就是如果发生分离则法向压力为零，摩擦系数为零，允许自由滑移，装配体中会施加弱弹簧以帮助稳定求解。

● 粗糙接触【Rough】类似于无摩擦接触，在无滑移处设置完全粗糙的摩擦接触，对应于无限大的摩擦系数（显式动力分析中不支持）。

● 摩擦接触【Frictional】中剪应力发生变化直到发生相对滑移，该状态称为黏结【Sticking】，摩擦系数为非负值。

> **提示** ---
>
> 　　无摩擦、摩擦以及粗糙接触是非线性行为，需要多次迭代。但是，需要提示的是仍然利用了小变形理论的假设。如果考虑模型发生轻微的分离是很重要的，或者接触面的应力很重要，考虑使用非线性接触类型，可以模拟间隙及更准确的接触状态。当需要利用这些选项时，可以在相应的菜单下设定。其中允许调整模型的间隙到刚刚接触【Adjusted to Touch】的位置，设置偏移量（无渐变）【Add Offset, No Ramping】，设置偏移量（含渐变）【Add Offset, Ramped Effects】。非线性接触需要更长的计算时间，可能发生收敛性问题，需要接触面设置好的网格。

　　注③：接触行为：当一个面为目标面而另一个面为接触面时称为不对称接触【Asymmetric】。而当两面都为接触面或者目标面时则称为对称接触【Symmetric】，此时任何一边都可以穿透到另一边。程序默认为对称接触，可以根据需要，将其改变成非对称接触。

　　注④：接触算法可以从纯粹的罚函数法【Pure Penalty】修改到增强拉格朗日法【Augmented Lagrange】、多点约束方程法【MPC】或纯拉格朗日法【Normal Lagrange】，其中：增强拉格朗日法一般应用于非线性接触模型中，多点约束方程法【MPC】仅适用于绑定接触。在绑定接触中，纯粹的罚函数法可以想象为在接触面间施加了十分大的刚度系数来阻止相对滑动，这个结果是在接触面间的相对滑动可以忽略的情况下得到的。多点约束方程法【MPC】对接触面间的相对运动定义了约束方程，因此没有相互滑动，这个方程经常作为罚函数法的最好替代。

　　注⑤：弹球区域【Pinball Region】可以自定义，并在图形区显示。弹球区域定义了近距离开放式接触的位置，而超出弹球区域范围之外的为远距离开放式接触，弹球区域一般作为十分有效的接触探测器使用，但是它也用于其他方面，例如绑定接触等。对于绑定或者不分离的接触，假如间隙或者穿透小于弹球区域，则间隙/穿透自动被删除，如对于以【MPC】为基础的绑定接触，可以将搜索器设定为目标法向或是弹球区域。假如存在间隙（这在壳装配体中经常出现），弹球区域可以用来作为探测越过间隙的接触探测器。

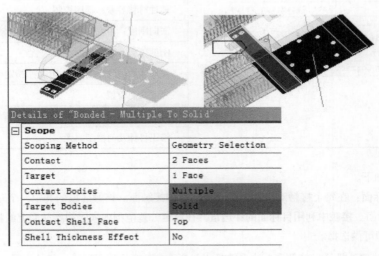

图4.4-3　定义接触

　　接触体为半透明，接触面以不同颜色显示便于识别；为了方便显示及选择，可以激活【Body View】，分别用不同的窗口显示全模型、接触体及目标体，视图可以同步移动【Synched】，选择接触区可以在任何一个窗口中进行，如图4.4-4。

　　【Go To】功能提供一种简单的方式来验证定义的接触，示例如图4.4-5中快速查找没有接触的体【Bodies Without Contacts in Tree】，没有接触的零件【Parts Without Contacts in Tree】。

　　其他常用命令如【Rename Based on Definition】可以快速对接触对命名。【Manual Contact Region】用于手工创建接触对。

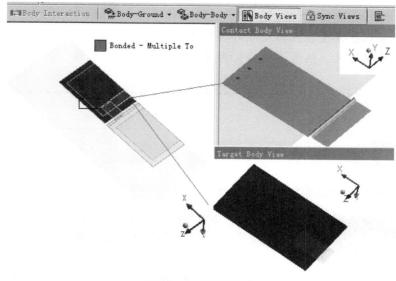

图4.4-4　显示接触对

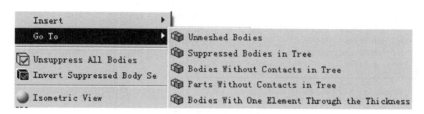

图4.4-5　快速显示接触对

4.4.4　点焊连接

正如接触连接于实体装配一样，点焊【Spot Weld】在离散点处连接独立面体装配模型。结构载荷通过点焊连接从一个面体传递到另一个面体。

焊点提供了一种在不连续位置处刚性连接壳体装配的方式，可模拟焊接、铆接、螺栓连接等。

● 通常点焊在CAD系统中（DM与NX）创建并自动传递到结构分析中。焊点在几何模型中成为硬点，硬点是网格划分中用梁单元连接在一起的几何中的点。

● 焊点也可以在结构分析中生成，但是只能在不连续的点处生成。创建的点焊对象位于导航栏的【Connections】下面（参见图4.4-6）。

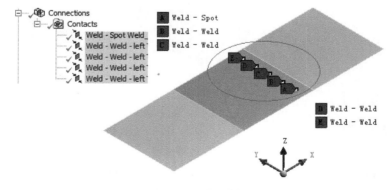

图4.4-6　点焊接触

💿 **提示**

　　点焊连接无法阻止发生在点焊处以外区域的面体穿透行为。点焊连接仅在实体、面体及线体零件之间传递结构载荷、热载荷及其结构效应，因此适用于位移、应力、弹性应变热及频率求解。

4.4.5　接触工作表

接触工作表汇总各种接触及点焊连接定义如图4.4-7。

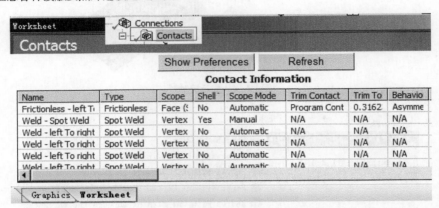

图4.4-7　接触工作表

4.4.6　分析模型算例——点焊连接不锈钢板的非线性静力分析

以下建立薄板点焊连接模型并进行结构非线性静力分析，薄板为面体，采用壳单元进行网格划分，DM中创建焊点，点焊连接为刚性梁单元Beam188。

4.4.6.1　问题描述及分析

两块薄板尺寸均为80mm×40mm×1mm，二者重叠尺寸为40mm，薄板一端固定，另一薄板的另一端施加拉伸位移1mm，两块板之间点焊连接，点焊高度0.5mm，位置可自定，这里给定距离边缘5mm的5个焊点（参见图4.4-8）。

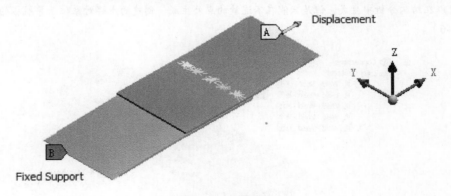

图4.4-8　分析模型

薄板为不锈钢，弹塑性材料模型为双线性各项同性硬化模型，弹性模量为193GPa，泊松比为0.3，屈服强度为210MPa，切线模量为1.8GPa。目的在于使读者学习使用接触关系的建立及进行结构非线性静力分析。

4.4.6.2　点焊连接模型的数值模拟过程

1．运行

程序→【ANSYS15.0】→【Workbench 15.0】，进入Workbench数值模拟平台，鼠标左键点击OK按钮关闭欢迎窗口。

2．添加静力分析模块及选择材料

步骤操作如图4.4-9所示。

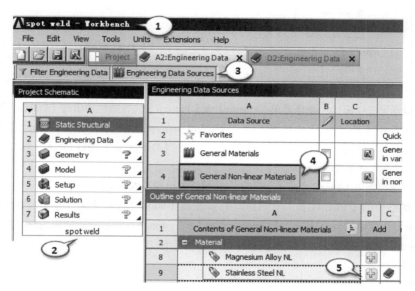

图4.4-9　添加静力分析模块及选择材料

（1）WB中点击【Save】按钮，保存项目文件名称为spot weld.wbpj。

（2）【Workbench】设置静力分析系统：工具箱中将静力分析系统【Static Structural】拖入到【Project Schematic】，键入分析系统名称spot weld。

（3）双击静力分析A2单元格【Engineering Data】，进入工程数据管理窗口，选择工程数据源标签【Engineering Data Sources】，这里是ANSYS自带的材料数据库。

（4）选择非线性材料库【General Non-linear Materials】

（5）非线性材料库中选择非线性不锈钢材料【Stainless Steel NL】，这里点击+号，会出现一本书 ，将材料加入到当前的分析数据库中。选择【Project】标签返回WB窗口。

3．WB分析系统A中用鼠标左键双击几何【Geometry】单元格。进入DM，设置尺寸的显示单位为mm，菜单中选择【Units】-【Millimeter】。

4．创建几何模型

步骤操作如图4.4-10～图4.4-11所示。

（1）导航树中选【XYPlane】工作平面，工具栏点击新草图按钮 创建新草图【Sketch1】。

（2）选择【Sketching】标签；选择【Draw】下面的画矩形命令【Rectangle】，草图中拖拉鼠标画矩形。选择尺寸标注【Dimensions】，图形区分别点击水平线拖放鼠标显示水平尺寸，显示为H1；同样点击垂直线拖放鼠标显示垂直尺寸，显示为V2。明细窗口中设置尺寸：【Details View】→【Dimensions】→【H1】=80mm，【V2】=40mm。

（3）根据草图创建第一个面体：选择菜单【Concept】→【Surface From Sketches】

（4）编辑导航栏中的【SurfaceSk1】，明细窗口中的【Base Objects】中选择草图【Sketch1】，并冰冻面体，【Operation】=Add Frozen。

（5）工具栏中点击【Generate】生成面体。

（6）图形区显示创建的第一个面体。

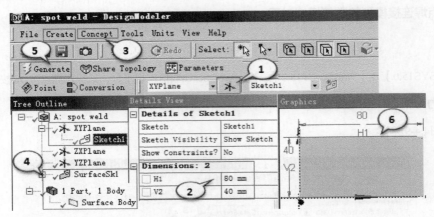

图4.4-10　创建第一个面体

（7）阵列操作得到第二个面体：选择菜单【Create】→【Pattern】，导航栏中出现【Pattern1】。

（8）编辑导航栏中的【Pattern1】，明细窗口中的【Pattern type】=linear，【Geometry】中选择已有的面体，点击Apply，图形区选择X方向的边线来设置阵列方向，确定后，【Direction】=2D Edge，【FD1，Offset】=40mm，【FD3，Copies】=1，工具栏中点击【Generate】生成第二个面体。

（9）创建焊点：选择菜单【Create】→【Point】，导航栏中出现【Point1】。

（10）编辑导航栏中的【Point1】，明细窗口的基准面【Base Faces】为图形区中的第一个面体，引导边【Guide Edges】为第一个面体的重叠边线，【Guide Edges】=1，40mm；设置5mm间隔的5个焊点：【FD1，Sigma】=5mm，【FD2，Edge offset】=5mm，【FD3，Omega】=5mm，【FD5】=5，【FD6，Range】=5mm，工具栏中点击【Generate】生成5个焊点。

（11）图形区显示2个面体及5个焊点。

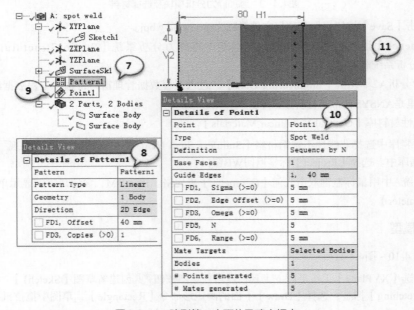

图4.4-11　阵列第二个面体及建立焊点

5．切换回WB项目流程窗口，双击【Setup】单元格，进入【Mechanical】分析环境。

6．静力分析中分配材料及接触类型

步骤操作如图4.4-12所示。

（1）分配材料：导航栏中选择面体重新命名为left与right，选择【left】。

（2）明细窗口中设置：壳单元厚度【Thickness】=1mm，壳单元偏移1mm，【Offset Type】=User Defined，

【Membrane offset】=1mm；不锈钢非线性材料【Material】-【Assignment】=Stainless Steel NL；同样设置面体【right】，壳单元偏移到底面【Offset Type】=Bottom，其他相同。

（3）接触已经自动识别，需要修改面体之间的接触，点焊连接无须修改。导航树中选择【Connections】-【Contacts】下面的第一个面面接触对。

（4）设置无摩擦接触：明细窗口设置壳单元的顶面与底面配对接触【Contact Shell Face】=Top，【Target Shell Face】=bottom；无摩擦接触类型【Type】=Frictionless

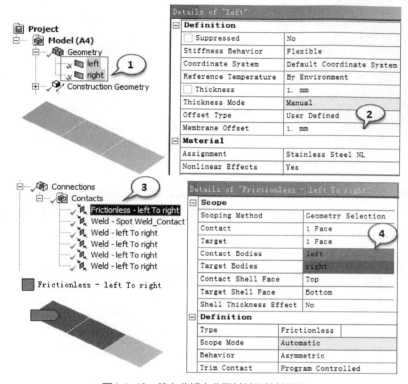

图4.4-12 静力分析中分配材料及接触类型

💡 提示 -

这里要注意壳单元厚度的影响，程序默认是中面对齐，而实际焊点是在上下钢板的中间，因此几何模型中设置壳单元的偏移量与实际一致。二者接触行为假设允许自由滑移，设置为无摩擦接触行为，这将产生接触非线性计算。

7. 网格划分

步骤操作如图4.4-13所示。

（1）导航栏选择【Mesh】。

（2）明细窗口中设置单元大小为1mm，【Element Size】=1mm。

（3）右击鼠标，选【Generate Mesh】生成网格，图形区显示单元网格，明细窗口统计单元数量与质量，平均质量为0.956。

8. 施加约束

步骤操作如图4.4-14所示。

（1）插入固定约束：导航树中选择【Static Structural（A5）】。

（2）工具栏中选【Supports】→【Fixed Supported】，这将限制所有自由度。

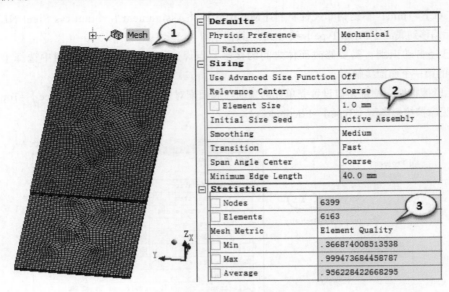

图4.4-13　网格划分

（3）图形区选择左侧面体第1条边（图中A），点击Apply确认，【Geometry】=1 Edge。

（4）图形区选择右侧面体端部边（图中B），插入位移约束：工具栏中选【Supports】-【Displacement】。

（5）明细窗口中设置：【Definition】-【X Component】=1mm；【Y Component】=Free，【Z Component】=Free。

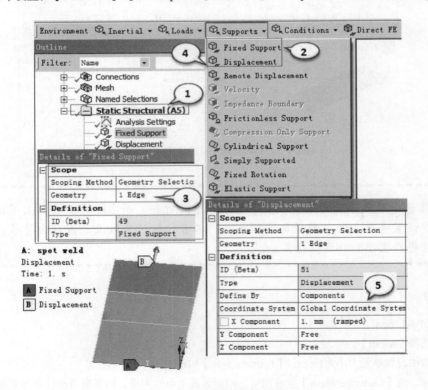

图4.4-14　施加固定约束及位移

9. 分析设置

步骤操作如图4.4-15所示。

（1）导航树中选择【Static Structural（A5）】-【Analysis Settings】。

（2）明细窗口中设置步长控制：【Auto Time Stepping】=on，【Define By】=Substeps，【Initial Substeps】=10，

【Minimum Substeps】=10，【Maximum Substeps】=100。求解控制：关闭弱弹簧【Weak Springs】=off，激活几何大变形【Large Deflection】=on。

（3）为了得到更多的输出结果，输出控制可以打开所有开关，【Nodal Forces】=Yes，【Contact Miscellaneous】=Yes，【General Miscellaneous】=Yes。

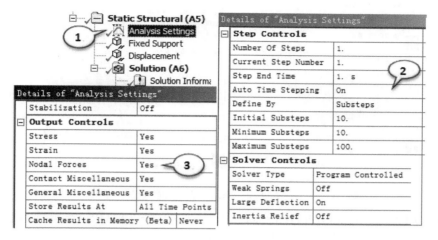

图4.4-15　分析设置

 提示 --

分析设置主要基于材料非线性、接触非线性、几何非线性计算。

10. 添加需要的结果并求解

步骤操作如图4.4-16所示。

（1）导航栏中选【Solution（A6）】。

（2）求解工具栏中添加总变形结果，选择【Deformation】-【Total】。

（3）求解工具栏中添加等效应力【Stress】-【Equivalent (von-Mises)】。

（4）同样插入接触反力结果，工具栏中添加【Probe】-【Force Reaction】，明细窗口设置定位方式按照接触区域【Location Method】=Contact Region；选择无摩擦接触区域【Contact Region】=Frictionless-left to right。

（5）将A5下面的【Fixed Support】、【Displacement】直接拖入到A6下面可得到约束反力；工具栏中插入接触工具【Tools】-【Contact Tool】依次插入需要的接触状态【Status】、接触压力【Pressure】、接触摩擦应力【Frictional Stress】。工具栏中点击【Solve】求解计算完成后A6下面出现绿勾。

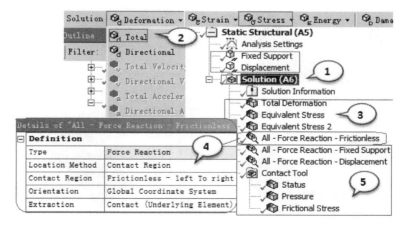

图4.4-16　添加结果求解

11. 查看变形、等效应力及反力结果

（1）导航栏总变形【Total Deformation】，右侧钢板翘起最大变形为9.7mm；等效应力【Equivalent (von-Mises) 最大为474MPa，中间整体超过210MPa，进入塑形变形（图4.4-17）。

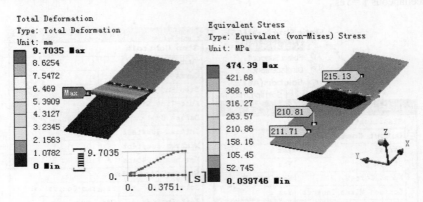

图4.4-17　点焊连接结构变形（图左）及等效应力（图右）

（2）约束端反力【All-Force Reaction-Fixed Support】，主要为X方向力8433N；位移端反力【All-Force Reaction-Displacement】，X方向力为8433N；满足力平衡条件（图4.4-18）。

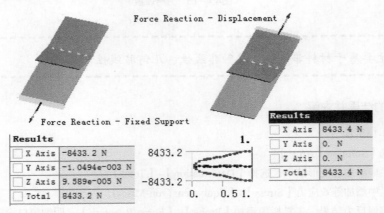

图4.4-18　约束约束反力（图左）与位移约束反力（图右）

（3）【Contact Tool】下面查看接触结果：接触状态【Status】，没有接触摩擦应力【Frictional Stress】，有接触压力【Pressure】（图4.4-19）。说明点焊连接的力通过接触压力传递。

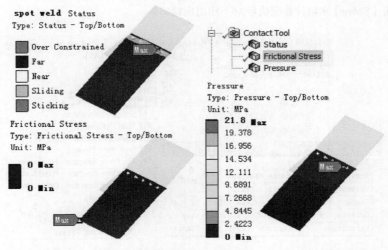

图4.4-19　连接结构的接触状态（左上）、摩擦应力（左下）及接触压力（右）

4.4.6.3 结果分析及讨论

从前面的分析结果可以看到，载荷是通过点焊连接进行传递的，而且钢板已经进入塑性区，所以不锈钢板中间部分的应力超过210MPa后上升缓慢。约束反力与位移约束处力相等，代表模型处于力平衡状态，而接触压力的存在表明点焊连接的有效性。

图形区再选择固定约束的不锈钢板，导航栏中选【Solution（A6）】，工具栏中添加等效应力【Stress】-【Equivalent (von-Mises)及总应变【Strain】-【Equivalent Total】，右击鼠标，快捷菜单中选评估所有结果【Evaluate All Results】，导出结果后分别查看，如图4.4-20所示。为了方便显示，等效应力的图例显示范围中，选从上往下的第二个显示值，输入屈服应力值210MPa，这样图形区的红色区域代表210MPa~458MPa的变化范围。

图4.4-20（左）表明钢板中间大部分区域的等效应力已经超过屈服应力，进入塑性变化范围；图4.4-20（右）表明最大等效总应变出现在点焊处，最大值达到14.4%。

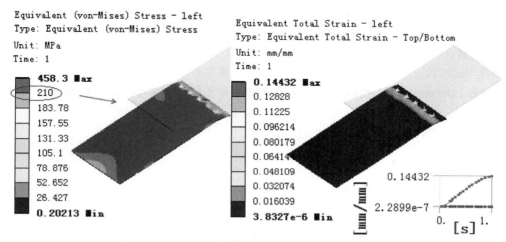

图4.4-20 左侧钢板的等效应力（图左）及总应变（图右）

同前面操作一样，查看接触面处的接触反力及点焊节点反力如图4.4-21，可以看到二者的差值为：接触反力与节点反力的合力等于施加的外力，即-8444+11=-8433N，表示点焊连接处传递的力等于施加的外力。

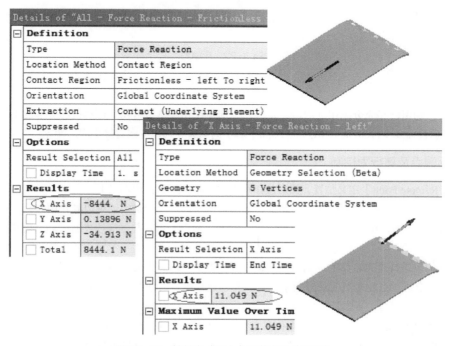

图4.4-21 接触力（图上）及节点力（图下）

4.4.7.1 远端边界条件概述

远端边界条件表示作用点并不在载荷作用范围内，而是在远端的位置。远端边界条件可以利用远程点的功能，用一个远程点定义的这些对象被视为远端边界条件，该远程点不直接应用到的节点或模型的顶点。

程序默认可以设置远端边界条件：远端力、远端位移、点质量、热点质量、关节连接、弹簧连接、轴承连接、梁连接及力矩。

当然也可以直接应用到单个节点或顶点的边界条件；这时不作为远端边界条件处理，如点质量、弹簧和关节连接。其明细窗口中可以直接设置【Applied By】=Direct Attachment，因此不提供某些属性，如弹球区或算法；程序默认是远端边界条件，即【Applied By】=Remote Attachment，二者可以进行切换设置。

远端边界条件具有以下特点。

远端边界使用MPC约束方程，将载荷/约束与作用位置连接起来（参见图4.4-22）。几何行为可以设置为刚性【Rigid】或可变形【Deformable】，附加的高级选项可以控制弹球区【Pinball Region】，但大量的远端约束条件会消耗很大的求解时间。

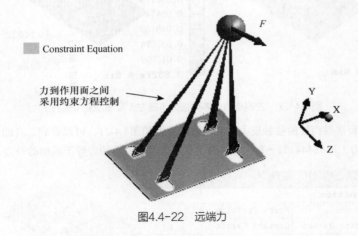

图4.4-22 远端力

建议检查反力，确保已经充分应用远端边界条件，特别是在几何模型给几个远端边界共享的条件下。一旦创建了远端边界条件，可通过命令【Promote to Remote Point】基于远端边界选择范围直接生成远端点。

4.4.7.2 远端点及其行为控制

先用远端点【Remote Point】定义位置，然后使用远端边界条件施加在远端点上。

也可以定义远端边界时自动创建远端点，局部坐标或整体坐标可用于确定远端边界作用的原点，也可以通过选择几何确定远端作用点；右击鼠标选【Promote to Remote Point】命令，可将与远端边界有关的点创建为一个独立的远端点，参见图4.4-23。

由于每个远端约束条件定义自己的远端点与约束方程，多个远端约束会阻碍求解时间，此时采用多个远端约束共享一个远端位置，一个远端点用于所有的约束条件。事先创建远端点时应注意，明细窗口中每个远端点应包含同样的设置。

下面的例子表示刚性/变形选项行为，远端位移定义在黄色面上，约束平面外的Z方向位移，释放其他自由度。注意到可变形行为中圆截面变为椭圆形的，而刚性行为的截面仍然为圆形，如图4.4-24所示。

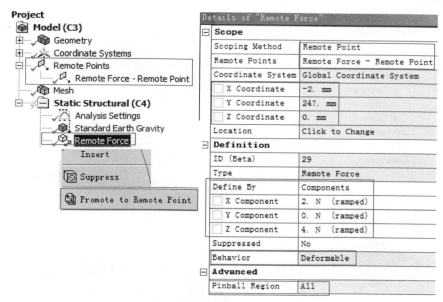

图4.4-23　远端力的作用位置及行为控制

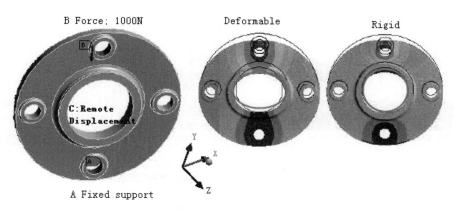

图4.4-24　远端位移刚性行为与变形行为

4.4.7.3　弹球区控制

前面提到，大量的约束方程会增加计算时间或导致过约束，设置弹球区域【Pinball Region】可以限制约束方程的数量并且控制约束方程的位置。

程序的默认设置为【Pinball Region】=all，表示无弹球区。如果输入定值，则显示一个小球，只有该作用域内的零件被弹球穿透并定义约束方程，示例如图4.4-25。

4.4.7.4　显示FE连接选项

由远端边界条件创建的约束方程可以以图形方式显示，设置选项【FE Connection Visibility】=Yes，并点击【Graphics】标签，参见图4.4-26。显示选项如下。

● 默认选项为可见【Activate Visibility】=Yes，如果是大模型或不查看FE连接关系，可以设置为NO。

● 可以显示所有连接关系【Display】=All FE Connectors，或通过类型进行过滤，显示选项中除了约束方程【CE Based】外，还有【Beam Based】基于梁的连接关系用于定义点焊，弱弹簧【Weak Springs】用于欠约束的模型。

● 绘制连接到节点上：【Draw Connections Attached To】=All Nodes。

● 将连接关系显示在结果图中【Visible on Results】=Yes。

● 控制外观选项：比如颜色【Line Color】，线厚度【Line Thickness】，显示类型【Display Type】等。

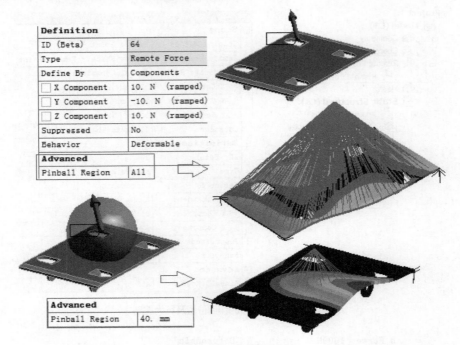

图4.4-25　弹球区控制

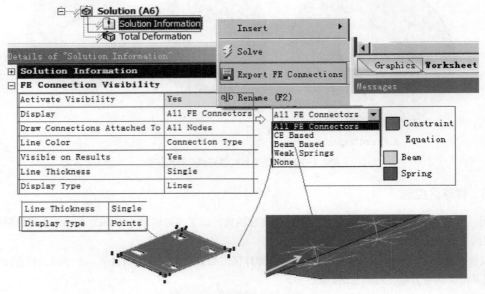

图4.4-26　设置显示FE连接关系

求解信息中，右击鼠标，快捷菜单中选【Export FE Connections】可将连接关系导出，当前的可视化设置控制导出的内容，生成的文本文件为ANSYS MAPDL命令语言格式，包含所有约束方程。

4.4.8　远端边界分析模型算例——千斤顶底座承载模拟

本例通过千斤顶底座承载模拟，学习使用远端边界条件的方法。

4.4.8.1　问题描述及分析

本例分析千斤顶底座，材料为结构钢。假设不考虑千斤顶上的机械，不包括附加零件，仅考虑千斤顶底座。车身的重量用点质量模拟，千斤顶承受侧向载荷，使用远端力模拟侧向力。

由于不考虑整个装配体，需要知道千斤顶与车体接触的位置，假设该位置位于千斤顶顶部中心（-2，247，0），参见图4.4-27。

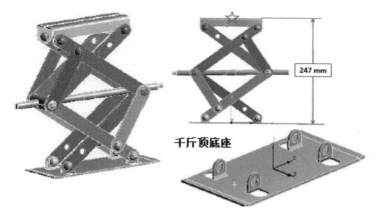

图4.4-27 分析模型

4.4.8.2 千斤顶底座承载数值模拟过程

1. 打开Workbench，菜单栏中选单位【Units】，设置单位为"Metric（kg, mm, s, C, mA, mV）"，激活"Display Values in Project Units"。

2. 从工具箱中拖入结构静力分析系统【Static Structural】到工程流程图中，结构静力分析命名为Remote BC for Jack Base，并保存在Base.wbpj文件中。

3. 建立模型

步骤操作如图4.4-28所示。

（1）项目流程图中调入FE Modeler：将组件【Finite Element Modeler】从【Component System】中拖入到项目流程图中。

（2）然后导入网格文件Jack-Base.mechdat：【Finite ElementModeler】模块上右击鼠标，选择添加网格文件【Add Input Mesh】-【Browse】查找文件Jack-Base.mechdat并导入。

（3）然后点击【Update】更新模型。

（4）【Finite ElementModeler】模块上右击鼠标，快捷菜单中选【Transfer Data to New】=Static Structural连接到结构静力分析，并将FE Modeler中的【Model】拖入到静力分析中的【Model】单元格B2。

（5）双击【Model】单元格B2，进入【Mechanical】程序，可以看到导入的网格模型。

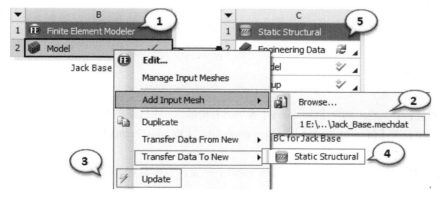

图4.4-28 导入网格模型

4. 进入【Mechanical】程序，设置单位"Metric（mm, kg, s, mV, mA）"，创建远端点。

步骤操作如图4.4-29所示。

💡提示 --

【Mechanical】分析环境中，注意模型只有千斤顶的底座，由于采用的远端条件及点质量在相同的位置，明智的做法是采用远端点作为参考点（采用远端点意味着相同的位置有多个条件，比如点质量、远端载荷等，所有的条件参考一个位置，就可以避免复制多个约束方程）。

（1）导航树中选【Model】。

（2）工具栏中选择，插入远端点命令【Remote Point】。

（3）导航栏中出现远端点对象。

（4）图形区选择铰接孔处的40个圆柱面。

（5）在远端点明细窗口中【Geometry】处点击Apply按钮，确认所选择的面。

（6）明细窗口输入坐标位置（-2，247，0）（该位置为提升重物车体接触处）。

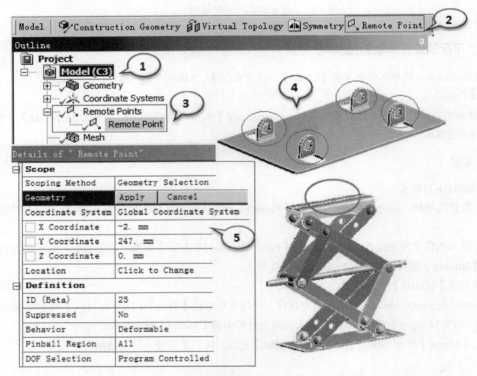

图4.4-29　创建远端点

5. 插入点质量与远端力

步骤操作如图4.4-30所示。

（1）插入点质量：导航栏中选择【Geometry】分支，右击鼠标，快捷菜单中选【Insert】-【Point Mass】。

（2）明细窗口中设置【Scoping Method】=Remote Point，【Remote Points】=Remote Point，输入质量【Mass】=350kg。

（3）插入远端力：导航栏中选【Static Structural】分支，右击鼠标，快捷菜单中点击【Insert】-【Remote Force】。

（4）明细窗口中【Scoping Method】=Remote Point，【Remote Points】=Remote Point，输入力值【X Component】=2N，【Y Component】=0N，【Z Component】=4N。

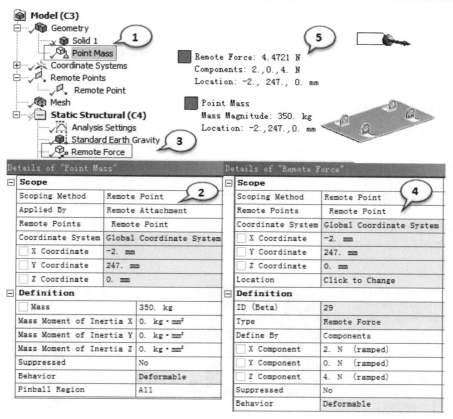

图4.4-30　插入点质量与远端力

6. 施加约束及载荷

步骤操作如图4.4-31所示。

（1）施加重力加速度：导航栏中选【Static Structural】分支，右击鼠标，快捷菜单中点击【Insert】-【Standard Earth Gravity】。

（2）明细窗口中设置【Direction】=-Y Direction。

（3）底面固定：导航栏中选【Static Structural】分支，右击鼠标，快捷菜单中点击【Insert】-【Fixed Support】。

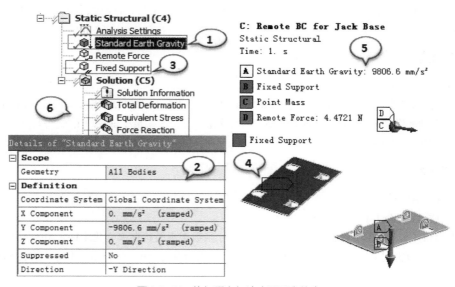

图4.4-31　施加重力加速度及固定约束

（4）图形区选择底面，明细窗口中【Geometry】处点击Apply确认。

（5）导航栏中选【Static Structural】分支，图形区可看到所有设置。

（6）导航栏中选【Solution】分支，工具栏中选择需要的结果命令，这里添加总变形【Total Deformation】、等效应力【Equivalent Stress】及约束反力【Force Reaction】。

> 💿 提示 ------------------------------------
>
> 这里是用快捷菜单插入命令，也可以使用工具栏中对应的命令；选择对象方式这里是先加入命令再选择对象确认，也可以先选对象，再插入命令。

7. 显示结果：求解结束后，查看变形及等效应力结果

工具栏点击求解命令【Solve】，求解结束后，导航栏中选总变形【Total Deformation】、等效应力【Equivalent Stress】查看结果如图4.4-32。总变形最大值0.0092mm出现在突耳边缘，等效应力最大值49MPa出现在突耳与底板连接处。

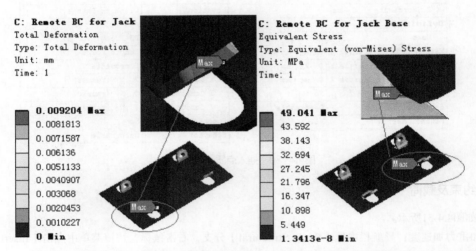

图4.4-32　千斤顶底座总变形（图左）及等效应力分布（图右）

4.4.8.3　结果分析及讨论

经过前面的分析，已经得到了初步结果，但能否直接用该结果下结论呢？目前还不知道，我们需要知道计算结果是否收敛。

1. 检查网格质量

步骤操作如图4.4-33所示。

导航栏中选择【Mesh】，在明细窗口的【Statistics】中看到程序自动划分网格的结果。设置【Mesh Metric】=Element Quality，看到平均质量为0.64，表示原模型的网格质量不好，尤其是小过渡圆角处，可在图形区放大显示狭条处的四面体单元并不均匀，如图4.4-33。

2. 细化网格重新计算

步骤操作如图4.4-34所示。

（1）导航栏中选择【Mesh】。

（2）在明细窗口【Sizing】中设置单元大小：高级尺寸函数考虑结构曲率变化【Use Advanced Size Function】=on；Curvature；中等相关度【Relevance Center】=Medium；最大面单元大小为2.4mm；【Max Face Size】=2.4mm，其他选项默认。

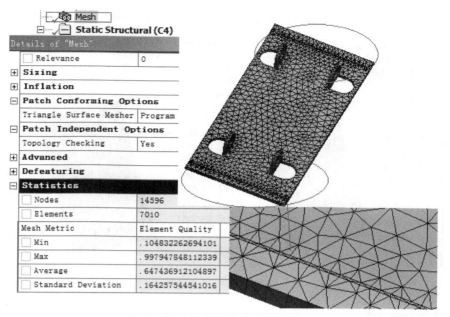

图4.4-33 查看千斤顶底座的默认网格

（3）【Mesh】工具栏中选更新网格【Update】，【Statistics】中看到更新网格的结果，节点数增加到7.3万，平均质量提升为0.79。

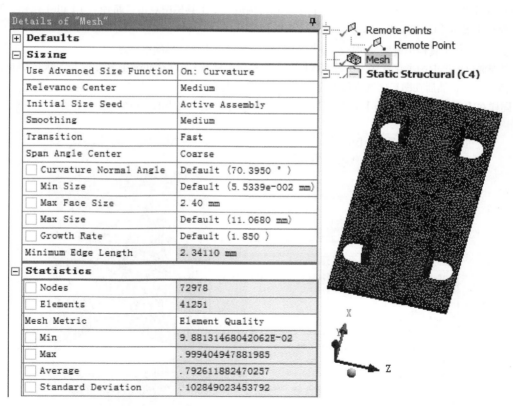

图4.4-34 千斤顶底座的网格细化

3. 重新求解，查看变形及等效应力结果

步骤操作如图4.4-35所示。

工具栏点击求解命令【Solve】，重新求解结束后，导航栏中选总变形【Total Deformation】，等效应力【Equivalent

Stress】查看结果。突耳边缘总变形最大值0.010801mm，增幅17%，突耳与底板连接处等效应力最大值72MPa，增幅47%。

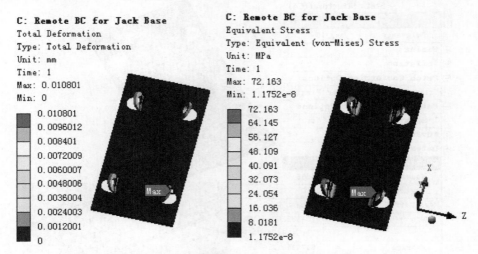

图4.4-35　千斤顶底座总变形（左）及等效应力分布（右）

4．利用网格节点定义路径

步骤操作如图4.4-36所示。

（1）导航栏中点击【Model】，模型工具栏中选择"构造几何"【Construction Geometry】，选择完成后，该选项为灰色。再选择导航栏中【Construction Geometry】，几何构造命令工具栏中点击"路径"【Path】按钮，则将新建一条路径，导航栏中显示【Construction Geometry】-【Path】。

（2）设置路径：工具栏中设置为网格选择模式 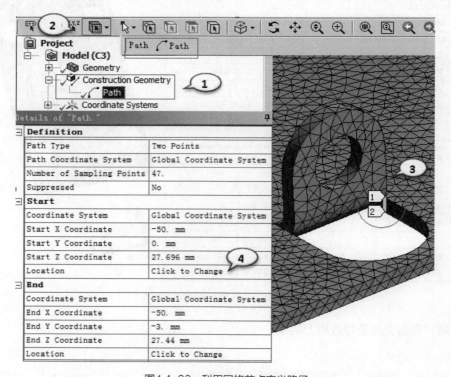 ，这可以直接选择网格节点。

（3）明细窗口中选取两个点连接为一条直线路径，这里在【Start】-【Location】旁边的【Click to Change】单元格处，用鼠标点击一下，然后在图形区选取最大应力处的节点作为起点1。

（4）同样在【End】-【Location】旁边的【Click to Change】处定义终点2，图形区显示路径穿过底板。

图4.4-36　利用网格节点定义路径

5. 根据路径显示线性化等效应力

步骤操作如图4.4-37所示。

（1）导航栏中选【Solution】。

（2）求解工具栏中添加"线性化等效应力"，选择【Linearized Stress】-【Equivalent（von-Mises）】。

（3）导航栏中选【Linearized Equivalent Stress】。

（4）明细窗口中设置按路径显示：【Scoping Method】=Path，【Path】=Path，【Type】=Linearized Equivalent Stress，其余默认。右击鼠标选【Rename Based on Definition】则导航栏中更改显示名称为【Linearized Equivalent Stress-Path】，工具栏中点击【Solve】更新求解结果。

（5）计算完成后，导航栏中选【Linearized Equivalent Stress-Path】，图形区显示沿路径变化的等效应力。图形区下方给出等效应力沿路径线性化的曲线及数据列表，明细窗口也显示线性化等效应力，包括薄膜应力41.5MPa，薄膜+弯曲应力72.5MPa。

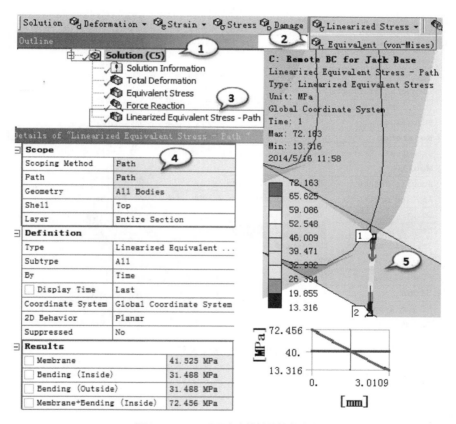

图4.4-37　千斤顶底座线性化等效应力

至此，我们看到应力最大点处并没有出现峰值应力，因此该数值可以参与静强度应力评定。

4.4.9　关节连接

4.4.9.1　关节特征

关节【Joint】用于模拟几何体中两点之间的连接关系，每个点有六个自由度，两点间的相对运动由六个相对自由度描述。根据不同的应用场合，可在关节连接上施加合适的运动约束。

结构分析中当模拟体之间的接触及体到地的约束关系时，可以采用关节特征代替接触关系。关节可以归类为远端边界条件。结构分析中，刚体动力分析、静力分析、模态、谐响应、响应谱、随机振动及瞬态分析都支持关节连接。

● 刚体分析中，关节的使用很广，关节不受体类型的限制；关节也可用于柔体或混合刚/柔模型中。

● 根据自由度定义关节，自由度与定义的坐标系有关，比如X方向的平动及绕Z轴的转动是指定义坐标系上的。

● 关节是通过指定零件表面的定义域附加到体上的，就像接触一样；接触对可以指定为接触【Contact】与目标【Target】，而关节使用参考【Reference】与移动【Mobile】来描述关节的每个边。体对地的关节连接，则假设地为参考。

如图4.4-38中设置的转动关节，RZ是绕Z轴的转动是自由的，其他灰色的自由度为约束，参考坐标系设置为关节的原点，这是关节的作用线。

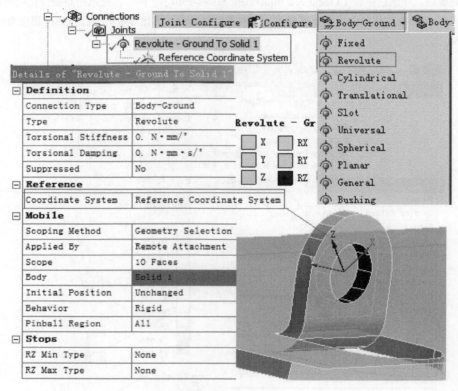

图4.4-38 转动关节

4.4.9.2 定义关节

1. 关节类型

结构分析中有10种关节类型（表4.4-3），可以设置为体-体或体-地，注意【Reference】与【Mobile】的颜色不同。图例显示关节行为与参考坐标系有关，有颜色的自由度为自由，灰色自由度为固定。

表4.4-3 关节类型

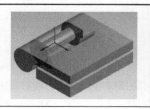	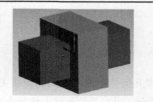	平动关节（约束UY, UZ, ROTX, ROTY, ROTZ）	
转动关节（约束UX, UY, UZ, ROTX, ROTY）	柱关节（约束UX, UY, ROTX, ROTY）	平动关节（约束UY, UZ, ROTX, ROTY, ROTZ）	槽关节（约束UY, UZ）

万向节（约束UX, UY, UZ, ROTY）	球关节（约束UX, UY, UZ）	平面关节（约束UZ, ROTX, ROTY）	衬套关节（无约束）
固定关节（约束所有自由度）	通用关节（自由度约束分为：固定所有；放松X；放松Y；放松Z；放松所有）		

关节类型根据放松/固定转动/平移自由度来定义。关节自由度特性根据选择求解器的不同而有差异，对于ANSYS刚体动力求解器，关节自由度是零件之间的相对运动，默认初始速度为零，零件之间无相对速度。对于ANSYS结构求解器而言，自由度是实体质心的位置和方向，默认初始速度为零，但所有实体为静止状态。

例如：平面内的双钟摆，第一个接地连杆匀速转动，刚体动力求解环境中，第二个连杆有同样的转速，二者的相对转速为零，而结构分析环境中，第二个连杆初值则为静止。

对于转动关节与圆柱关节可以设置扭转刚度或阻尼。

（1）抗扭刚度【Torsional Stiffness】：测量轴对扭力的阻力，只能对柱关节和转动关节添加扭转刚度。

（2）扭转阻尼【Torsional Damping】：测量对轴或沿转轴体产生角振动的抗力，只能对柱关节和转动关节添加扭转阻尼。

2. 关节限位

大多数关节也能使用停止【Stop】及锁定【Lock】对关节运动进行限制，如图4.4-39。关节停止【Stops】和锁定【Locks】是可选的约束，用于限制相对自由度的自由运动，因此关节自由度可以定义运动的最大和最小范围。当关节运动到设置的极限位置时，关节停止会产生冲击，锁定和停止类似，不过锁定停止后将固定在极限位置不再运动。

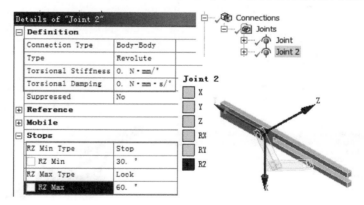

图4.4-39 定义关节

3. 关节行为

行为【Behavior】属性可以指定几何体为刚性体或可变形体。

4. 关节弹球区

如果默认关节位置不合适，弹球区【Pinball Region】可以指定关节所需附加面的区域，默认时，整个面连接到关节上。

💡 提示

    关节弹球区和关节行为设置应用于所代表的柔性体。弹球区适用于关节连接面重叠及其他位移约束导致过约束引起求解失效的情况，也适用于关节连接处有大量节点导致求解内存溢出的情况。

4.4.9.3　设置及修改关节坐标系

关节可以用参考坐标系和运动坐标系描述，双坐标系对于同时考虑结构装配和设置很重要。

1. 对于ANSYS刚体动力求解器，零值自由度对应于参考坐标系与运动坐标系一致，如两个零件之间用双坐标系统定义一个平动关节，两个坐标原点之间的X轴距离为关节的初始自由度值；而假如用一个坐标系定义平动关节，则同样的装配结构，关节自由度的初值为零。

2. 对于ANSYS结构MAPDL求解器，使用单坐标系或双坐标系对结果没有影响，初始构型都对应于零值自由度。

关节的连接类型可以应用到体-体之间【Body-Body】或体-地之间【Body-Ground】，体-体之间需要参考坐标系和运动坐标系，体-地之间假设参考坐标系固定，仅用运动坐标系。默认的运动坐标系与参考坐标系一致，并不显示，如果设置为【Override】也显示运动坐标系，如图4.4-40。

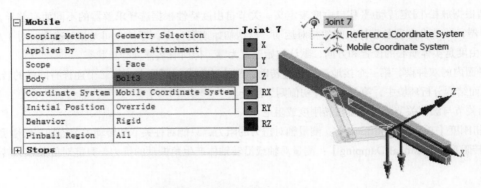

图4.4-40　显示运动坐标系

关节根据关节坐标系而运动，有时需要重新定位坐标系统来纠正关节行为，明细窗口中选【Coordinate System】，在编辑模式下可以修改关节坐标系，编辑模式下点击坐标轴可以选择另外的轴、边、面等建立新的坐标轴方向。

如图4.4-41，平动关节的X轴与运动方向不一致，编辑模式下，选X轴，然后定义整体Y方向作为新的X轴。除了手工修改关节坐标系以外，坐标变换方式也可以修改局部坐标系。

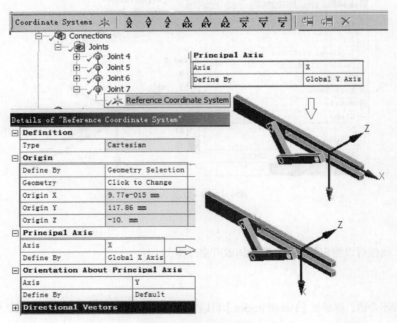

图4.4-41　编辑关节坐标轴

4.4.9.4　配置关节

配置关节可以改变运动坐标系与参考坐标系之间的初始装配关系，选择【Configure】按钮，配置转动关节，配置模式下的转动关节的位置可以通过拖动自由度手柄改变。

关节配置仅用于检测关节运动的效果，关闭配置工具，关节将返回初始位置，如果需要使用，【Set】功能则锁定修改的装配体用于后续分析，【Revert】命令恢复装配体到初始构型。此外手工配置关节输入相关参数也是可以的，如图4.4-42。

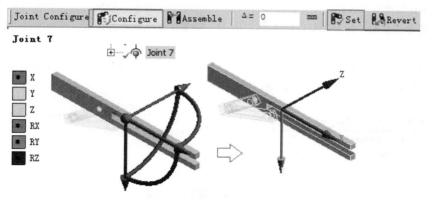

图4.4-42 配置关节

4.4.9.5 应用关节

使用命令【Create Automatic Joints】，可以直接分析装配体并自动生成固定关节和转动关节。也可以手动添加关节如下。

1. 导入模型后，导航树中选【Model】，工具栏中选【Connections】，加入连接关系。
2. 导航树选中【Connections】，工具栏上选择【Body-Groud】或【Body-Body】下面的关节类型。
3. 在新的【Joint】对象中，设置关节要应用的面。
4. 重新定位坐标系原点与方向，工具栏中【Body Views】按钮可以在独立窗口中显示参考体和运动体。
5. 配置关节，工具栏中的配置【Configure】根据关节定义来定位运动体，可以直接在模型中进行关节的交互操作。
6. 考虑关节是否需要重新命名。
7. 显示关节自由度检查【Joint DOF Checker】

步骤操作如图4.4-43所示。

当刚体使用很多关节联接在一起会产生过约束现象，对于ANSYS瞬态结构分析类型，过约束会导致计算结果不收敛或产生错误结果。对刚体动力分析而言，过约束产生不正确的计算力。因此使用关节自由度检查有助于检查过约束的状况。导航树选择【Connections】，工具栏中选择【Worksheet】显示自由度计算结果，计算自由度为负数或零，程序提示可能过约束。

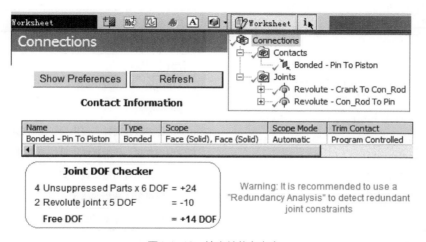

图4.4-43 检查关节自由度

4.4.10 弹簧连接

弹簧【Spring】作为弹性单元用于储存机械能，当载荷去除后恢复原状。弹簧可为纵簧或扭簧，可具有弹簧刚度和阻尼，允许对弹簧施加预载荷。弹簧类型包括体-体，体-地，弹簧的默认状态为自由，接地弹簧可创建一个局部坐标系来控制接地位置。

注意，对柔体分析，弹簧行为为双向拉伸与压缩；对刚体分析，允许弹簧单向拉伸【Tension Only】、单向压缩【Compression Only】或双向拉压【Both】，如图4.4-44。

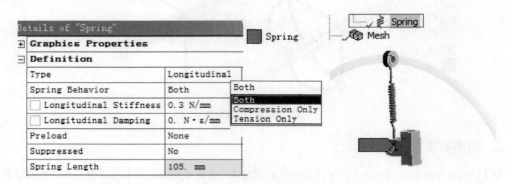

图4.4-44 弹簧设置

弹簧也是一种远端边界条件，许多设置同前面讨论的一样，根据参考位置及运动位置定义弹簧，变形行为为刚性或可变形，定义的弹球区域限制约束方程。

加入弹簧可以在导航树中选择【Connections】，右击鼠标，选【Insert】→【Spring】，弹簧明细如表4.4-4。

表4.4-4   弹簧明细设置

Graphics Properties		图形属性：默认为可见
Visible	Yes	定义弹簧
Definition		
Type	Longitudinal	弹簧类型：纵簧或扭簧
Spring Behavior	Both	弹簧行为：包含拉伸和压缩（线性）
☐ Longitudinal Stiffness	0.3 N/mm	弹簧刚度
☐ Longitudinal Damping	0. N·s/mm	阻尼
Preload	None	预载荷（无）
Suppressed	No	抑制（无）
Spring Length	105. mm	弹簧长度
Scope		弹簧作用域
Scope	Body-Body	作用域：体-地或体-体
Reference		参考坐标系
Scoping Method	Geometry Selection	定位方法：选择几何模型或命名选择
Applied By	Remote Attachment	应用方式：作为远端边界/直接应用
Scope	1 Face	指定作用域：点、线、面
Body	FIXED	作用对象（选择的体）
Coordinate System	Global Coordinate System	坐标系：整体坐标或局部坐标
Reference X Coordinate	-2.6363e-016 mm	X坐标值；
Reference Y Coordinate	75. mm	
Reference Z Coordinate	0. mm	
Reference Location	Click to Change	
Behavior	Rigid	
Pinball Region	All	

续表

Mobile				
Scoping Method	Geometry Selection		Y坐标值;	
			Z坐标值;	
			改变参考坐标的位置	
			行为：连接体是刚体（默认）还是变形体	
			弹球区域：控制弹簧连接点、边及面的范围	
			运动坐标系	
Applied By	Remote Attachment		定位方法：选择几何模型或命名选择	
			应用方式：作为远端边界/直接应用	
Scope	1 Face		指定作用域：点、线、面	
Body	COLLAR		作用对象（选择的体）	
Coordinate System	Global Coordinate System		坐标系：整体坐标或局部坐标	
Mobile X Coordinate	1.5708 mm		X坐标值;	
Mobile Y Coordinate	179.99 mm		Y坐标值;	
Mobile Z Coordinate	−2.4925e−013 mm		Z坐标值;	
Mobile Location	Click to Change		改变参考坐标的位置	
Behavior	Rigid		行为：连接体是刚体（默认）还是变形体	
Pinball Region	All		弹球区域：控制弹簧连接点、边及面的范围	

4.4.11 梁连接

梁【Beam】是主要承受弯曲载荷的结构单元，梁连接也可以是体-体，体-地，常用于模拟各种紧固件（如螺栓）。同弹簧一样，梁也是一种远端边界条件，许多设置同前面的一样，根据参考位置及运动位置定义梁，变形行为为刚性或可变形，定义的弹球区域限制约束方程。

🌐 **注意** -

　　使用梁连接，没有网格，分析结果中不能使用【Beam Tool】，可用梁探测【Beam Probe】得到梁中力和力矩的结果。

插入梁连接的方法如下。

步骤操作如图4.4-45所示。

1. 在导航树中选择【Model】→【Connections】。

2. 【Connections】工具栏中，点击【Body-Ground】→【Beam】或【Body-Body】→【Beam】，则【Connections】中加入圆截面梁。

3. 明细窗口设置梁的材料、梁截面半径、参考点及运动点的位置，梁连接的长度必须大于0，即大于容差1e-8mm。

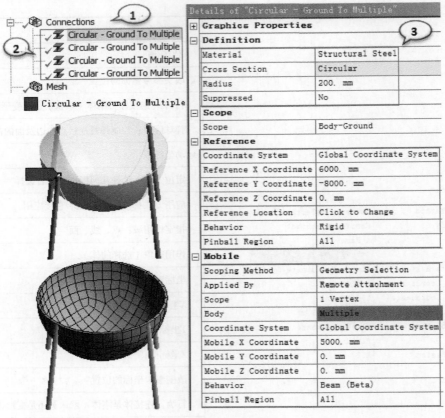

图4.4-45　插入梁连接

4.4.12 端点释放

端点释放【End Releases】功能允许线体之间的共享点释放自由度，在共享点上仅能应用一个端点释放。添加端点释放如下（参见图4.4-46）：

1. 导航树中加入连接关系：选【Model】，右击鼠标，快捷菜单中选【Insert】→【Connections】。

2. 导航树中选【Connections】，右击鼠标，快捷菜单中选【Insert】→【End Release】。

3. 明细窗口中设置：【Scoping Method】=Geometry Selection或Named Selection；分别点取边【Edge Geometry】和点【Vertex Geometry】，点为边的两个端点之一。坐标系【Coordinate System】为整体坐标或局部坐标，自由度为固定【Fixed】或自由【Free】，即释放自由度，连接行为为耦合或通用关节连接，即【Behavior】=Coupled或Joint。

4. 示例中给出垂直梁底部四个端点固定，顶部对两个横梁施加力。由于端点自由度释放，分析结果显示两个横梁的变形而不同，释放端点的横梁变形大。

 提示

端点释放仅用于ANSYS求解器的结构分析，使用其他求解器，可能会导致过约束。

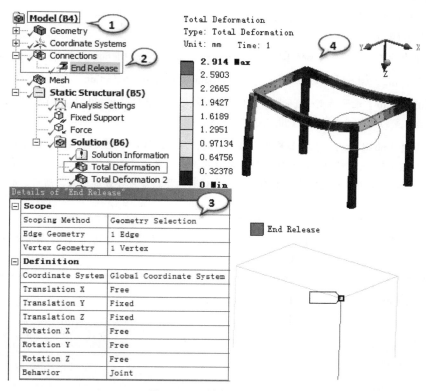

图4.4-46　端点释放示例

4.4.13　轴承连接

轴承连接是用来阻挡旋转机械零件的相对运动和转动的二维弹性元件。轴承对转子动力学分析而言是至关重要的约束条件，为此，良好的轴承设计对于确保高速旋转的机械零件稳定性是极为重要的。

与弹簧类似，轴承有纵向刚度和阻尼的结构特点。除此之外，轴承增强了耦合刚度和阻尼，增加了旋转平面内机械零件的运动阻力。

💡 **提示** --

> 阻尼特征并不用于静力、线性失稳、无阻尼模态及谱分析；所有被约束的分析系统都支持负刚度及阻尼，但要小心使用，需仔细检查结果。该边界条件不能用于端点释放【End Release】的作用顶点上。

1.　应用范围

轴承连接限制使用于单个面、单条边、单个顶点或外部远端点，并且仅支持体-地连接类型。与弹簧类似，有运动位置【Mobile】及参考位置【Reference】，参考位置假设为固定端，运动位置指定到作用对象；但与弹簧不同的是参考位置设置在移动边处，这是因为在一个线性分析过程中二者重合。

2.　使用轴承连接

（1）导航栏中选模型【Model】对象，工具栏中添加连接关系【Connections】，或右击鼠标选【Insert> Connections】。

（2）导航栏中选【Connections】，连接工具栏中添加【Bearing】轴承对象，【Body-Ground】下拉框中选择

【Bearing】，或【Connections】处右击鼠标选【Insert>Bearing】。

（3）明细窗口设置如下：

● 【Reference】中，定义旋转平面属性【Rotation Plane】，包括：None (default)、X-Y Plane、Y-Z Plane、X-Z Plane

● 选择方式【Scoping Method】为Geometry Selection (default)或Named Selection，也可以定义到远端点。

● 连接行为【Behavior】设置为刚性【Rigid】（默认）或可变性【Deformable】。如果轴承连接定义到远端点，则轴承连接假定为远程点的行为，不支持【Coupled】轴承算法。

● 需知道弹球区【Pinball Region】，如果默认位置不对，弹球区域用于定义轴承附加位置到面、边或单个顶点。默认情况下，整个面/边缘/顶点与轴承单元相连。但有时不需要输入弹球区域的值。例如，拓扑结构可能有大量的节点导致求解过程失效，或者，两个轴承之间有重叠面，另一个位移边界条件可导致过约束，随后求解失败。

提示
弹球区域和行为的设置适用于柔体，不适用于轴承连接定义到线体的顶点。轴承连接归类为一个远端边界条件。

图4.4-47所示的示例阐释了定义在圆柱面上的轴承连接的详细设置。

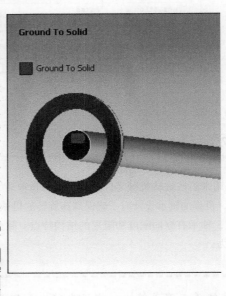

图4.4-47　轴承连接

刚度特性K_{11}、K_{22}、K_{12}、K_{21}和阻尼特性C_{11}、C_{22}、C_{12}和C_{21}用于建模此示例中旋转轴平面中的四个弹簧-阻尼集。

轴承是在垂直于z轴的轴端面上创建的。由于z轴为旋转轴，所以X-Y平面为旋转平面。虽然在此示例中轴承是使用全局坐标系定义的，但也可采用自定义坐标系。

请注意运动端的坐标不能被修改，该位置为只读。为了正确建立轴承连接，移动端的位置必须位于轴的旋转轴上。

4.4.14　坐标系

结构分析中所有的几何对象默认为整体坐标系显示，整体坐标为固定的笛卡尔坐标系（X，Y，Z）。在坐标系

【Coordinate Systems】中指定局部坐标系，可用于弹簧、关节、各种不同的载荷、约束及结果探测。局部坐标系可指定为笛卡尔坐标，圆柱坐标可用于零件、位移及施加在面体上的力。

创建局部坐标系的方式如下，参见图4.4-48。

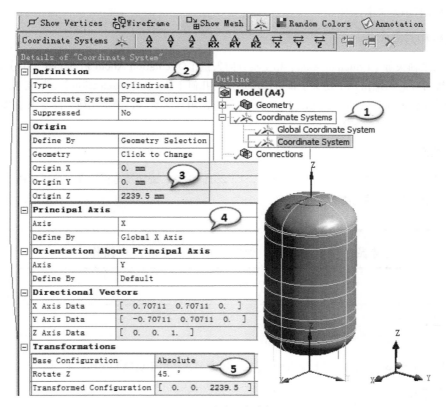

图4.4-48　定义局部坐标系

1. 生成初始坐标系

导航树中选择【Coordinate Systems】，工具栏中选择创建坐标系图标，导航树坐标系下面出现要创建的【Coordinate System】。

2. 定义初始坐标系

明细窗口中定义：坐标系类型【Type】为笛卡尔【Cartesian】或圆柱坐标【Cylindrical】，坐标系由程序控制【Program Controlled】或人工控制【Mannual】，选择程序控制由程序分配坐标系的参考号，人工控制可以指定坐标系的参考号大于或等于12。

3. 建立几何关联坐标系或非几何关联坐标系的原点

几何关联坐标系或非几何关联坐标系：几何关联坐标系保持与面/边的关联，其定位点和方向随几何模型改变，非几何关联坐标系独立于任何几何模型。

建立几何关联坐标系的原点：明细窗口的原点设置【Define By】=Geometry Selection。对于关节上的参考坐标系，用【Orientation About Principal Axis】来关联坐标系，然后选择顶点、边、面等几何对象，在【Geometry】中选【Click to Change】点击【Apply】，图形区出现定义的局部坐标系。

💡 提示 ------------------------------

　　选一个点，坐标原点为顶点；选多个点，原点为多点包围的面积或体积中心；选一个面或一条边，原点为该面或该边的中心；选圆柱，原点为圆柱中心；选圆或圆弧，原点为圆心。

建立非几何关联坐标系的原点：明细窗口的原点设置【Define By】=Global Coordinates，在【Location】中选【Click to Change】，工具栏中选择坐标系按钮 ，在图形区移动鼠标，点击需要的位置，会出现十字叉标记，点击【Apply】，图形区出现定义的局部坐标系，明细窗口中也显示坐标原点对应的坐标值。可以通过改变数值更改原点位置，或者直接输入坐标值定义坐标原点。

4. 设置主轴和方向

坐标系要定义主轴矢量【Principal Axis】和主轴方向矢量【Orientation About Principal Axis】，这两个矢量形成坐标系平面和主轴对齐。明细窗口中定义主轴可以由选定的几何【Geometry Selection】、固定矢量【Fixed Vector】及整体X，Y，Z坐标【Global X，Y，Z Axis】确定，主轴方向由程序默认、选定几何、固定矢量及整体X，Y，Z坐标确定。

5. 使用变换方式

坐标变换可以细调坐标系的位置，选项包括在X，Y，Z方向平移、旋转及坐标反向，可以使用坐标系工具栏中的相应图标 进行。

> 💡 提示 --
>
> 圆柱坐标系不支持显式动力求解器，但可以用于某些后处理操作。

4.4.15 命名选择

命名选择【Named Selection】给一组几何或有限元实体命名，并用于后续的操作。

1. 创建命名选择

创建命名选择可以点击该图标，或鼠标右键选【Named Selection】，或由命名选择工作表获得。命名选择只能由相似的实体构成，如所有的表面或所有边，参见图4.4-49。

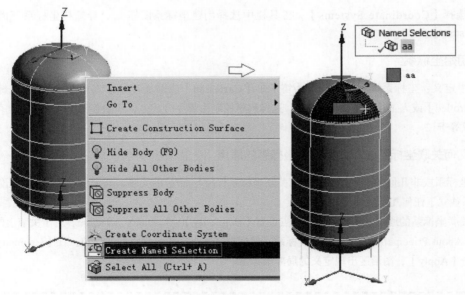

图4.4-49　直接创建命名选择

可以直接选择对象，或通过工作表，利用不同的标准选择对象，对于复杂选择可以设置添加、去除、过滤等进行组合选择，参见图4.4-50。

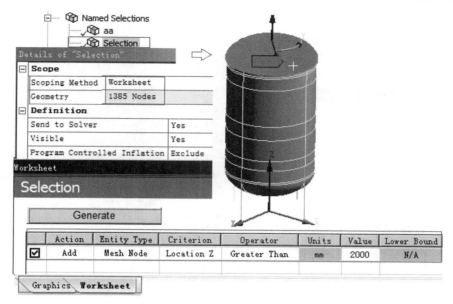

图4.4-50 工作表创建命名选择

2. 使用命名选择

明细视图中将【Scoping Method】中的【Geometry Selection】改为【Named Selection】，下拉框中选择已经定义好的命名选择，参见图4.4-51。

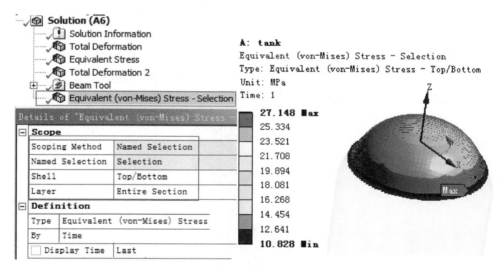

图4.4-51 使用命名选择

命名选择可用于其他的必须选择几何的场合，明细窗口中选【Geometry】，进入点取模式【Apply/Cancel】，下拉列表中选命名选择，选【Select Items in Group】，点击【Apply】。

4.4.16 选择信息

当在图形区进行选择节点、顶点、面时，状态栏会显示基本信息如线长、表面面积等。使用选择信息窗口可以得到附加信息，有三种激活方式：图标，【View > Windows > Selection Information】；双击状态栏选择。

选择信息窗口汇总所有的选择，选择包括顶点、边、面、体、节点、（X, Y, Z）坐标；选择坐标返回最近的节点信息到坐标，参见图4.4-52。

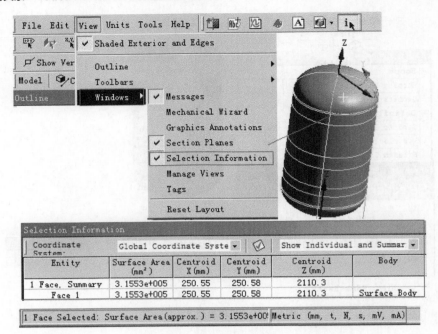

图4.4-52 激活选择信息

4.4.17 关节应用案例——曲轴连杆活塞装配体承压模拟

4.4.17.1 问题描述及分析

如图4.4-53所示，本例在装配体中采用关节连接取代接触连接，关节可以作为接触连接的方便替代品。本例中的装配体有4个零件，正常情况下零件之间为接触连接，这里采用自动关节特征设置连接关系，并在求解前进行修改。

图4.4-53 装配模型

4.4.17.2 曲轴连杆活塞装配体承压数值模拟过程

1. 打开文件

步骤操作如图4.4-54所示。

（1）Workbench，选择【File > Restore Archive...】，打开文件Joint_Connection.wbpz；

（2）设置单位为【Units > "Metric（kg, mm, s, C, mA, mV）"】，激活"Display Values in Project Units"；

（3）结构静力分析系统【Static Structural】命名为Joint；

（4）另存为【File > Save as...】工程名为Joint.wbpj。

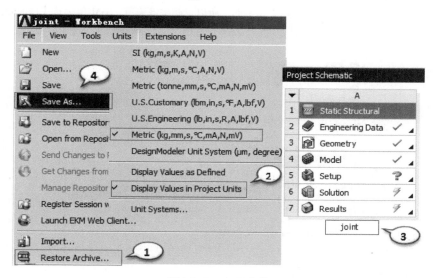

图4.4-54 打开文件

2. 双击【Model】单元格，进入【Mechanical】分析程序，可以看到导入的3D实体模型。设置单位【Units > "Metric（mm, kg, s, mV, mA）"】。

操作如图4.4-55所示。

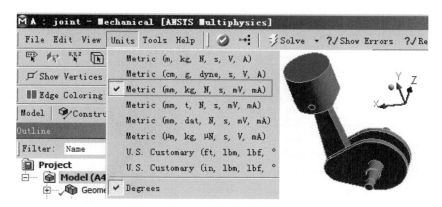

图4.4-55 选择结构分析单位

3. 创建关节连接

步骤操作如图4.4-56～图4.4-58所示。

（1）【Mechanical】分析环境中，导航树中选择【Connections】，注意当前已有活塞与销钉的绑定接触【Bonded-Pin to Piston】。

（2）插入连接组：导航树中选择【Connections】，右击鼠标选【Insert > Connection Group】，连接组的明细窗口设置关节连接类型【Connection Type】=Joints。

（3）导航栏中选【Joints】分支，插入自动连接，右击鼠标选【Create Automatic Connections】。

（4）可以看到生成4个关节，右击鼠标选【Rename Based on Definition】。

（5）程序基于定义自动重命名。

（6）导航栏中选【Joints】分支，图形区显示定义的关节在装配体中的位置及关节坐标。

（7）选曲轴与连杆关节【Crank To Con_Rod】，销与活塞关节【Pin To Piston】，程序已经识别为转动连接，这里保持转动关节。

（8）选连杆与销关节【Con_Rod To Pin】，可修改为固定连接【Type】=Fixed。由于这与绑定接触作用一致，因此可以删除任何一个，这里选择保留绑定接触，删除该关节。同样选连杆与活塞关节【Con-Rod To Piston】，这个程序自动生成的固定关节会阻止连杆的运动，因此是不需要的，所以也删除该关节，右击鼠标选【Delete】。

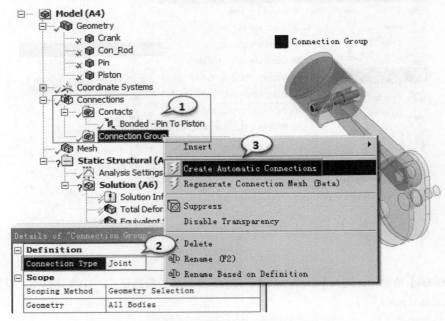

图4.4-56　创建关节自动连接

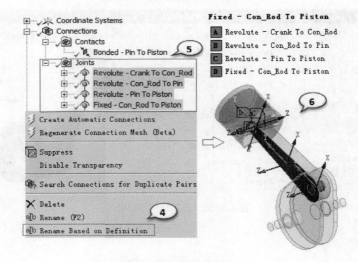

图4.4-57　关节重命名

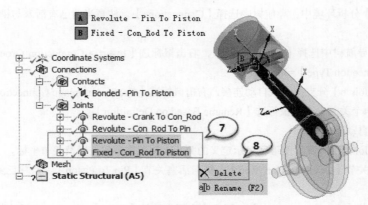

图4.4-58　删除不需要的关节连接

4. 施加约束、载荷及求解

步骤操作如图4.4-59所示。

（1）选择【Static Structural】分支，选曲轴锥形圆柱面，插入固定约束，右击鼠标选【Insert > Fixed Support】，见图形区A处；选另一个曲轴圆柱面，及活塞圆柱面，分别插入无摩擦约束【Insert > Frictionless Support】，见图形区B、D处。

（2）选活塞顶面，施加压力【Insert > Pressure】，明细窗口输入压力值【Magnitude】=0.5MPa，见图形区C处。

（3）【Solution】中插入结果为总变形【Total Deformation】、等效应力【Equivalent Stress】，并将A5中的固定约束【Fixed Support】及曲轴圆柱面上的无摩擦约束【Frictionless Support】拖入到A6得到两个约束反力【Force Reaction】，工具栏中点击【Solve】求解。

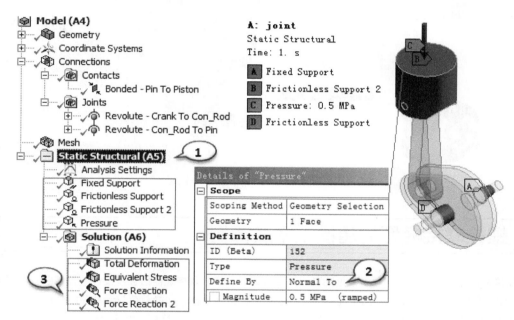

图4.4-59　定义约束及载荷

5. 显示结果

步骤操作如图4.4-60所示。

（1）求解结束后，【Solution】中选总变形【Total Deformation】查看变形（图左上）。

（2）【Solution】中选等效应力【Equivalent Stress】查看等效应力（图右上）分布结果。

（3）【Solution】中选固定约束反力【Force Reaction】，Y方向力值为3956N（图左下）。

（4）【Solution】中选曲轴圆柱面上的无摩擦约束反力【Force Reaction 2】，Y方向力值为970N（图右下）。

4.4.17.3　结果分析及讨论

约束反力结果可以查看载荷是否满足力平衡条件，选活塞顶面，近似面积为9740mm²，Y方向合力约为4870N；查看固定约束上Y方向力值为3956N，圆柱约束上的Y方向力值为970N，二者之和为4926N。

 注意

默认网格将导致结果略有不同，偏差值为56N，约为1%。

图4.4-60　分析结果

4.5　螺栓联接模型的建模技术及算例

螺栓联接是机械设计及工程问题中常见的紧固连接方式。通常，联接螺栓的强度设计与校核中，根据螺栓受到的外载，计算螺栓预紧力，再根据不同的工况下的计算公式进行强度计算，如静载荷与动载荷的分析计算。因此有限元分析方法通过分析螺栓联接的整体装配模型，获得螺栓外载，再通过手工计算进行螺栓设计。

然而螺栓联接的行为是相当复杂的。对于典型的螺栓联接，受制于各种因素的影响，无论从初始预紧到最后的螺栓变化载荷，必须考虑的参数组合相当令人困惑，尤其是还要考虑螺栓联接失效。因此准确地构造螺栓联接特征就更为重要，如考虑螺栓联接装配体的密封设计问题。

基于上述不同的螺栓联接设计需求，有限元分析中对分析模型的处理方式也不同。下面给出分析模型中螺栓联接建模的4种方式的数值模拟过程，并加以讨论。

1. 螺栓不参与建模，零件之间的连接使用绑定接触，无螺栓预紧力。

2. 螺栓联接采用梁单元建模，梁连接无螺栓预紧力，线体模型的梁单元包含螺栓预紧力及法兰连接面之间的摩擦接触。

3. 螺栓联接使用实体单元，但不建模螺纹，包含螺栓预紧力及摩擦接触。

4. 螺栓联接使用实体单元，包含螺纹接触，包含螺栓预紧力及摩擦接触。

其中：由于螺纹建模复杂，鉴于昂贵的计算成本，工程分析中一般做简化处理，ANSYS 15.0新增加了一种构造螺纹接触的处理方式。

4.5.1　问题描述及分析

螺栓联接的一对带颈对焊法兰承受内压为1MPa，远端外载；$Fx=1000N$施加的作用点沿Y方向为$Y=200mm$，对该法兰连接进行结构静力分析。本例目的在于使用不同的建模方式处理具有螺栓联接关系的分析模拟，因此暂不考虑法兰连接组件的强度校核及垫片密封性能。

由于模型及载荷对称，因此分析模型取一半，螺栓连接分别采用3D实体模型及采用体-体梁连接模型，法兰一端接管延伸足够长度（大于$2.5\sqrt{Rt}$），假设支架固定在接管端，不同的处理方式中忽略螺栓预紧力或施加螺栓预紧力25kN，学习设置接触连接、梁连接及分步加载，即先施加螺栓预紧力，然后施加内压及远端载荷，如图4.5-1右为第三种方式的分析模型。

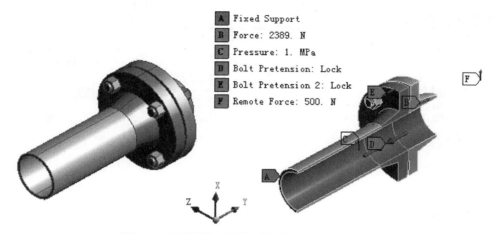

A Fixed Support
B Force: 2389. N
C Pressure: 1. MPa
D Bolt Pretension: Lock
E Bolt Pretension 2: Lock
F Remote Force: 500. N

图4.5-1 法兰连接几何模型（左）及分析模型（右）

4.5.2 无螺栓、绑定接触进行螺栓联接组件分析

无螺栓、绑定接触对于螺栓联接组件的建模而言是最简单的一种方法。其简化方式可以在连接组件的接触面定义绑定接触，该方法求解最快，但这种简化方式，由于绑定整个组件连接面会使结构过于刚性，且无法得到每个螺栓载荷。

如果需要得到螺栓反力，也可以采用更详细的分析，即分别对每个垫片直径作用范围内的接触面定义绑定接触，这样独立的接触面上可以得到螺栓反力，但不能直接得到力矩（需用APDL命令）。以下为数值模拟过程。

4.5.2.1 绑定法兰连接面的数值模拟过程

1. 打开Workbench，菜单栏中选单位【Units】，设置单位为"Metric（kg, mm, s, C, mA, mV）"，激活"Display Values in Project Units"。

2. 从工具箱中拖入结构静力分析【Static Structural】到工程流程图中，结构静力分析命名为"No Bolts, Flange Bonded Contact"，并保存在Flange Connection.wbpj文件中。

3. 建立模型（图4.5-2～图4.5-3）

（1）项目流程图中，点击【Geometry】单元格，右击鼠标，快捷菜单中选【Import Geometry】，导入几何文件T.stp。步骤操作如图4.5-2所示。

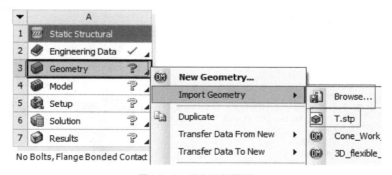

图4.5-2 导入几何模型

（2）然后双击【Geometry】，进入DM程序，选择对称命令【Tools】-【Symmetry】，明细窗口设置对称面为XYPlane，【Symmetry Plane 1】=XYPlane，工具栏点击生成按钮【Generate】，则图形区显示对称模型。

步骤操作如图4.5-3所示。

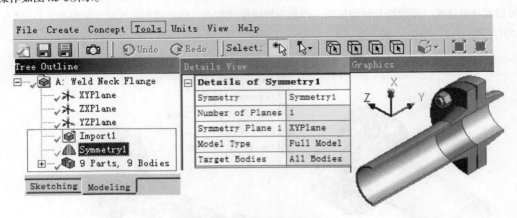

图4.5-3　截取对称模型

4. 抑制螺栓、螺母及网格划分

步骤操作如图4.5-4～图4.5-5所示。

（1）返回WB，双击【Model】单元格，进入结构分析【Mechanical】程序，设置单位"Metric（mm, kg, s, mV, mA）"导航栏中展开【Geometry】，选中需要抑制的螺栓和螺母，快捷菜单中选【Suppress】，则图形区仅保留上下法兰与接管3个零件。

（2）导航栏中展开【Symmetry】可看到从DM中传递过来的对称区【Symmetry Region】，选中，则图形区显示红色对称面。

（3）导航栏中展开接触设置，右击鼠标，选基于定义重命名【Rename Based on Definition】，保留接管与法兰，法兰与法兰的2对绑定接触，其余可删除。

（4）网格划分采用多区方法划分为六面体单元，图形区选择1个法兰，导航栏中选【Mesh】-【Insert Method】，明细窗口设置【Method】=MultiZone，【Src/Trg Selection】=Manual Source，人工选择从上到下的法兰面，【Source】=3 Faces。

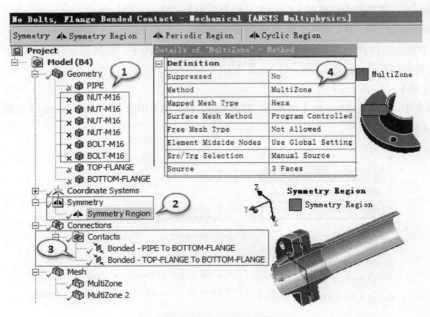

图4.5-4　抑制零件及网格设置

（5）同样对第2个法兰设置多区网格，【Mesh】下面有【MultiZone】，【MultiZone2】。

（6）导航栏选【Mesh】，设置6mm单元大小，【Element Size】=6mm。

（7）网格工具栏选【Mesh】-【Generate Mesh】生成六面体单元显示在图形区。

（8）导航栏中选【Mesh】，查看明细窗口中的网格统计【Statistics】，显示节点数28779与单元数5128及网格平均质量0.84。

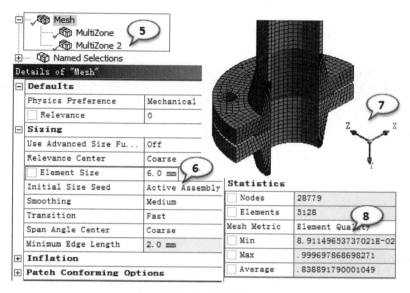

图4.5-5　网格划分

5. 分析设置

步骤操作如图4.5-6所示。

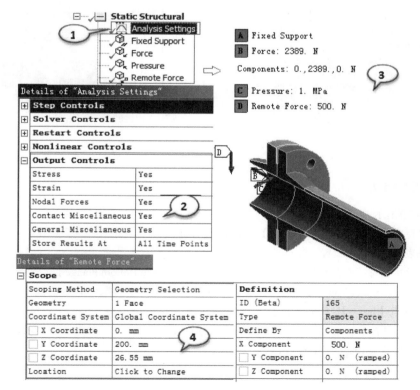

图4.5-6　边界条件

（1）导航栏中选【Static Structural】-【Analysis Settings】。

（2）明细窗口设置输出控制：选【Output Controls】-【Contact Miscellaneous】=Yes。

（3）图形区选接管端面，分析环境工具栏插入【Support】-【Fixed Support】，固定该端面；图形区选对面的法兰端面，分析环境工具栏插入【Loads】-【Force】，明细窗口设置力的方向为Y，输入内压等效拉力值【Y Component】=2389N；图形区选对面的法兰及接管内壁，分析环境工具栏插入【Loads】-【Pressure】，明细窗口设置压力值【Magnitude】=1MPa。

（4）图形区选对面的法兰端面，分析环境工具栏插入【Loads】-【Remote Force】，明细窗口设置远端力的作用点位置（0，200mm，26.55mm），输入X方向力值【X Component】=500N。

（5）添加总变形：导航栏中选【Solution】，求解工具栏中选择【Deformation】-【Total】。添加等效应力：导航栏中选【Solution】，求解工具栏中选择【Stress】-【Equivalent（von-Mises）Stress】。工具栏中点击【Solve】求解结果。

6. 获得变形与应力结果

导航栏中选【Total Deformation】与【Equivalent Stress】，查看变形与等效应力，法兰端部侧弯变形最大0.0816mm，接管端部应力最大为21.5MPa。

操作如图4.5-7所示。

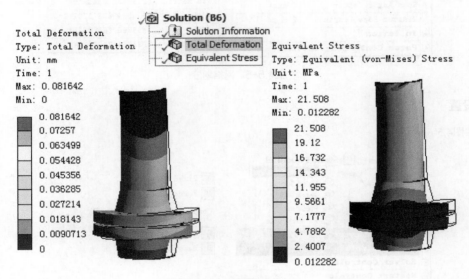

图4.5-7　变形及等效应力

7. 获得法兰接触压力

步骤操作如图4.5-8所示。

（1）求解工具栏中插入接触工具：【Tools】-【Contact Tool】。

（2）打开工作表：明细窗口设置【Scoping Method】=Worksheet。

（3）仅选择法兰接触对：工作表窗口中勾选【Bonded-Top Flange to Bottom Flange】。

（4）导航栏中选【Contact Tool】，右击鼠标，插入需要查看的接触选项，如接触压力、接触摩擦应力、滑移距离、接触间隙等，这里选【Insert】-【Pressure】。

（5）再点击Solve更新求解结果，选择【Contact Tool】-【Pressure】，接触压力显示弯曲一侧压紧为正压力1.13MPa，另一侧负压力-3.1MPa，表示此处接触面会分离。

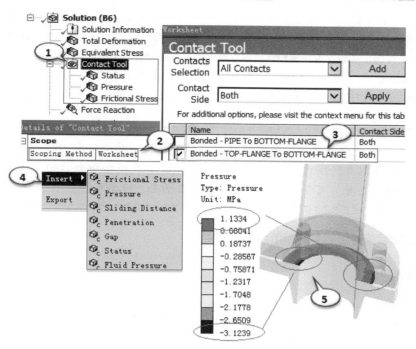

图4.5-8 法兰接触压力

8. 获得法兰接触面处作用力

步骤操作如图4.5-9所示。

（1）求解工具栏中选探测工具：【Probe】-【Force Reaction】，或鼠标右键选择【Insert】-【Probe】-【Force Reaction】。

（2）选择接触对：明细窗口设置【Location Method】=Contact Region，【Contact Region】=Bonded-Top Flange to Bottom Flange。

图4.5-9 法兰接触面作用力

（3）更新结果，查看作用反力：明细窗口【Results】显示X方向力500N，与输入切向力平衡，Y方向力2389N与输入轴向力平衡，Z方向力18.7N，合力为2441N，这里无法得到每个螺栓上的作用力。由于弯曲作用，两个螺栓上的作用力是不等的，因此后面将绑定接触放置在螺栓联接的接触面来获取每个螺栓上的作用力。

（4）同样查看反作用力矩：插入【Probe】-【Moment Reaction】，明细窗口【Results】显示X方向力矩10300Nmm，Y方向力矩19110Nmm，Z方向力矩100000Nmm与切向力产生的弯矩平衡（500N×200mm= 100000Nmm）。

> 💿 **提示**
>
> 由于绑定整个面会产生不真实的刚度行为，因此更详细的分析可以将绑定区域设置到垫片直径的范围内或30°压力角范围内；采用这个方法事先需要在模型中创建垫片大小的印记面。如果对每个螺栓单独设置接触，可得到螺栓处的作用力及力矩，示例如下。

4.5.2.2　绑定螺栓垫片区的数值模拟过程

1. 复制分析系统A

步骤操作如图4.5-10所示。

分析模型来自前面4.5.2.1的分析系统A，可将其选中，右击鼠标选【Duplicate】复制为另一个分析系统，如图4.5-10中的分析系统B，并修改标题名称"No Bolts，washer…"。双击B4单元格进入新的结构分析窗口。

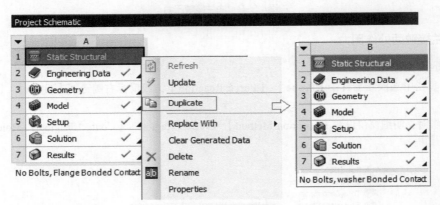

图4.5-10　复制分析系统A为系统B

2. 修改接触对

步骤操作如图4.5-11所示。

（1）导航栏中展开接触关系：【Connections】-【Contacts】，选择接触对【Bonded-Top Flange to Bottom Flange】。

（2）将法兰面之间的绑定接触修改为摩擦接触，摩擦系数为0.2。明细窗口设置：【Type】=Frictional，【Friction Coefficient】=0.2。

（3）插入手工接触对：右击鼠标，快捷菜单中选【Insert】-【Manual Contact Region】。

（4）明细窗口中的接触范围为图形区窗口中的法兰垫片直径区域，即【Contact】=1 Face为下法兰中的绿色垫片接触面【Contact Bodies】=Bottom-Flange，而【Target】=1 Face为上法兰中的对应垫片接触面【Target Bodies】=Top-Flange。

（5）修改弹球区半径大于该接触对的间距，这里【Pinball Region】=Radius，【Pinball Radius】=5mm。

（6）用同样的方法添加另一对螺栓垫片的接触对【Contacts】-【Bonded- Bottom Flange to Top Flange】。

> 💿 **提示**
>
> 接触对的设置不分先后，绑定接触对的接触面与对称面可以互换，接触行为设置为对称【Behavior】=Symmetric，则配对的接触面互不穿透。

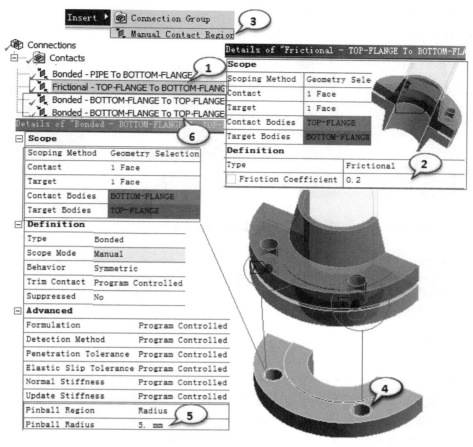

图4.5-11 修改接触对

3. 更新变形与应力结果

步骤操作如图4.5-12所示。

（1）工具栏中点击【Solve】重新求解，导航栏中选【Total Deformation】查看，法兰端部侧弯变形增加到0.084mm。

（2）导航栏中选【Equivalent Stress】，查看等效应力，螺栓孔口处应力为42MPa。

（3）选择接管对象，导航栏中选【Equivalent Stress】，接管端部应力最大值为24MPa。

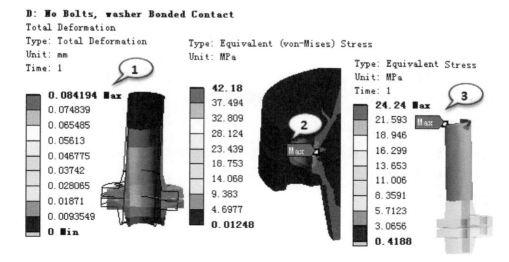

图4.5-12 变形及应力结果略有增加

4. 同前面一样，查看法兰接触作用力及螺栓垫片接触作用力。

操作如图4.5-13所示。

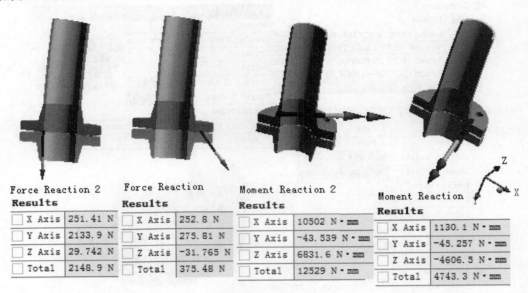

Force Reaction 2 Results		Force Reaction Results		Moment Reaction 2 Results		Moment Reaction Results	
X Axis	251.41 N	X Axis	252.8 N	X Axis	10502 N·mm	X Axis	1130.1 N·mm
Y Axis	2133.9 N	Y Axis	275.81 N	Y Axis	-43.539 N·mm	Y Axis	-45.257 N·mm
Z Axis	29.742 N	Z Axis	-31.765 N	Z Axis	6831.6 N·mm	Z Axis	-4606.5 N·mm
Total	2148.9 N	Total	375.48 N	Total	12529 N·mm	Total	4743.3 N·mm

图4.5-13　螺栓垫片作用力及力矩

提示

　　接触力结果反映出：由于外载导致法兰产生偏转，因此螺栓承载是非对称性。如果基于保守的设计原则，假设法兰面没有接触，则所有外载都通过螺栓传递，计算螺栓上的最大承载力，这时可将法兰面的摩擦接触对删除，再进行计算，这里略过。

4.5.3　螺栓为梁单元进行螺栓联接组件分析

该方法中，螺栓采用梁单元建模进行螺栓联接组件分析。梁单元构造有以下两种方式。

1. 可以在结构分析中直接创建梁连接，梁连接中是直接定义梁单元连接到零件边或面，网格划分用一个梁单元，横截面必须为圆截面，不能直接应用螺栓预紧力（需补APDL命令）。

2. 或在DM中创建线体，定义梁的横截面参数，导入结构分析，线体通常用固定关节将梁单元连接到零件边或面，线体可划分为多个梁单元，任意横截面在DM中指定，可直接施加螺栓预紧力。

梁单元连接到对应于垫片直径的作用面更符合实际，梁单元传递的力分布在垫片表面，可以得到梁单元上的作用力和力矩用于后续手工计算螺栓范围。下面分别给出无预紧力的梁连接，且法兰之间摩擦接触分析计算模型；线体梁单元，施加预紧力，且法兰之间摩擦接触分析计算模型的数值模拟过程。

4.5.3.1　梁连接模型的数值模拟过程

本模型中的梁连接是唯一将法兰连接在一起的，这是航天航空工业中常用的方法，螺栓承载所有载荷，通常更保守，后续手工计算确定螺栓是否失效。

1. 复制分析系统B

步骤操作如图4.5-14所示。

分析模型来自前面4.5.2.1的分析系统A或B，可将其选中，右击鼠标选【Duplicate】复制为另一个分析系统，如图4.5-14中的分析系统C，并修改标题名称"Beam Connection…"。双击C4单元格进入结构分析系统C。

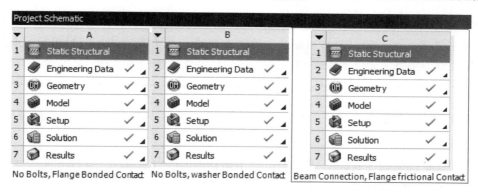

图4.5-14 复制分析系统B为系统C

2. 添加梁连接

步骤操作如图4.5-15所示。

（1）导航栏中展开接触关系：【Connections】-【Contacts】，选择接触对【Frictional-Top Flange to Bottom Flange】，右击鼠标选【Suppress】，抑制法兰面之间的摩擦接触。

（2）插入梁连接：右击鼠标，快捷菜单中选【Insert】-【beam】，则【Connections】中加入圆截面梁。

（3）梁连接明细窗口设置半径8mm结构钢梁，即【Material】=Structural Steel，【Radius】=8mm。

（4）设置连接范围：【Scope】=Body-Body；参考位置为一个法兰外端面（红色），其影响区域由弹球区控制，设置【Pinball Radius】=15mm。

（5）运动位置为另一个法兰外端面（蓝色），其影响区域由弹球区控制，设置【Pinball Radius】=15mm。同样设置另一对刚性连接梁。

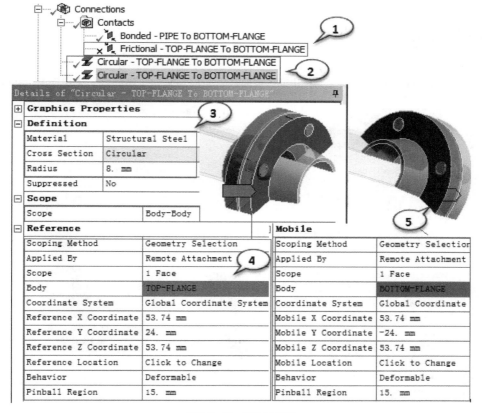

图4.5-15 插入梁连接

由于是刚性梁连接，所以网格划分后，梁上无网格。其【Behavior】=Deformable是指连接的法兰面为可变形，刚性梁是没有变形的。

3. 更新变形与应力结果

步骤操作如图4.5-16所示。

（1）工具栏中点击【Solve】重新求解，导航栏中选【Total Deformation】查看，法兰端部侧弯变形增加到0.092mm。

（2）导航栏中选【Equivalent Stress】，查看等效应力，接管端部应力最大值为21.5MPa。

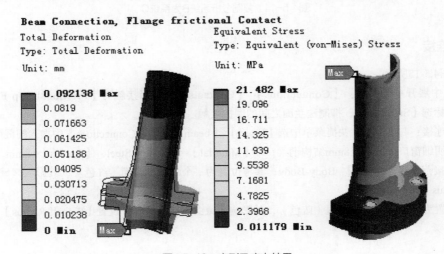

图4.5-16　变形及应力结果

4. 查看梁连接结果

步骤操作如图4.5-17所示。

（1）导航栏中选【Solution】，求解工具栏中插入梁探测命令【Probe】-【Beam】，则出现【Beam Probe】。

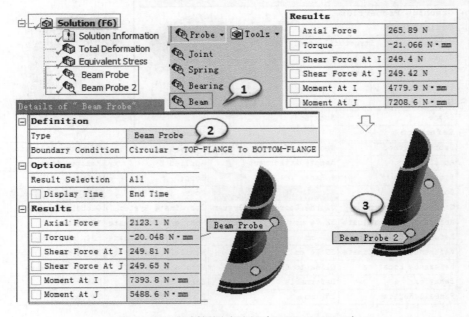

图4.5-17　梁连接的力与力矩（2123N/266N=8）

（2）明细窗口设置需要查看的梁连接，【Type】=Beam Probe，【Boundary Condition】=Circular-Top-flange to Bottom flange。工具栏中点击【Solve】重新求解，得到梁中轴向力、剪切力、扭矩、弯矩的结果。

（3）同样得到另一个梁连接的结果。可看到两个螺栓剪力相同，轴向力相差8倍。

4.5.3.2 线体梁模型的数值模拟过程

本模型在DM中创建线体梁，将法兰连接在一起，考虑螺栓预紧力，因此求解步骤分为螺栓预紧及预紧后的操作工况两步。这是压力容器管道法兰校核中常用的方法。如果考虑垫片行为，则可进一步进行法兰密封性能的评估。

1. 复制分析系统A

步骤操作如图4.5-18所示。

分析模型来自前面4.5.2.1的分析系统A或B，WB中可将其选中，右击鼠标选【Duplicate】复制为另一个分析系统，如图4.5-18中的分析系统D，并修改标题名称"DM Line body..."。WB中双击D3几何【Geometry】单元格，进入DM程序，建模单位为mm，菜单栏中选择【Units】-【Millimeter】。

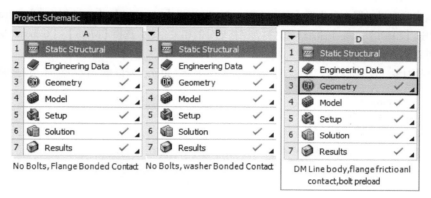

图4.5-18 复制分析系统A为系统D

2. 创建线体

步骤操作如图4.5-19所示。

（1）创建新平面：工具栏点击新平面按钮 ⊁，设置【Base Plane】=XYPlane，【Transform1】=Rotate about Y，【FD1，Value 1】=45°，工具栏中点击生成按钮【Generate】，导航栏中显示生成新平面【Plane9】。

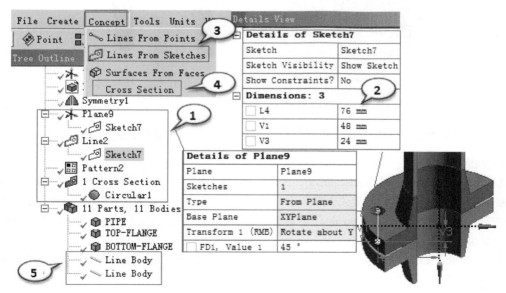

图4.5-19 创建线体

（2）工作平面工具栏中，鼠标移动到新草图按钮 ，会出现【New Sketch】，点击新草图按钮 。导航栏中在【Plane9】下面可以看到新建草图【Sketch7】。选择导航栏下方的"草图标签"【Sketching】，在草图中画线，尺寸标注如图示。

（3）选择【Modeling】标签，根据草图创建线体：菜单栏中选择【Concept】-【Lines From Sketches】，选Sketch7，工具栏中点击生成按钮【Generate】，创建线体。

（4）菜单栏中选择【Concept】-【Cross Section】，选圆截面，设置半径【R】=8mm。

（5）导航栏中选择生成线体Line body，设置线体截面【Cross Section】=Circular1，同样生成第两个线体，参见图示，返回WB。

3. 生成线体梁单元

步骤操作如图4.5-20所示。

（1）WB中双击D4有限元模型【Model】单元格，进入【Mechanical】结构静力分析。给线体梁分配材料：导航栏中选【Geometry】-【Line Body】。

（2）明细窗口中分配材料属性：设置【Modal Type】=Beam，【Material】-【Assignment】=Structural Steel。

（3）导航栏中选【Mesh】，则当前活动工具栏为网格划分的相关命令，选择【Mesh】-【Generate Mesh】生成网格。

（4）图形区可看到生成的单元。

（5）可隐藏其他对象，仅显示线体，查看线体梁单元。由于是线单元，所以单元仅在轴向，横截面上没有网格划分。

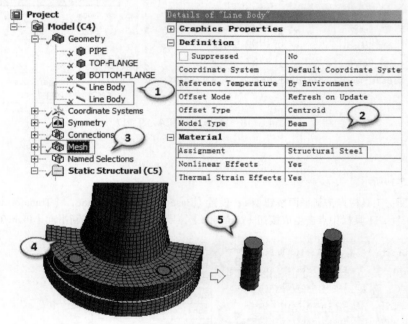

图4.5-20　创建线体梁单元

4. 每个螺栓两端与法兰的垫片螺母联接采用固定关节，手动添加关节如下

步骤操作如图4.5-21所示。

（1）导航树中选【Model】-【Connections】，工具栏上选择【Body-Body】下面的固定关节类型【Fiexed】。

（2）在固定关节明细窗口中，设置关节要应用的参考点与运动面，参考点为线体的端点，运动面为配对的法兰端面。设置可变形行为【Behavior】=Deformable，这样垫片面为可变形面，弹球区【Pinball Region】=15mm指定关节所需运动面的控制区域为垫片直径范围。

（3）图形区显示定义的固定关节及局部坐标系原点及方向，蓝色为运动面，工具栏中的【Body Views】按钮可以在独立窗口中显示参考体和运动体。

（4）同样设置另外的三对固定关节，注意每个螺栓各两对固定关节。模型中进行关节的交互操作。

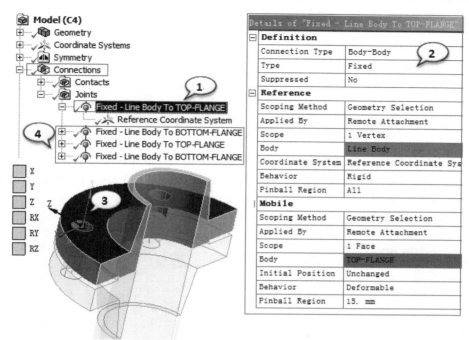

图4.5-21 插入固定关节

💡 提示 --

当刚体使用很多关节联接在一起会产生过约束现象，使用关节自由度检查有助于检查过约束的状况，自由度为负数或零，程序会提示可能过约束。导航树选择【Connections】，工具栏中选择【Worksheet】显示关节自由度检查结果【Joint DOF Checker】。这里关节自由度为6，参见图4.5-22。

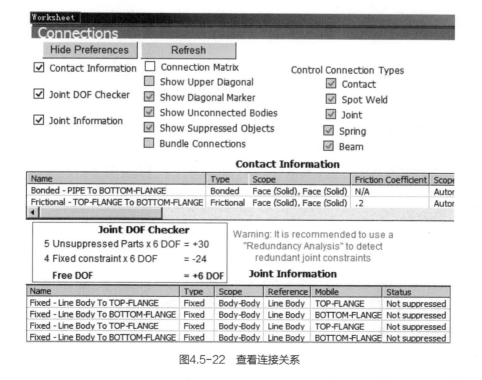

图4.5-22 查看连接关系

5. 分析设置载荷步及施加螺栓预紧力

步骤操作如图4.5-23所示。

（1）导航栏中选【Static Structural】-【Analysis Settings】。

（2）明细窗口设置两个加载步及子步：选【Step Controls】-【Number of Steps】=2。第一个加载步子步控制：【Current Step Number】=1，【Auto Time Stepping】=on，【Define by】=Substeps，【Initial Substeps】=5，【Minimum Substeps】=5，【Maximum Substeps】=50。同样设置第二个加载步时【Current Step Number】=2，其余的子步控制相同。

（3）导航栏选【Static Structural】，分析环境工具栏中插入螺栓预紧载荷【Loads】-【Bolt Pretension】。

（4）图形区选择螺栓处的线体，明细窗口中确认，点击【Geometry】中的【Apply】，则【Geometry】=1 Edge，输入预紧力值【Preload】=25000N。

（5）表格数据中锁紧第二个载荷步：即【Steps】=2，【Define By】=Lock。

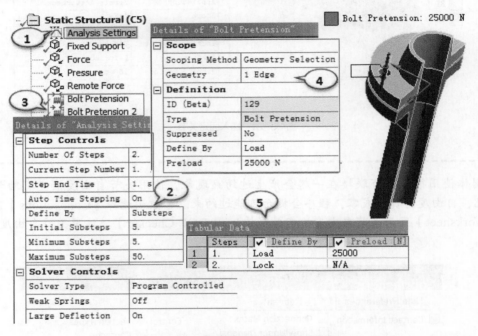

图4.5-23　设置载荷步及施加螺栓预紧力

> **提示**
>
> 　　由于采用分步加载，所以这里设置两个载荷步。考虑到非线性计算行为，因此每个载荷步设置多个子步，不过子步数可以自由调整以满足计算收敛性。螺栓预紧力的加载也可以直接在数据表中输入。

6. 修改载荷

步骤操作如图4.5-24所示。

分析设置中其他约束不变，但加载需要调整到第二个载荷步，选中【Force】，载荷数据表中即【Time】=1，【Y】=0N，【Time】=2，【Y】=2389N，其他应力及远端力同样设置即可。

7. 更新变形与应力结果

步骤操作如图4.5-25所示。

（1）工具栏中点击【Solve】重新求解，导航栏中选【Total Deformation】，设置显示时间【Display Time】=1s及

2s，查看不同载荷步的变形。预紧工况螺栓处法兰最大变形0.04mm，操作工况总变形最大增加到0.09mm。

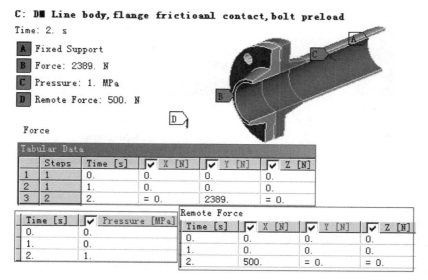

图4.5-24　修改载荷

（2）导航栏中选【Equivalent Stress】，查看第二步对应操作工况下的等效应力，螺栓孔处应力最大值为123MPa。

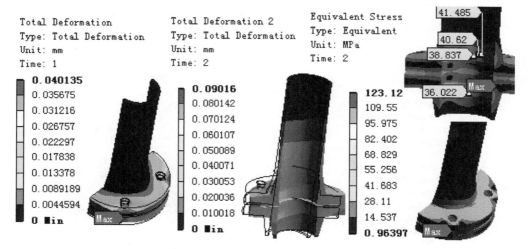

图4.5-25　不同加载步变形及最终等效应力结果

8. 查看梁结果、接触结果及梁应力结果

步骤操作如图4.5-26～图4.5-28所示。

（1）导航栏中选【Solution】，右击鼠标插入梁结果【Insert】-【Beam Results】，可选择轴力【Axial Force】、弯矩【Bending Moment】、扭矩【Torsional Moment】、剪切力【Shearl Force】、剪力-弯矩图【Shear-Moment Diagram】。

（2）同样可插入接触工具【Contact Tool】查看接触状态、接触压力等选项，梁工具【Beam Tool】查看轴向应力、弯曲应力等选项，工具栏中点击【Solve】更新结果。

（3）梁结果图4.5-27显示第二个加载步后，两个螺栓受力为非对称，且由于预紧力的作用，轴力最大，剪力很小，而弯矩大于扭矩。

（4）梁工具图4.5-28显示第二个加载步后，两个螺栓受轴向应力124MPa，最大拉弯组合应力188MPa。

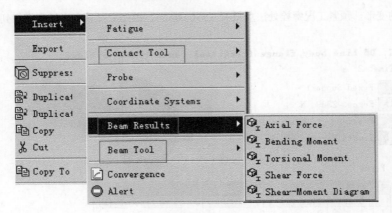

图4.5-26 插入梁结果、接触工具及梁工具

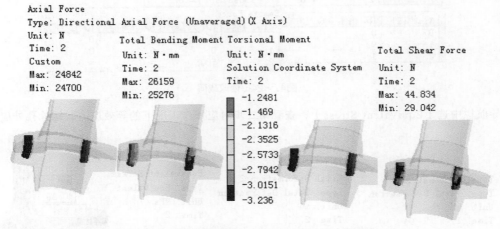

图4.5-27 梁结果（依次为轴力、弯矩、扭矩、剪力）

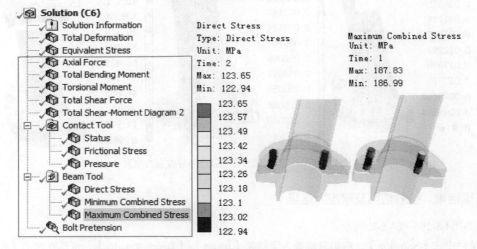

图4.5-28 梁工具结果（依次为轴向应力、最大拉弯组合应力）

💡 提示

　　对于上述两种建模方式：无接触的梁连接模型为线性算法，易于设置，可快速获得螺栓载荷，但不考虑螺栓预紧力，计算保守；线体梁模型则考虑螺栓预紧力及连接面之间的摩擦接触，设置较为简单，可得到螺栓载荷，但需要几何前处理来创建线体，且忽略螺栓垫片之间的摩擦接触。

4.5.4 螺栓为实体单元（无螺纹）进行螺栓联接组件分析

如果考虑更多的螺栓连接的详细特征，如法兰、螺栓、垫片、螺母之间的接触行为，则可用实体单元建模。简单的处理方式可采用绑定接触，复杂的处理方式采用摩擦接触；出于计算成本的考虑，实际建模中并不包含螺纹，下面给出建模螺栓采用实体单元时需要考虑的细节问题。

4.5.4.1 螺栓预紧单元预紧载荷的正确设置

ANSYS程序中，施加螺栓预紧载荷时，参见图4.5-29，螺栓被一分为二，两部分之间通过创建的螺栓预紧单元PRETS179连接在一起，该单元特征如下。

（1）一组预紧单元用一个截面标识，产生的线单元连接螺栓的两个分离部分。

（2）线单元两端为节点I，J，且通常二者共点，节点K为预紧节点，节点K可处于任意位置，具有一个轴向位移自由度UX。可定义轴向预紧力FX或轴向预紧位移UX，在螺栓预紧方向为线运动。

（3）预紧方向不变，并不随螺栓转动而更新方向。

螺栓采用规则的网格划分（如六面体单元）可以获得平直的预紧截面，而四面体网格则预紧截面是扭曲的，这会影响计算结果；当施加预紧力在绑定接触区时，由于预紧截面处的两个连接面会产生相对运动，而绑定接触会阻止该相对运动，因此DM中采用投影面、面分割或印记面能避免该问题。

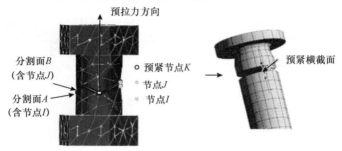

图4.5-29 螺栓预紧载荷

> 💡 提示
>
> 施加实体单元的螺栓预紧载荷时，可以指定圆柱面或体，作用在圆柱面时程序自动指定载荷方向，因此此时要注意：作用面需要与绑定接触面分离。
>
> 作用在实体上时，需定义局部坐标系指定载荷方向，及实体分割的位置，坐标原点为预紧节点K，Z轴为螺栓预紧力方向，XY平面为预紧截面，同样需要注意：该平面要远离绑定区域。

4.5.4.2 实体单元及螺栓预紧单元联接组件分析的数值模拟过程

1. 拖入静力分析系统

WB从工具箱中拖入结构静力分析系统【Static Structural】到工程流程图中，新的结构静力分析命名为"Weld Neck Flange with Solid Element..."，并保存在Flange Connection.wbpj文件中。

2. 建立模型

步骤操作如图4.5-30所示。

（1）项目流程图中，点击【Geometry】单元格，右击鼠标，快捷菜单中选【Import Geometry】，导入几何文件T.stp。然后双击【Geometry】，进入DM程序，选择对称命令【Tools】-【Symmetry】，明细窗口设置对称面为XYPlane，【Symmetry Plane 1】=XYPlane，工具栏点击生成按钮【Generate】，则图形区显示对称模型。

（2）工具栏点击新平面按钮 ✕，创建新平面【Plane4】，设置基准面为ZXPlane，【Base Plane】=ZXPlane，图形区显示新平面在法兰中间。

（3）菜单栏选分割命令【Create】-【Slice】，出现Slice1。

（4）明细窗口设置分割平面为Plane4，分割两个螺栓，即【Slice Type】=Slice by Plane，【Base Plane】=Plane4，【Slice Targets】=Selected Bodies，【Bodies】=2。

（5）将分割的螺栓各合并为一个零件，导航栏选两个螺栓Bolt-M16，右击鼠标选【Form New Part】，合并为一个螺栓重命名为bolt1。另一组操作相同。

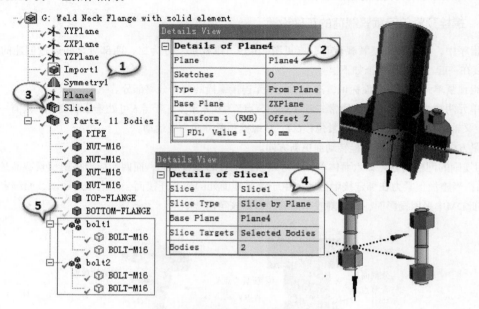

图4.5-30　建模

3. 创建局部坐标系

步骤操作如图4.5-31所示。

（1）返回WB，双击【Model】单元格，进入结构分析【Mechanical】程序，设置单位 "Metric（mm, kg, s, mV, mA）" 导航栏中展开【Geometry】，默认材料为结构钢。选中需要隐藏的上下法兰及接管，快捷菜单中选【Hide Body】，则图形区仅显示螺栓、螺母组。

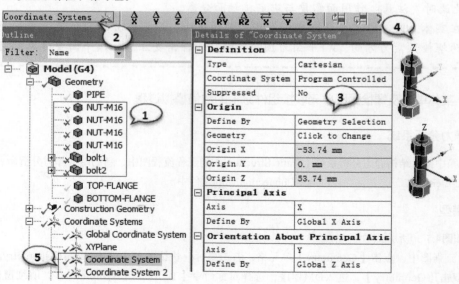

图4.5-31　创建局部坐标系

（2）创建坐标系如图示：导航树中选择【Coordinate Systems】，工具栏中选择创建坐标系图标 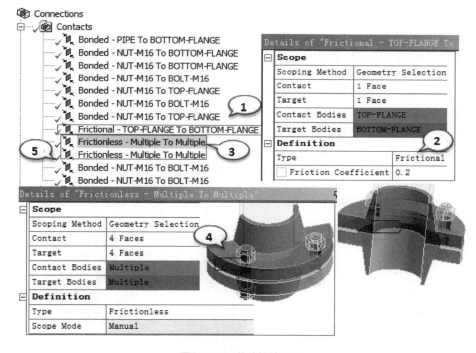，导航树坐标系下面出现要创建的【Coordinate System】。

（3）明细窗口的原点设置【Define By】=Geometry Selection，然后螺栓中间边，在【Geometry】中选【Click to Change】点击【Apply】。

（4）图形区出现定义的局部坐标系，调整Z方向为螺栓轴向。

（5）同样设置第二个螺栓局部坐标【Coordinate System2】。

4. 修改接触对

步骤操作如图4.5-32所示。

（1）导航栏中展开接触关系：【Connections】-【Contacts】，将法兰面之间的绑定接触修改为摩擦接触，选择接触对【Bonded-Top Flange to Bottom Flange】。

（2）摩擦系数设为0.2，明细窗口设置：【Type】=Frictional，【Friction Coefficient】=0.2。

（3）将螺栓与法兰孔之间的绑定接触修改为无摩擦接触：选择接触对【Bonded-mutliple to multiple】。

（4）图形区选择螺栓4个表面为接触面，法兰孔4个内表面为目标面，明细窗口设置：【Type】=Frictionless。

（5）同样设置另一对螺栓与法兰孔的无摩擦接触，其他仍保持绑定接触。

图4.5-32　修改接触关系

5. 网格划分

步骤操作如图4.5-33所示。

（1）导航栏中选【Mesh】，右击鼠标选【Insert】-【Sizing】。

（2）图形区选择螺栓螺母6个实体，明细窗口中确认，【Geometry】=6 bodies。

（3）设置单元大小。明细窗口设置：【Type】-【Element Size】，【Element Size】=3mm。

（4）法兰网格划分采用多区方法划分为六面体单元，同前面一样，即：图形区选择1个法兰，导航栏中选【Mesh】-【Insert】-【Method】，明细窗口设置【Method】=MultiZone，【Src/Trg Selection】=Manual Source，人工选择从上到下的法兰面，【Source】=3 Faces。【Update】更新网格如图示。

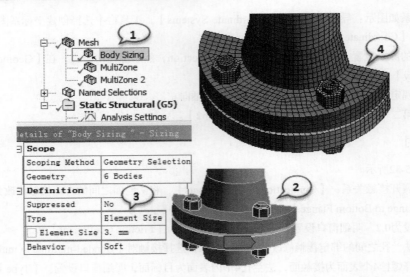

图4.5-33　网格划分

6. 施加螺栓预紧力

步骤操作如图4.5-34～图4.5-35所示。

（1）导航栏中选【Static Structural】-【Analysis Settings】；明细窗口设置两个加载步及子步，参见4.5.3.2章节，再在分析环境工具栏中插入螺栓预紧载荷【Loads】-【Bolt Pretension】。

（2）图形区选择螺栓两个实体，明细窗口中确认，点击【Geometry】中的【Apply】，则【Geometry】=2 bodies。设置已经建立的局部坐标系【Coordinate System】=Coordinate System。

（3）载荷表格数据中，第一步加载，第二个载荷步锁紧：即【Steps】=1，【Define By】=load，输入预紧力值【Preload】=25000N；【Steps】=2，【Define By】=Lock。

（4）同样对另一个螺栓施加预紧力，图形区显示预紧力方向及大小。

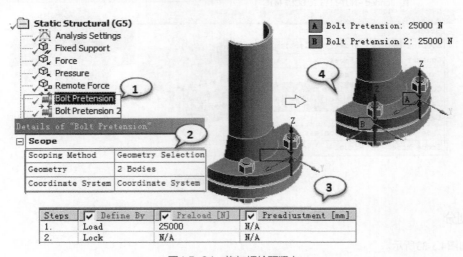

图4.5-34　施加螺栓预紧力

（5）其他载荷在第二步施加，参见4.5.3.2章节，第二步后的约束及载荷参见图4.5-35。

7. 变形与应力结果

步骤操作如图4.5-36所示。

（1）工具栏中点击【Solve】求解，导航栏中选【Total Deformation】，设置显示时间【Display Time】=2s，查看第二载荷步的变形。操作工况总变形最大增加到0.1mm。

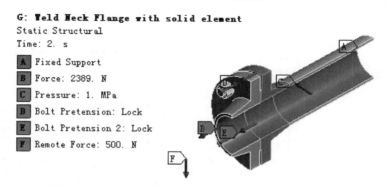

图4.5-35 其他载荷及约束

（2）导航栏中选【Equivalent Stress】，查看第二步对应操作工况下的等效应力，螺栓孔处局部应力最大值200MPa，点击【Probe】探测按钮，显示法兰内壁处的最大应力约42MPa，对比与线体梁连接的模型图4.5-25，可以看到，尽管螺栓孔处的局部应力不同，但法兰整体应力是相同的。

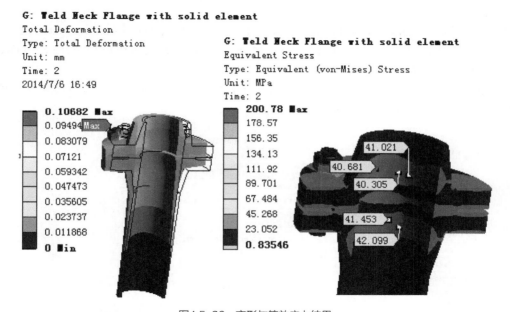

图4.5-36 变形与等效应力结果

8. 利用接触工具获得法兰接触压力

步骤操作如图4.5-37所示。

（1）求解工具栏中插入接触工具：【Tools】-【Contact Tool】。

（2）打开工作表：明细窗口设置【Scoping Method】=Worksheet。

（3）仅选择法兰接触对：工作表窗口中勾选【Frictional-Top Flange to Bottom Flange】。

（4）导航栏中选【Contact Tool】，右击鼠标，插入需要查看的接触选项、接触状态、接触压力、接触摩擦应力、滑移距离、接触间隙等，这里选【Insert】-【Pressure】。

（5）再点击Solve更新求解结果，选择【Contact Tool】-【Pressure】，接触压力为84MPa，同时对比线体梁模型的接触压力87MPa，表示二者相差不大。

9. 使用构造表面获得螺栓反作用力

步骤操作如图4.5-38所示。

（1）创建构造表面：导航栏选择构造几何命令【Construction Geometry】，构造几何工具栏选择插入表面

【Surface】。明细窗口指定构造表面的位置在螺栓的中间横截面处：【Coordinate System】=Coordinate System。

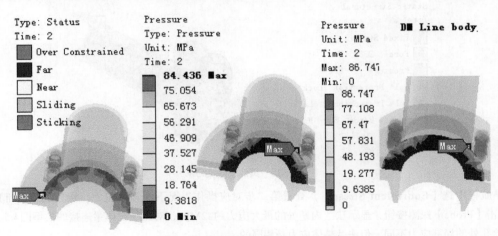

图4.5-37　法兰面接触状态及接触压力

（2）求解后处理中插入反作用力：导航栏选【Solution】，工具栏中选【Probe】-【Force Reaction】。

（3）明细窗口中设置反作用力的位置：【Location Method】=Surface；【Surface】=Surface；【Geometry】=2 Bodies；【Orientation】=Coordinate System。

（4）再点击Solve更新求解结果，选择【Force Reaction】查看反作用力的结果，程序默认最后时刻的合力值为49760N，图形区显示反作用力的位置及大小分布。

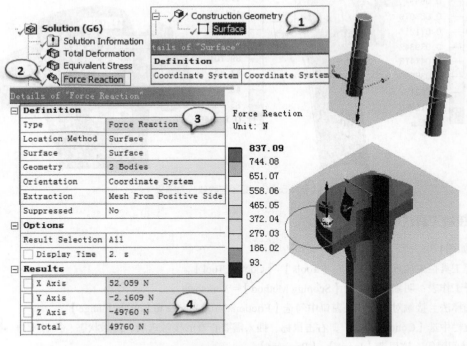

图4.5-38　使用构造表面获得螺栓反作用力

💿提示

螺栓上的作用力及力矩通过构造表面获得，注意构造表面需要至少远离绑定接触区1个单元的距离。

4.5.4.3　实体单元及平动关节联接组件分析的数值模拟过程

前面提到螺栓预紧单元方向是不变的，并不随几何体移动或转动，因此这在几何大变形分析中会导致分析不准确，这是可以采用随几何转动的关节特征，施加预紧载荷，而取代螺栓预紧单元进行分析；尽管本例不需要这样做，但为了显示这种处理方式，下面还是给出示例过程。

● DM中将螺栓一分为二，创建平动关节，确认参考坐标系的X轴沿螺栓轴向，然后创建关节载荷，施加力或位移，并设定第二步锁定，符号约定为关节运动边沿指定方向运动。

● 后处理中螺栓作用力及力矩通过关节探测获得，不过前面施加的关节载荷（预紧力）并不包含在内。

1. 添加平动关节

步骤操作如图4.5-39所示。

（1）WB将前面4.5.4.2章节的分析系统复制【Duplicate】为一个新的分析系统，双击新系统的【Model】进入结构分析环境，接上例，抑制每个螺栓两个实体之间的绑定连接：导航树选中【Connections】-【Contact】下面的两对绑定接触【Bonded-Bolt-M16 to Bolt-M16】，右击鼠标选抑制命令【Suppress】。

（2）导航树选中【Connections】，工具栏上选择【Body-Body】下面的平动关节类型【Translational】。

（3）在新的平动关节对象中，设置关节要应用的面为螺栓中间的一对分割面，则【Reference】-【Scope】=1 Face，【Mobile】-【Scope】=1 Face。

图4.5-39　添加平动关节及设置关节载荷

（4）图形区参考面为红色，运动面为蓝色，注意参考坐标系X方向为螺栓轴向。

（5）导航栏中选【Static Structural】-【Bolt Pretension】，右击鼠标选抑制命令【Suppress】关闭前面定义的螺栓预紧力。

（6）导航栏中选【Static Structural】，分析环境工具栏选【Loads】-【Joint Load】插入关节载荷。

（7）关节的明细窗口中定义关节力的大小并在第二步将其锁定：【DOF】=X Diaplacement，【Type】=Force，【Magnitude】=25000N，【Lock at Load Step】=2。

（8）后处理中加入关节探测结果：导航栏中选【Solution】-【Probe】-【Joint】，明细窗口可以设置边界条件为平动关节【Boundary Condition】=Tanslational-Bolt-M16 toBolt-M16，指定力【Result Type】=Total Force或力矩【Result Type】=Total Moment，工具栏点击【Solve】求解后查看结果。

2. 查看平动关节的力与力矩

操作如图4.5-40所示。

【Solution】下面选择相应的【Total Force】查看关节力，图示螺栓合力为220N；【Total Moment】查看关节力矩，图示螺栓合力矩为20.55KNm。

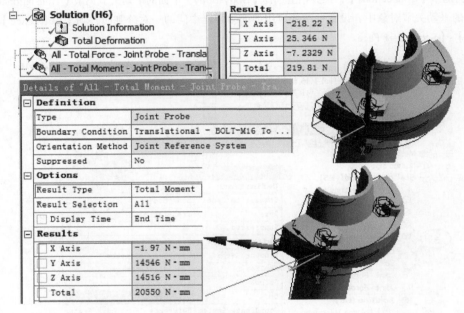

图4.5-40　查看关节力及关节力矩

4.5.5　螺栓为实体单元（有螺纹）进行螺栓联接组件分析

螺栓螺纹接触的几何修正是ANSYS Workbench 15.0的新功能之一，该特征将螺栓集中力处理为通过螺纹连接面的分布力，更接近于螺栓应力分布的真实状态，不过使用时要注意以下几点。

● 螺栓为接触面，螺栓孔为目标面，不能使用绑定接触，采用非对称接触行为【Behavior】=Asymmetry；

● 探测方式不能选择节点垂直于目标面接触【Nodal-Normal to Target】或高斯点接触【On Gauss Point】（程序默认）；

● 螺纹区域的网格密度高，网格划分的单元大小应为1/4螺距。

1. 设置螺栓螺纹接触

步骤操作如图4.5-41所示。

（1）WB将前面4.5.4.2章节的分析系统复制【Duplicate】为一个新的分析系统，双击新系统的【Model】进入结构分析环境，接上例，修改螺栓螺母之间的绑定接触为螺纹接触，导航栏中分别选这4组接触对【Connections】-【Contacts】-【Bonded-Bolt-M16 to Nut-M16】。

（2）明细窗口设置【Type】=Frictional，【Frictional Coefficient】=0.2，【Behavior】=Asymmetry，【Formulation】=Augmented Lagrange，【Detection Method】=Nodal-Normal From Contact。

（3）几何修改处设置螺纹选项：【Contact Geometry Correction】=Bolt Thread，这里需要先定义局部坐标系，然后指定旋转轴的起点及终点【Orientation】=Revolute Axis，【Starting Point】=Corordinate System 2，【Ending Point】=Coordinate System 4，设定螺纹中径【Mean Pitch Diameter】=6mm，螺距【Pitch Distance】=4mm，螺纹升角【Thread Angle】=60°，单线螺纹【Thread Type】=Single -Thread，右旋【Handedness】=Right-Handed。

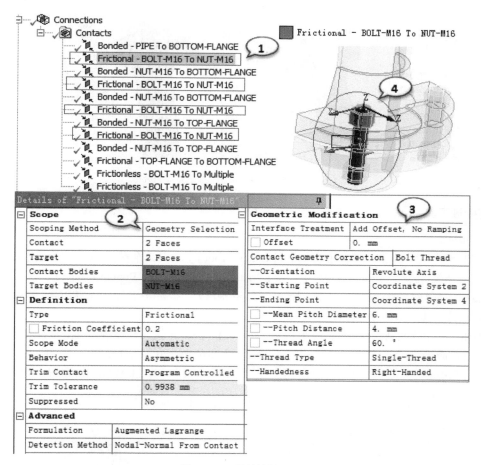

图4.5-41 螺纹接触设置

2. 变形与应力结果

步骤操作如图4.5-42所示。

（1）工具栏中点击【Solve】求解，由于是非线性计算，导航栏中选【Solution Information】，设置求解输出为力收敛，【Solution Output】=Force Convergence。

（2）可查看力收敛曲线，程序总迭代次数为30次后计算结束。

（3）导航栏中选【Total Deformation】，显示时间【Display Time】=2s，查看第二载荷步的变形。操作工况总变形最大增加到0.117mm。

（4）导航栏中选【Equivalent Stress】，查看第二步对应操作工况下的等效应力，螺栓处局部应力最大值407MPa；再选择法兰一个对称面，查看法兰对称面的应力分布，最大应力43MPa。对比与线体梁连接的模型图4.5-24，可以看到，二者相差不大。

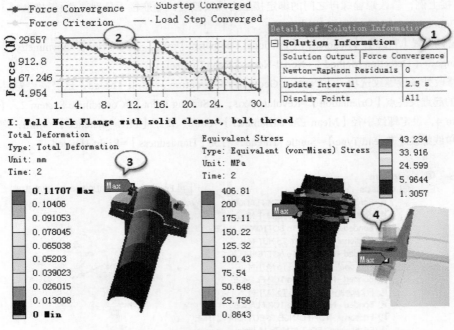

图4.5-42 螺纹接触的求解、变形及应力分布

3. 使用接触工具

步骤操作如图4.5-43所示。

（1）求解工具栏中插入接触工具：【Tools】-【Contact Tool】，打开工作表：明细窗口设置【Scoping Method】=Worksheet。仅选择法兰接触对：工作表窗口中勾选【Frictional-Top Flange to Bottom Flange】。导航栏中选【Contact Tool】，右击鼠标，插入需要查看的接触选项、接触状态、接触压力、接触摩擦应力、滑移距离、接触间隙等，这里选【Insert】-【Status】、【Pressure】、【Frictional Stress】。

（2）再点击【Solve】更新求解结果，选择【Contact Tool】-【Status】，查看接触状态，可看到外侧为压紧状态。

（3）选择【Contact Tool】-【Pressure】，最大接触压力为75.6MPa，在靠近螺栓处。

（4）选择【Contact Tool】-【Frictional Stress】，最大摩擦应力很小，为0.33MPa，在接触面外侧。

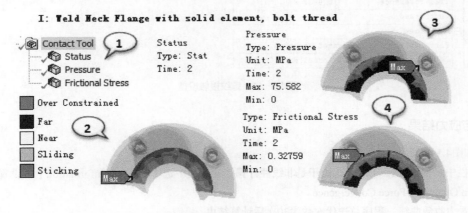

图4.5-43 法兰面接触状态及接触压力

4. 使用构造表面获得螺栓反作用力

步骤操作如图4.5-44所示。

参见4.5.4.2章节实例，创建构造表面，求解后处理中插入反作用力，设置反作用力的位置，求解结果中选择【Force Reaction】查看反作用力的结果。程序默认最后时刻的合力值为49680N，与没有螺纹接触设置模型的计算结果

49760N相差约2%；图形区显示反作用力的位置及大小分布，最大值85N相比4.5.4.2章节的837N明显减少，而且横截面的分力均匀为84N。

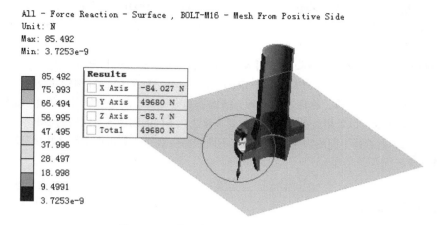

图4.5-44 使用构造表面获得螺栓反作用力

💡 提示 --

　　同样可选择螺栓查看等效应力分析，并用探测【Probe】工具显示任意位置的结果，可看到最大应力发生在螺纹接触处，中间段的最大等效应力为165MPa，略小于4.5.3.2章节中的线体梁模型最大组合应力187MPa，参见图4.5-45：

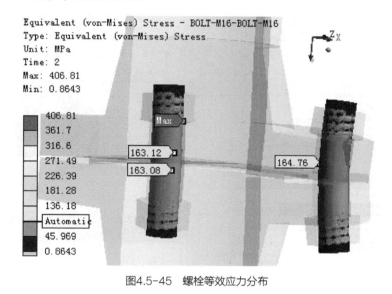

图4.5-45 螺栓等效应力分布

4.6　ANSYS Workbench结构网格划分

4.6.1　网格划分概述

　　网格是计算机辅助工程（CAE）模拟过程中不可分割的一部分。网格直接影响到求解精度，求解收敛性和求解速度。此外，建立网格模型所花费的时间往往是取得CAE解决方案所耗费时间中的一个重要部分。因此，一个越好的自动化网格工具，越能得到好的解决方案。

网格的节点和单元参与有限元求解，ANSYS求解开始时会自动生成默认的网格。可以通过预览网格，检查有限元模型是否满足要求，细化网格可以使结果更精确，但是会增加CPU的计算时间和需要更大的存储空间，因此需要权衡计算成本和细化网格之间的矛盾。在理想情况下，我们所需要的网格密度是结果随着随网格细化而收敛，但要注意：细化网格不能弥补不准确的假设和错误的输入条件。

ANSYS的网格技术通过ANSYS Workbench的【Mesh】组件实现。作为网格划分平台，ANSYS15.0的网格技术集成ANSYS强大的前处理功能，集成ICEM CFD、TGRID、CFX-MESH、GAMBIT网格划分功能。【Mesh】中可以根据不同的物理场和求解器生成网格，物理场有流场、结构场和电磁场，流场求解可采用【Fluent】、【CFX】、【POLYFLOW】，结构场求解可以采用显示动力算法和隐式算法。不同的物理场对网格的要求不一样，通常流场的网格比结构场要更细密得多，因此选择不同的物理场，也会有不同的网格划分。【Mesh】组件在项目流程图中直接与其他Workbench分析系统集成。

4.6.2 网格划分工作界面

ANSYS网格划分不能单独启动，只能在Workbench中调用分析系统或【Mesh】组件启动，进入网格划分环境，工作界面如图4.6-1所示。

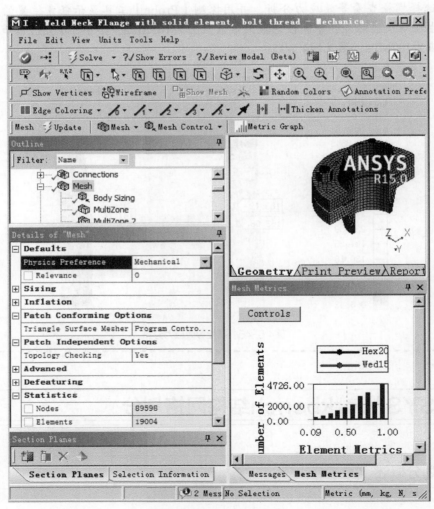

图4.6-1　网格划分工作界面

图4.6-1中，顶端标题栏显示当前分析系统；左侧导航树默认包括几何【Geometry】、坐标系统【Coordinate

Systems】、连接关系【Connections】及网格划分【Mesh】，插入的网格划分操作会按照顺序显示在【Mesh】下面。【Mesh】的明细窗口位于导航树下方，显示默认的物理场及整体网格划分控制；选择【Mesh】时，导航树上方会出现相应的网格划分工具栏；图形区的网格显示为相关物理场的默认网格划分结果。

4.6.3 网格划分过程

ANSYS Workbench中网格划分过程如下。
1. 设置物理场和网格划分方法，物理场包括结构场、流场和电磁场。
2. 定义整体网格设置，包括定义单元大小、膨胀层及收缩设置等。
3. 插入局部网格设置，包括定义单元大小、细化网格及收缩控制等。
4. 预览或生成网格，包括预览表面网格、预览膨胀层网格。
5. 检查网格质量，包括用不同的网格质量度量标准来评定网格及显示网格质量的图表。

4.6.4 整体网格控制

整体网格控制根据不同的分析类型调整整体网格划分策略。包括默认选项【Defaults】、尺寸【Sizing】、膨胀层【Inflation】、片体协调选项【Patch Conforming Options】、独立分片选项【Patch Independent Options】、高级选项【Advanced】、清除特征【Defeature】、网格统计【Statistics】。

其中物理环境包括：结构【Mechanical】、电磁【Electromagnetics】、流体动力分析【CFD】、显式动力分析【Explicit】，本文中仅讨论结构分析。

整体网格控制对于分辨极小尺寸输入模型的重要特征非常有用，可以根据最小几何体自动计算整体单元大小，根据不同的物理场自动设置默认参数，如过渡比、过渡平滑等，可以进行整体调整以满足网格细化的要求，高级尺寸函数用于分辨具有表面弯曲和表面相邻区域。

1. 相关度

相关度【Relevance】是最基本的整体尺寸控制方法，设置网格相关度（-100至+100）由疏到密。

2. 尺寸控制

步骤操作如图4.6-2所示。

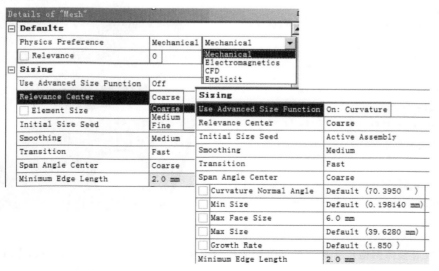

图4.6-2 控制单元大小

（1）单元大小。

关闭高级尺寸函数控制才能使用单元大小【Element Size】控制整体模型，划分所有的边、面及体。默认值根据相关性和初始单元尺寸基准计算，可以输入指定值。

假设关闭高级尺寸函数【Use Advanced Size Function】=off，相关度中心【Relevance Center】设置相关度滑块控制的中点；单元大小【Element Size】定义整体模型的最大单元大小；对大多数结构静力分析而言，整体控制的默认值是足够的。

（2）最小与最大单元控制。

● 最小单元【Min Size】：由尺寸函数生成，某些单元大小可能小于该尺寸，这由几何边的长度决定。

● 最大面单元【Max Face Size】：由尺寸函数生成。

● 最大单元【Max Size】：最大单元尺寸可在体网格内部生长。

（3）初始单元大小基准【Initial Size Seed】。该选项控制如何分配初始的单元大小，提供三个选项。

● 激活的装配体【Active Assembly】：基于未抑制零件包围框的对角线长度分配初始单元大小，对各种抑制/非抑制零件，网格随包围框大小改变。

● 整个装配体【Full Assembly】：基于所有装配体包围框的对角线长度分配初始单元大小，无论零件抑制与否，单元大小不变。

● 零件【Part】：打开高级尺寸函数时，该选项无效，基于每个独立零件包围框对角线的长度分配初始单元大小，抑制零件并不改变单元大小，通常生成更精细的网格。

（4）网格平滑【Smoothing】。

考虑周边节点，通过移动节点位置提高网格质量。平滑迭代提供三级控制，分别为高级【High】、中级【Medium】及初级【Low】，高级平滑为显式动力分析的默认选项，中级平滑为结构、电磁、流体分析的默认选项。

（5）网格过渡【Transition】。

控制单元增长率，可设置慢速过渡【Slow】和快速过渡【Fast】。慢速过渡为流体、显式动力分析的默认选项，产生平滑过渡网格；快速过渡为结构、电磁分析的默认选项。

（6）跨度角中心【Span Angle Center】。

基于边细化控制曲率，提供三个选项，相应的跨度角范围如下：粗糙【Coarse】的跨度角为60°～91°，中等【Medium】的跨度角为24°～75°，精细【Fine】的跨度角为12°～36°。

（7）高级尺寸函数。

步骤操作如图4.6-3所示。

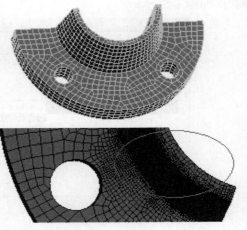

Sizing	
Use Advanced Size Function	On: Proximity
Relevance Center	Coarse
Initial Size Seed	Active Assembly
Smoothing	Medium
Transition	Fast
Span Angle Center	Coarse
☐ Num Cells Across Gap	Default (3)
☐ Proximity Min Size	Default (0.198140 mm)
☐ Max Face Size	6.0 mm
☐ Max Size	Default (39.6280 mm)
☐ Growth Rate	Default (1.850)
Minimum Edge Length	2.0 mm

图4.6-3　高级尺寸函数的相邻控制

高级尺寸函数对整体网格尺寸控制提供附加的控制选项，三类高级尺寸函数是相邻【Proximity】、曲率【Curvature】、固定【Fixed】，相邻及曲率可以合并使用。高级尺寸函数控制重要的极度弯曲和表面相邻区域的网格增长及分布，提供五个选项如下。

● 关闭【Off】：采用网格剖分器计算的整体单元大小来划分边，然后根据曲率和2D相邻细化边，最后生成相关面网格和体网格。

● 曲率【Curvature】：根据曲率法向角度【Curvature Normal Angle】确定边和面的单元大小。曲率法向角为一个单元边长跨度所允许的最大角度，可输入0～180°，或由程序默认，默认值根据相关性和跨度角中心选项计算。

● 相邻【Proximity】：控制相邻区的网格分辨率，在狭缝中放入指定的单元数，横向间隙生成更细化的表面网格。

● 相邻及曲率【Proximity and Curvature】：组合相邻及曲率网格划分功能。

● 固定尺寸【Fixed】：采用固定的单元大小划分网格，无曲率或相邻细化，根据指定的最大面单元的尺寸生成表面网格，根据指定的最大单元尺寸生成体网格。

固定尺寸函数控制最大与最小的单元尺寸，曲率控制更适合于弯曲的几何模型，对许多弯曲特征的模型往往采用这种方法而不用局部控制。

当模型的几何特征很接近时采用相邻控制，对于包含很多小特征的模型，这是快速细化网格的方式而不用局部控制的方法。

3. 高级网格设置

网格的高级选项这里并不涉及过多，下面介绍对线性结构静力分析有潜在影响的控制选项。

● 形状检查【Shape Checking】：【Standard Mechanical】用于线性应力分析、模态分析及热分析，【Aggressive Mechanical】用于大变形及材料非线性分析。

● 【Number of Retries】用于网格剖分检测到很差的网格质量时会重新用细化网格再做尝试进行重新划分。

4. 清除特征

清除特征【Defeaturing】使用【Pinch】和【Automatic Mesh Based Defeaturing】控制去除一些容差范围内小的几何特征来提高网格质量，但并非所有的网格划分方法都可以利用这些控制。

● 收缩容差【Pinch Tolerance】：根据给定的收缩容差值移除小特征，提供整体收缩控制和局部收缩控制。

● 刷新后生成【Generate After Refresh】：更新后自动生成小特征列表。

● 基于清除特征的自动划分网格【Automatic Mesh Based Defeaturing】：激活该选项，在容差范围内的小特征将自动去除。

5. 统计【Statistics】

统计功能可查看网格划分的质量，提供详尽的质量度量列表，查看网格度量图表，能够直观地在该图表下进行各种选项控制。表4.6-1列出了检查网格质量的工具。

表4.6-1　　　　　　　　　　　　　　　　　　检查网格质量工具

网格质量度量【Mesh Metric】	说　　明
Mesh Metric　None None Element Quality Aspect Ratio Jacobian Ratio Warping Factor Parallel Deviation Maximum Corner Angle Skewness Orthogonal Quality	无（默认）
	单元质量检查
	纵横比检查
	雅可比率检查
	翘曲因子检查
	平行偏差检查
	最大顶角检查
	偏斜检查
	正交质量检查

4.6.5 局部网格控制

工具栏的网格控制【Mesh Control】提供多种局部网格控制方法，如表4.6-2所示。根据采用的网格划分方法，可以组合各种方式对局部网格进行控制。

表4.6-2
网格控制方法

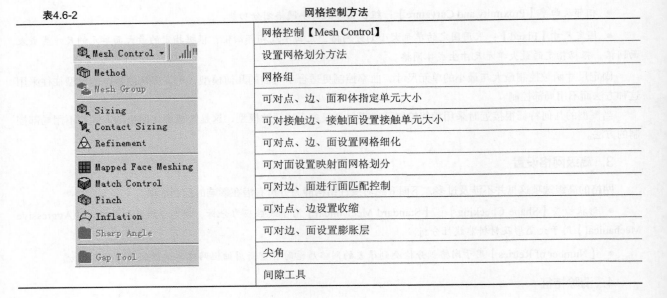

	网格控制【Mesh Control】
Method	设置网格划分方法
Mesh Group	网格组
Sizing	可对点、边、面和体指定单元大小
Contact Sizing	可对接触边、接触面设置接触单元大小
Refinement	可对点、边、面设置网格细化
Mapped Face Meshing	可对面设置映射面网格划分
Match Control	可对边、面进行面匹配控制
Pinch	可对点、边设置收缩
Inflation	可对边、面设置膨胀层
Sharp Angle	尖角
Gap Tool	间隙工具

1. 3D实体网格控制方法

方法控制【Mesh Control】提供网格划分的方法，工具栏中选择【Mesh Control】-【Method】，对选中的实体可施加网格划分如图4.6-4所示。

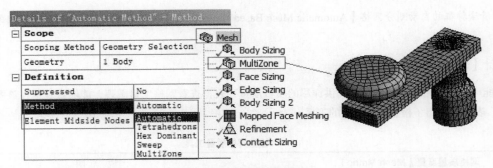

图4.6-4　3D实体网格划分

（1）自动划分网格【Automatic】。

程序基于几何的复杂性，自动检测实体，对可以扫掠的实体采用扫掠方法划分六面体网格，对不能扫掠划分的实体采用协调分片算法划分四面体网格。

（2）四面体网格【Tetrahedrons】。

操作如图4.6-5～图4.6-6所示。

生成四面体单元，采用基于TGrid的协调分片算法【Patch Conforming】和基于ICEM CFD的独立分片算法【Patch Independent】。

● 协调分片算法【Patch Conforming】采用自下而上的方法：网格划分先从边面划分，再到体，考虑所有的面及其边界，该算法适用于质量好的CAD几何模型。

● 独立分片算法【Patch Independent】采用自上而下的方法：先生成体网格，再映射到面和边生成面网格。除非指定命名选择、加载、边界条件和其他作用，否则不必考虑指定公差范围内的面及其边界，该算法适用于需要清除小特征的质量差的几何模型。

两种四面体算法都可用于零件、体及多体零件，也可用于膨胀层网格。协调分片算法的分片面及边界考虑零件实体间的相互影响采用小公差，常用于考虑几何体的小特征，可以用虚拟拓扑工具把一些面或边组成组，构成虚拟单元，从而减少单元数目，简化小特征，简化载荷提取，因此如果采用虚拟拓扑工具可以放宽分片限制。

【Mesh】上右击鼠标，选【Insert】-【Method】，选择要应用的实体，设置【Method】=Tetrahedrons，【Algorithm】=Patch Conforming，如图4.6-5所示。不同的零件和体可用不同方法，注意图中考虑几何模型的倒圆面和边的网格划分结果。

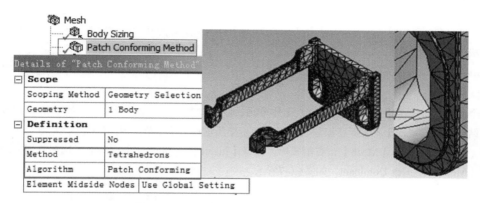

图4.6-5 设置协调分片四面体网格划分方法

独立分片算法的分片不是太严格，通常用于统一尺寸的网格。结构分析适用于协调分片算法划分，电磁分析和流体分析适合协调分片算法划分或独立分片算法划分，显式动力分析适用于独立分片算法划分或有虚拟拓扑的协调分片算法划分。

【Mesh】上右击鼠标，选【Insert】-【Method】，选择要应用的实体，设置【Method】=Tetrahedrons，【Algorithm】=Patch Independent，【Min Size Limit】=2mm，如图4.6-6所示。注意图中不考虑几何模型的倒圆面和边，划分一致网格。

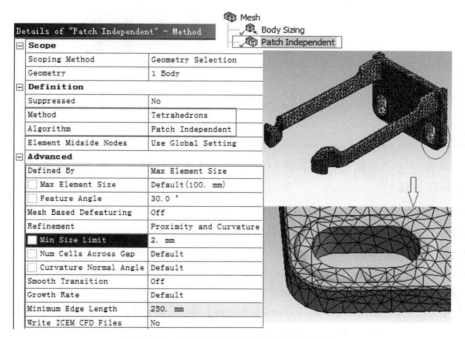

图4.6-6 设置独立分片四面体网格划分方法

明细窗口中有清除网格特征的附加设置【Mesh Based Defeaturing】；基于曲率和相邻的细化设置【Curvature and Proximity Refinement】，可以对不同体设置不同的曲率和相邻；平滑过渡选项【Smooth Transition】，可以控制增长率和局部特征角；可以写出ICEM CFD文件【Write ICEM CFD Files】。该方法考虑指定命名选择的面和边。如果【Mesh Based Defeaturing】=ON，【Defeaturing Tolerance】中输入清除特征容差，则清除容差范围内的小特征，如图4.6-6所示。

具有膨胀层的四面体网格划分可以称为棱柱层，常用于解决CFD分析中的高梯度流量变化和近壁面复杂的物理特性；解决电磁分析的薄层气隙，解决结构分析的高应力集中区。

膨胀层可以源自三角形和四边形面网格生成，可按照协调分片和独立分片四面体这两种网格划分方法增长，可使用整体网格设置和局部网格设置膨胀层。

（3）六面体网格。

六面体网格可以减少单元数量，加快求解收敛；单元和流体流动方向对齐，可提高分析精度，减少数值错误。可采用的方法有【Hex Dominant】、【Sweep】及【MultiZone】，对质量好的几何模型应首选六面体网格划分，各种六面体网格划分方法可协同工作。

● 六面体域网格【Hex Dominant】

操作如图4.6-7所示。

生成非结构化的六面体域网格，主要采用六面体单元，但是包含少量棱锥单元和四面体单元，用于那些不能扫掠的体，常用于结构分析。也用于不需要膨胀层及偏斜率和正交质量在可接受范围内的的CFD网格划分。

使用方法：导航树中选择【Mesh】，右击鼠标，选择【Insert】-【Method】，图形区选择要划分的实体确认，明细窗口中设置【Method】=Hex Dominant，如图4.6-7所示。

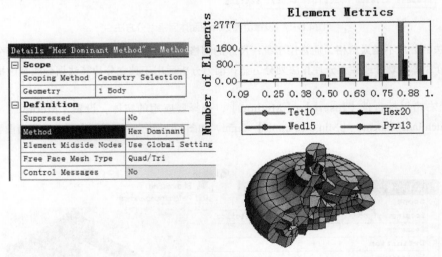

图4.6-7　六面体域网格

💿 提示 --

　　该方法推荐用于具有很大的内部体积的模型，对薄层结构或复杂形状的模型不推荐采用。用于无法扫掠的几何模型。

（4）扫掠网格【Sweep】。

操作如图4.6-8所示。

对可以扫掠的实体在指定方向扫掠面网格，生成六面体单元或棱柱单元，扫掠划分要求实体在某一方向上具有相同的拓扑结构，实体只允许一个目标面和一个源面，但薄壁模型可以有多个源面和目标面。

在【Mesh】分支上点击右键选择【Show Sweepable Bodies】可以看到能够扫掠的体，此时该体被选中。

【Mesh】上点击右键，选择【Insert】-【Method】，图形区中确认要扫掠的实体，明细窗口中设置【Method】=Sweep，如果对薄壁模型，补充设置薄层扫掠【Src/Trg Selection】=Automatic Thin，沿厚度的单元层数【Sweep Num

Divs】=2，可以得到薄层扫掠网格，参见图4.6-8。

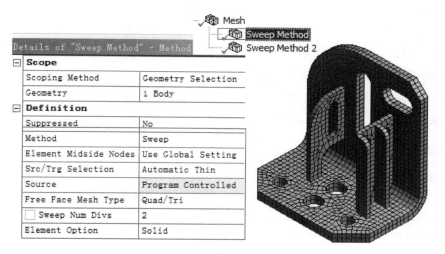

图4.6-8　薄层扫掠网格

（5）多区网格【Multizone】。

操作如图4.6-9所示。

多区网格基于ANSYS ICEM CFD六面体分块方法，自动对几何体进行分解成映射区域和自由区域，可以自动判断区域并对映射区生成结构化网格，即生成六面体/棱柱单元，对自由区域采用非结构化网格，即自由区域的网格类型【Free Mesh Type】可由四面体【Tetra】、六面体域【Hexa Dominant】或六面体核心【Hexa Core】来划分网格。

多区网格可以具有多个源面和目标面。多区网格划分和扫掠网格划分相似，但更适合于用扫掠方法不能分解的几何体。

多区网格设置如下：

● 在【Mesh】分支上点击右键选择【Insert】-【Method】，图形区中确认要划分的实体；

● 明细窗口中设置【Method】=MultiZone，选择自由区域的网格类型【Free Mesh Type】=Not Allowed/Tetra/Hexa Dominant/Hexa Core；

● 设置源面/目标面的选择方式【Src/Trg Selection】=Automatic/ManualSource，如果【Src/Trg Selection】=Manual Source，则需手工选择源面，在【Source】中确认，参见图4.6-9。

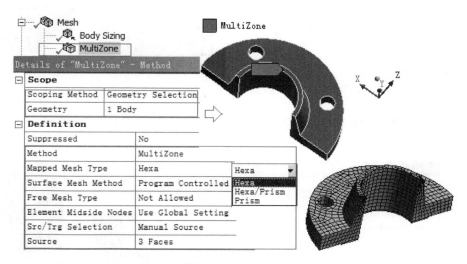

图4.6-9　多区网格

2．2D分析模型及壳单元的网格划分方法

在ANSYS产品中，Fluent及Mechanical都支持对2D单元或壳单元进行2D和3D面体分析，FLUENT的2D轴对称分析

中，在*XY*平面内生成网格，*Y*大于等于零，确保关于*X*轴对称。CFX的2D分析中，创建体网格，沿对称方向上只有一层单元，如2D平面分析采用薄块，2D轴对称分析采用<5°的薄楔片。

面网格划分方法有4种：

- 【Automatic】：自动采用四边形为主导的网格划分。
- 【Triangles】：采用三角形单元进行网格划分。
- 【Uniform Quad/Tri】：采用一致四边形或三角形单元进行网格划分。
- 【Uniform Quad】：采用一致四边形单元进行网格划分。

3．设置单元大小

步骤操作如图4.6-10～图4.6-11所示。

【Sizing】允许设置局部单元大小，每次只对一种几何体类型控制尺寸，采用如下方法。

（1）【Element Size】：在体、面或边上设置单元平均边长。

（2）【Number of Divisions】：对边指定单元份数。

- 可以指定偏斜类型【Bias Type】和偏斜因子【Bias Factor】，偏斜类型指定单元大小相对边的一端、两端或者边中心的渐变效果，偏斜因子定义最大单元边长与最小单元边长的比值。

- 行为【Behavior】可以设置【Soft】和【Hard】。【Soft】选项的单元大小将会受到整体划分单元大小的功能，如基于相邻、曲率的网格设置，以及局部网格控制的影响，【Hard】严格控制单元尺寸。

> **提示**
> 硬边或任何偏斜边与相邻的边和面之间的网格过渡可能会急剧变化，硬边或偏斜边会覆盖指定的最大面单元尺寸和最大的单元尺寸。

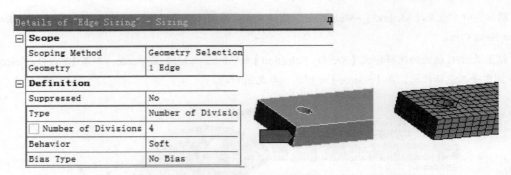

图4.6-10　设置单元份数

（3）【Sphere of Influence】：用球体设定控制单元平均大小的范围，所有包含在球域内的实体单元网格尺寸按给定尺寸划分。

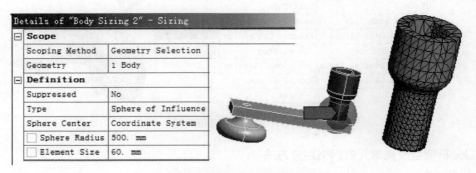

图4.6-11　球体区域控制局部网格

提示

- 对顶点指定影响球，不论高级尺寸函数是否打开都可用，在所选顶点的周围设置平均单元大小，需要指定球体的影响半径【Sphere Radius】和单元大小【Element Size】，球体中心为模型上的点。
- 对边指定影响球，需关闭高级尺寸函数才有效，球体中心坐标采用局部坐标系，影响区域包括球体范围内的指定边及相邻实体。
- 对面指定影响球，需关闭高级尺寸函数才有效，球体中心坐标采用局部坐标系，影响区域包括球体范围内的指定面及相邻实体。
- 对体指定影响球，无论是否关闭高级尺寸函数都有效，球体中心坐标采用局部坐标系，影响区域为球体范围内的实体，如图4.6-11所示。

4. 接触尺寸

步骤操作如图4.6-12所示。

接触尺寸【Contact Sizing】允许在接触面上产生大小一致的单元。

接触面定义了零件间的相互作用，在接触面上采用相同的网格密度对分析有利，在接触区域可以设定单元大小【Element Size】或相关度【Relevance】如图4.6-12所示。相关度根据指定的相关值，自动决定影响球半径和单元大小，进而决定接触面内部的单元大小。

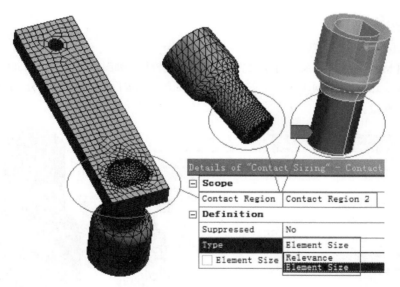

图4.6-12　接触区网格控制

5. 单元细化

步骤操作如图4.6-13所示。

【Refinement】可以对已经划分的网格进行单元细化。一般而言，网格划分先进行整体和局部网格控制，然后对被选的点、边、面进行网格细化。

该选项仅对面或边有效，对【Patch Independent Tetrahedrons】、【UniformQuad/Tri】、【Uniform Quad】这些网格划分方法无效。细化应用于生成后的网格，细化等级可以从1（最小）到3（最大），细化等级为1将单元边长一分为二，推荐使用"1"级别细化，这是在生成粗网格后，网格细化得到更密网格的简易方法，如图4.6-13所示。使用膨胀层时，程序可自动抑制细化控制。

图4.6-13　网格局部单元细化

💡 提示 ------------------------------------

单元大小控制和细化控制的区别：单元大小控制在划分前先给出平均单元长度。通常来说，在定义的几何体上可以产生一致的网格，网格过渡平滑。

细化是打破原来的网格划分。如果原来的网格不一致，细化后的网格也不一致。尽管对单元的过渡进行平滑处理，但是细化仍导致不平滑的过渡。

对同一个表面进行单元大小和细化定义时，在网格初始划分时，首先应由单元大小控制，然后再进行第二步的细化。

6. 映射面网格划分

步骤操作如图4.6-14～图4.6-15所示。

映射面网格划分【Mapped Face meshing】允许在面上生成结构网格，如图4.6-14所示，对圆柱面进行映射网格划分可以得到很一致的网格。这样对计算求解有益。如果因为某些原因不能进行映射面网格划分，网格划分仍将继续，导航树上会出现相应的标志。

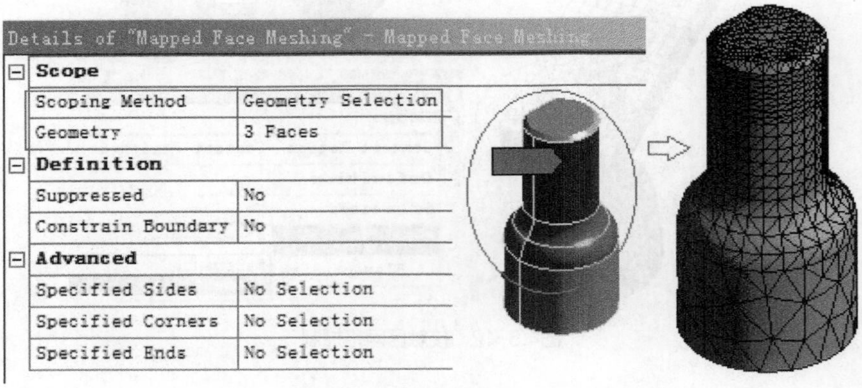

图4.6-14　映射面网格划分

选择【Mesh】右击鼠标，点击【Show】-【Mappable Faces】可显示所有能映射的面。

映射面网格提供基本和高级设置，支持【Sweep】、【Patch Conforming】、【Hexa Dominant】、基本控制和高级控制的【Quad Dominant】和【Triangles】、【Multizone】、【Uniform Quad/Tri】、基本控制的【Uniform Quad】网格划分方法。

映射面网格的顶点类型可以设置为【Specified Sides】、【Specified Corners】、【Specified Ends】三种，对映射方式进行定义。

【Specified Sides】指定夹角为136°～224°的相交边顶点为映射面顶点，和1条网格线相交；【Specified Corners】指定夹角为225°～314°的相交边顶点为映射面顶点，和2条网格线相交；【Specified Ends】指定夹角为0°～135°的相交边顶点为映射面顶点，与网格线不相交，示例如图4.6-15所示。

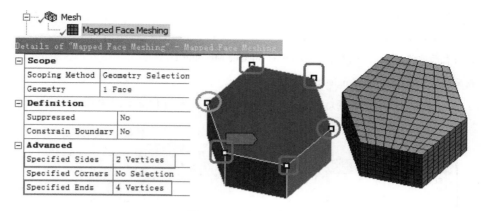

图4.6-15　映射面网格

💡提示

　　映射面网格可指定径向划分的份数【Radial Number of Divisions】，如果一个面由两个环线组成，则径向划分份数选项被激活，用于创建径向单元层数。

7. 匹配控制

步骤操作如图4.6-16所示。

匹配网格控制【Match Control】用于在3D周期对称面或2D周期对称边上划分一致的网格，尤其适用于旋转机械的旋转对称分析，因为旋转对称所使用的约束方程及其连接的截面上节点的位置除偏移外必须一致，如图4.6-16所示。

💡提示

　　匹配控制仅用于指定到匹配的面对或边对；匹配控制不支持【Post Inflation Algorithm】算法；匹配控制目前还不能采用独立分片四面体划分网格；可使用循环对称匹配【Cyclic】和任意匹配【Abritrary】两种类型的控制方法。

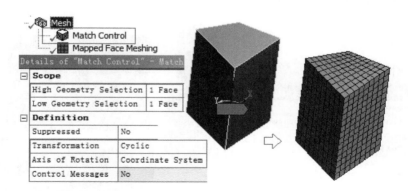

图4.6-16　循环对称模型

8. 收缩控制

步骤操作如图4.6-17所示。

收缩控制【Pintch】可以在网格上移除小特征（边或狭长区域），收缩控制只对顶点和边起作用，面和体不能收缩。下列网格划分方法支持收缩特征。

- 协调分片四面体网格划分方法【Patch Conforming Tetrahedrons】。

- 薄层实体扫掠网格划分方法【Thin Solid Sweeps】。

- 六面体域网格划分方法【Hex Dominant】。

- 四边形域的表面网格划分方法【Quad Dominant Surface Meshing】。

- 三角形表面网格划分方法【Triangles Surface】。

- 【Master】：指定保留原始几何轮廓的几何元素，【Slave】指定朝【Master】移除的几何元素。

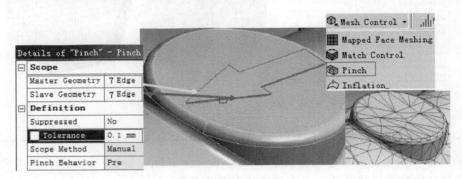

图4.6-17　收缩控制

提示

　　可以自动生效【Pinch】控制，在整体网格控制的【Defeaturing】中设置，或局部添加【Pintch】。

点对点收缩控制将在小于指定容差的边上创建，如果两条边距离在指定容差范围内，则边对边收缩控制会创建在任意一个面上。

9. 膨胀层控制

步骤操作如图4.6-18所示。

膨胀层【Inflation】沿指定边界增加单元层数，可以应用到面或体，使用相应的边或面作为边界，膨胀层更多用于流体及电磁分析，结构分析中可用于捕获应力集中。

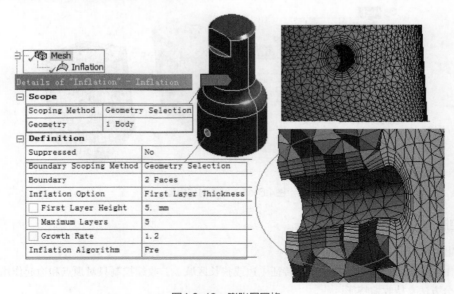

图4.6-18　膨胀层网格

4.6.6 检查网格质量

一个好的网格非常重要，可以在求解过程中将误差降低到最小，避免引起数值发散和不正确/不精准的结果。

好的网格应具有足够的网格分辨率、合适的网格分布及好的网格质量。前两项取决于整体网格划分（使用网格划分方法、高级尺寸函数、局部细化等）和针对特定的分析类型所采用的网格策略。另一方面，ANSYS可以使用不同的网格质量度量标准来量化网格质量，因此拥有高质量标准的网格并非意味着必定是好网格，尽管如此，将显示高质量标准的网格作为必要条件对生成网格是非常重要的。

1. 网格统计与网格质量度量

网格统计显示网格划分的节点和单元信息，网格质量度量标准列表在【Mesh Metric】，选取需要的标准来获取网格质量详情，它将显示最小值、最大值、平均值和标准偏差。不同的物理场和求解器，对网格质量的要求不同。

网格质量检查图表显示单元质量分布，不同的单元类型用不同的颜色来显示，可以通过点击菜单栏上的 Metric Graph 图标访问，在图表中点击需要的直方柱可显示相关的单元，如图4.6-19所示。

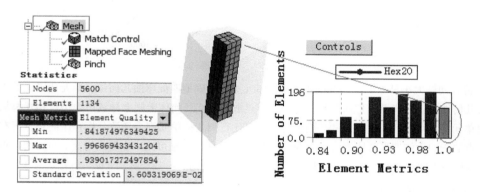

图4.6-19 查看网格质量

如果网格没有生成则出现错误信息，双击信息区打开信息窗口可查看信息，双击每个信息可显示相应错误。信息窗口中右击鼠标，选【Show Problematic Geometry】显示存在问题的几何，程序以线框图显示问题区域。

直方图分布由 Controls 按钮控制，Y轴上的单元可通过两种方法显示，分别为单元数量和体积/面积的百分比。图表中可以改变轴的范围及选择需要的单元类型进行显示。

> 💡提示
>
> 在导航树中单击零件或体，可在零件或体上显示网格统计。

2. ANSYS中提供的网格质量度量标准如下

● 单元质量【Element Quality】：

除了线单元和点单元以外，基于给定单元的体积与边长的比值计算模型中的单元质量因子。该选项提供一个综合的质量度量标准，范围为0~1，1代表完美的正方体或正方形，0代表单元体积为零或负值。

● 纵横比【Aspect Ratio】：

纵横比对单元的三角形或四边形顶点计算长宽比，参见图4.6-20，理想单元的纵横比为1，对于小边界、弯曲形体、细薄特性和尖角等，生成的网格中会有一些边远远长于另外一些边。结构分析应小于20，如四边形单元警告限值为20，错误限值为1E6。

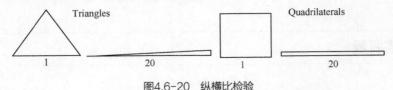

图4.6-20　纵横比检验

● 雅克比率【Jacobian Ratio】：

除了线性的三角形及四面体单元，或者完全对中的中间节点的单元以外，雅可比率计算所有其他单元，高雅克比率代表单元空间与真实空间的映射极度失真，参见图4.6-21。

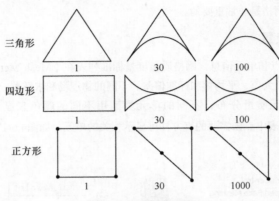

图4.6-21　雅可比率检验

雅可比率检查同样大小尺寸下，二次单元比线性单元更能精确地匹配弯曲几何体。单元边界上的中边节点被放置在模型的真实几何体上。在尖劈或弯曲边界，将中边节点放在真实几何体上则会导致产生边缘相互叠加的扭曲单元。一个极端扭曲单元的雅可比行列式是负的，而具有负雅可比行列式的单元则会导致分析程序终止。所有中边节点均精确位于直边中点的正四面体的雅可比率为1.0。随着边缘曲率的增加，雅可比率也随之增大。单元内一点的雅可比率是单元在该点处的扭曲程度的度量，雅可比率小于等于40是可以接受的。

● 翘曲因子【Warping Factor】：

对某些四边形壳单元及六面体、棱柱、楔形体的四边形面计算，参见图4.6-22，高翘曲因子暗示程序无法很好地处理单元算法或提示网格质量有缺陷。

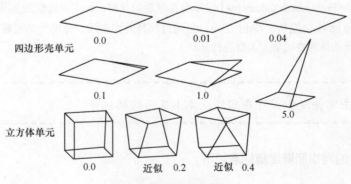

图4.6-22　翘曲因子检验

理想的无翘曲平四边形值为0，对薄膜壳单元的错误限值为0.1，对大多数壳单元的错误限值为1，但Shell181允许承受更高翘曲，翘曲因子的峰值可达7，对这类单元，翘曲因子为5时，程序给出警告信息。一个单位正方体的面产生22.5°及45°的相对扭曲，相当于产生的扭曲因子分别为0.2及0.4。

● 平行偏差【Parallel Deviation】：

以单元边构造单位矢量，对每对对立边，点乘单位矢量，对点乘结果取反余弦得到平行偏差角度。理想值为0°，无中间节点的四边形的警告限值为70°，如超过150°则给出错误信息，参见图4.6-23。

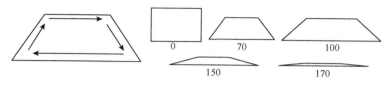

图4.6-23　平行偏差检验

● 最大顶角【Maximum Corner Angle】：

除了Emag或FLOTRAN单元，其他所有单元都计算最大顶角，如无中间节点的四边形单元该项警告限值为155°，而其错误限值为179.9°，理想三角形最大顶角为60°，四边形最大顶角为90°，参见图4.6-24。

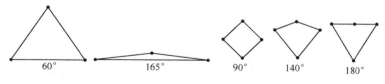

图4.6-24　最大顶角检验

● 倾斜度【Skewness】：

倾斜度是基本的单元质量检测标准之一，倾斜度确定如何接近理想形状（等边或等角）最优值为0，最差值为1，参见图4.6-25，表4.6-3给出倾斜度的单元质量评估范围。

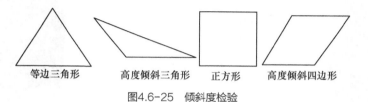

图4.6-25　倾斜度检验

表4.6-3　　　　　　　　　　　　　　　　　　倾斜度质量评估

单元质量	等边	优秀	好	中等可接受	次等	坏（狭条）	退化
倾斜度	0	>0 ~ 0.25	0.25 ~ 0.5	0.5 ~ 0.75	0.75 ~ 0.9	0.9 ~ 1	1

● 正交质量【Orthogonal Quality】：

正交质量对单元采用面法向矢量、从单元中心指向每个相邻单元中心的矢量，以及从单元中心指向每个面的矢量计算。对面采用边的法向矢量，以及从面中心到每个边中心的矢量计算。变化范围0～1，最优值为1，最差值为0，参见图4.6-26。

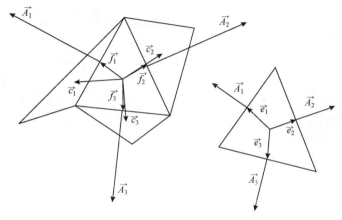

图4.6-26　正交质量计算矢量

4.6.7 虚拟拓扑

虚拟拓扑【Virtual Topology】允许为了更好地进行网格划分而合并面，可以简化模型的细节特征、简化结构分析的载荷、可以创建切割边获得更好的面网格。虚拟拓扑将表面与边连接在一起用于网格控制，【Virtual Topology】放在【Model】分支中。

虚拟单元【Virtual Cell】为一组相邻的表面但作为一个表面处理，网格划分时不再考虑原表面内的线，虚拟单元可以自动生成或通过鼠标右键【Insert > Virtual Cell】创建。自动生成时，虚拟拓扑明细窗口中的【Behavior】控制【Merge Face Edges】的松紧程度，参见图4.6-27。

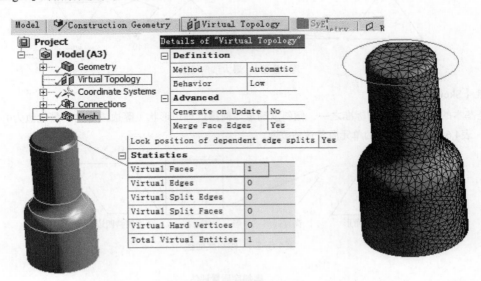

图4.6-27　创建虚拟拓扑

虚拟单元【Virtual Cell】修改几何拓扑，可以把小面缝合到一个大的面中，属于虚拟单元原始面上的内部线，不再影响网格划分，所以划分这样的拓扑结构可能和原始几何体会有不同，如图4.6-28所示。

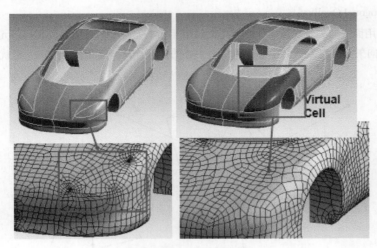

图4.6-28　虚拟拓扑网格

虚拟单元通常用于删除小特征从而在特定的面上减小单元密度，或删除有问题几何体，如长缝或是小面，从而避免网格划分失败。但是，由于虚拟单元改变了原有的拓扑模型，因此内部的特征如果有加载、约束等将不再考虑。

手工创建虚拟拓扑的方法如下。

- 导航树中选择【Model】，右击鼠标，选【Insert】→【Virtual Topology】。
- 导航树中选择虚拟拓扑【Virtual Topology】。
- 图形区选择面或边，右击鼠标，插入虚拟单元【Insert】→【Virtual Cell】。

对虚拟单元可以创建边分割与面分割，如选择虚拟拓扑【Virtual Topology】，图形区选择边，工具栏中选择【Virtual Split Edge at+】或【Virtual Split Edge】可分割选择的边，明细窗口中可输入分割比【Split Ratio】。

使用边分割：可以增加边约束提升网格质量，边分割可以移动，导航树中选择虚拟边，按住F4键，然后沿着边用鼠标移动红点。结果如图4.6-29所示。

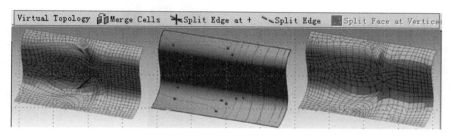

图4.6-29 虚拟边分割网格

4.6.8 预览和生成网格

1. 生成及预览网格

导航树中右击【Mesh】出现快捷菜单，在一个体上右击鼠标，则对所选择的体可直接进行网格划分。

【Generate Mesh】生成整体网格，预览表面网格【Preview Surface Mesh】只创建表面网格，当使用独立分片四面体网格、多区网格时不能预览表面网格。使用直接网格方法时，因为它会删除已存在的体网格来计算面网格，所以也不推荐使用，此时，对所选体生成网格可以更好地查看表面网格，如图4.6-30所示。

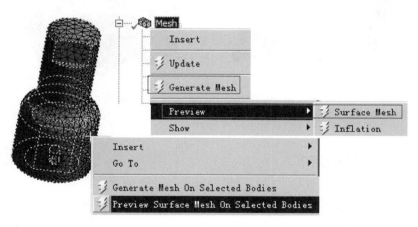

图4.6-30 生成及预览网格

💡 提示

推荐用于整体网格生成之前检查表面网格质量，这样可以节省大量网格划分的时间。预览表面表格后，可以导出表面网格到其他的模块，在其他模块中生成体网格。

2. 剖面

剖面【Section Plane】用于显示网格划分的内部单元，设置剖面后，可显示剖面任一侧的单元，关闭或删除剖面，则显示整体单元。支持多个剖面，对大模型，可先切换到导航树下的几何模式创建剖面，然后返回到网格模型，如图4.6-31所示。

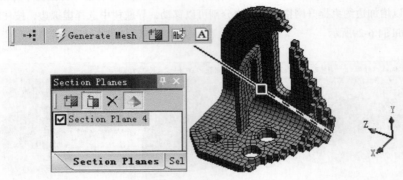

图4.6-31　剖面显示网格

4.7　六面体网格划分案例——卡箍连接模型

下面给出卡箍连接模型的网格划分案例，讲述综合使用前面提到的多种网格控制方法，如薄层扫掠、多区网格、映射面、尺寸控制等，六面体网格划分参见图4.7-1。

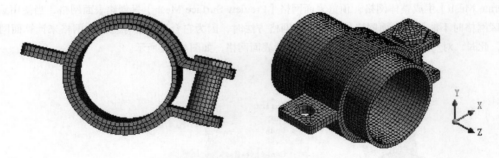

图4.7-1　卡箍连接模型的六面体网格

详细操作过程如下。

1. 导入几何模型，生成默认网格

步骤操作如图4.7-2所示。

（1）WB中将【Mesh】组件或结构分析系统【Static Structural】调入项目流程图，修改标题为Pipe Clamp，【Geometry】单元格上右击鼠标，选【Import Geometry】导入几何文件Pipe-Clamp.stp，并保存文件为Pipe Clamp.wbpj。

（2）WB双击A4单元格，进入Mechanical分析程序窗口，导航栏中选【Mesh】-【Update】更新生成默认网格，明细窗口查看网格平均质量0.76：【Mesh Metric】=Element Quality，图形区显示管件为六面体单元，其他为四面体单元。

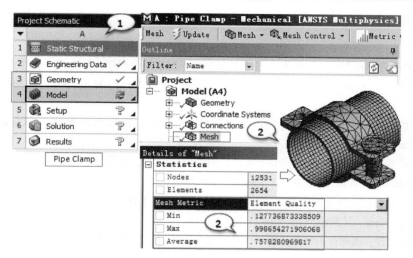

图4.7-2　导入几何模型，生成默认网格

2．修改几何模型

步骤操作如图4.7-3所示。

（1）返回WB，双击【Geometry】单元格进入DM，选择mm单位，点击【Generate】生成模型，模型包含3个实体。

（2）处理模型，将模型分割为可以扫掠的实体。选择【Create】-【Slice】创建切片特征【Slice1】。

（3）明细窗口设置【Slice Type】=Slice by Surface，图形区选卡箍弧面为分割面，在明细窗口点击【Apply】确认，【Slice Target】=Selected Bodies，图形区选择要分割的卡箍实体（青色）点击【Apply】确定，则【Bodies】=1。工具栏中点击【Generate】，生成实体切片，原先的卡箍Clamp分割为4个实体。

（4）菜单栏中选择【Create】-【Boolean】，创建布尔操作特征【Boolean1】，明细窗口设置【Operation】=Unite，图形区选卡箍靠近螺栓的3个实体，在明细窗口点击【Apply】确认，使【Tool Bodies】=3 Bodies，合并这3个实体。

（5）工具栏中点击【Generate】，导航栏及图形区显示最后生成4个实体零件。

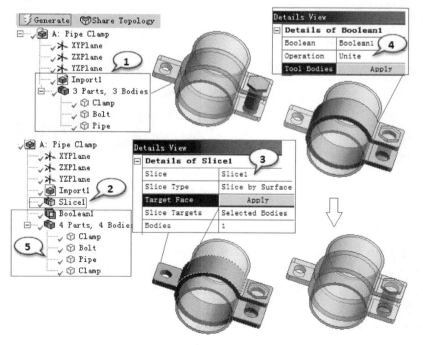

图4.7-3　修改几何模型

3．装配体网格划分

步骤操作如图4.7-4～图4.7-5所示。

（1）切换到WB项目流程图中，双击【Mesh】单元格进入网格划分程序，导航树中选择【Mesh】，分别插入扫掠、多区及映射面命令。【Mesh Control】-【Method】=Sweep；【Method】=Multizone，【Mesh Control】-【Mapped Face Meshing】。

（2）【Mesh】的整体网格控制如下：【Use Advanced Size Function】=on: Curvature；【Curvature Normal Angle】=30°；【Max Face Size】=2.5mm，其余默认。

（3）薄层扫掠设置：图形区选择卡箍的2个实体，明细窗口中【Geometry】处确认后为2 Bodies，【Method】=Sweep，【Src/Trg Selection】=Automatic Thin，【Sweep Num Divs】=2。

（4）多区设置：图形区选择螺栓实体，明细窗口中【Geometry】处确认后为1 Body，【Method】=MultiZone，【Mapped Mesh Type】=Hexa，【Free Mesh Type】=Not Allowed。

（5）映射面网格设置：图形区选择管件的一个环面及卡箍弧面，明细窗口中【Geometry】处确认后为2 Faces，其他默认。

图4.7-4　装配体网格划分

💬 **提示** --

薄层扫掠【Thin Sweep】对薄层实体允许沿厚度方向分层进行扫掠，对多体零件，沿厚度方向仅划分一层单元，对装配体沿厚度方向则可以划分多层单元。选择扫掠网格划分方法【Sweep】后，可以设置自动薄层扫掠【Automatic Thin】或手动薄层扫掠【Manual Thin】，设置沿厚度方向的分割数。

（6）工具栏中点击【Generate】，网格划分结果如图4.7-5所示。

工具栏点击切平面按钮，切开装配体，可看到内部网格也是六面体单元，选择【Mesh】明显窗口下的统计功能，查看网格质量【Mesh Metric】，可看到网格质量平均值提升到0.95。

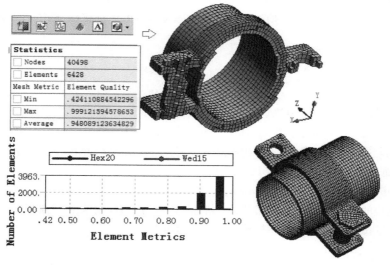

图4.7-5 网格划分结果

4.8 四面体网格划分案例——螺线管模型

本例使用结构网格控制功能增强模型的网格划分，先对螺线管采用默认网格划分并检查结果，然后采用不同的网格控制方法提高四面体网格质量。简述操作过程如下。

1. 导入几何模型，生成默认网格

步骤操作如图4.8-1所示。

（1）WB中将结构分析系统【Static Structural】调入项目流程图，修改标题为Pipe Clamp，【Geometry】单元格上右击鼠标，选【Import Geometry】导入几何文件Solenoid-Body.stp，并保存文件为Solenoid.wbpj。

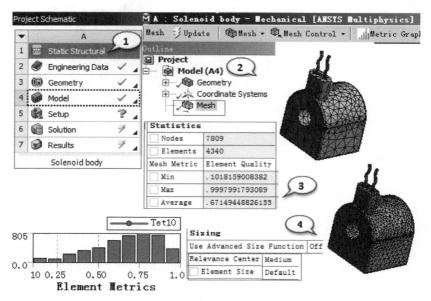

图4.8-1 导入几何模型，生成默认网格

（2）WB双击A4单元格，进入Mechanical分析程序窗口，导航栏中选【Mesh】，右击鼠标选【Generate Mesh】生成默认网格。

（3）明细窗口查看网格平均质量为0.67：【Mesh Metric】=Element Quality，图形区显示四面体单元。

（4）基于观察结果，采用细化网格，明细窗口中选【Sizing】-【Relevance Center】=Medium，重新生成网格，查看结果网格平均质量0.71。

2. 虚拟拓扑

步骤操作如图4.8-2所示。

查看连接面处有狭缝，采用虚拟拓扑来清除。

（1）插入虚拟拓扑工具，【Mesh】工具栏选择【Virtual Topology】。

（2）由于夹缝面与边相切，下面将其合并为虚拟单元，为了保留基本的拓扑关系，我们将表面合并为不同的虚拟单元，而不是将所有面合并到一起，这样图形区选2个面。

（3）合并为1个虚拟单元，右击鼠标选【Insert】-【Virtual Cell】。

（4）同样上下对应的每2个面合并为1个虚拟面，创建总共6个虚拟面，相交为4个虚拟边。

（5）【Update】重新生成网格，查看网格平均质量提升到0.73。

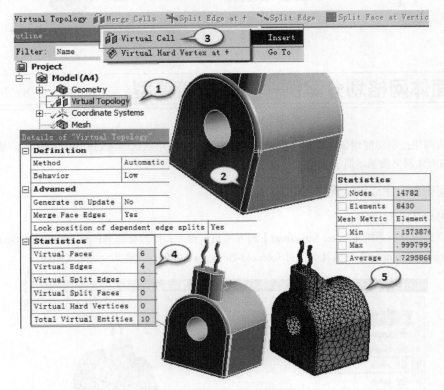

图4.8-2 虚拟拓扑清理狭缝

3. 插入其他网格控制方式

步骤操作如图4.8-3所示。

（1）导航栏中选【Mesh】。

（2）插入映射面网格，选图示3个平面，右击鼠标选【Insert】-【Mapped Face Meshing】，然后生成网格，显示出更规则的网格。

（3）对筋板指定表面单元的大小，选筋板面，右击鼠标选【Insert】-【Sizing】，设置局部细化单元大小【Element Size】=1mm。

（4）选筋板的4条边，右击鼠标选【Insert】-【Sizing】，设置【Type】=Number of Divisions，【Number of

Divisions】=10。

（5）【Mesh】的整体网格控制如下：【Use Advanced Size Function】=on: Curvature；其余默认。

（6）重新生成网格【Generate Mesh】，对比两次的网格划分结果，网格质量上升为0.81。

图4.8-3　网格控制方式及网格划分结果

💧提示

这里给出提高四面体网格的控制方式，本例也可使用六面体单元划分网格，网格质量会更好，具体操作方式与卡箍连接模型相似，具体操作这里略过，给出示例图4.8-4供参考，网格节点58521，单元12004，网格平均质量0.91。

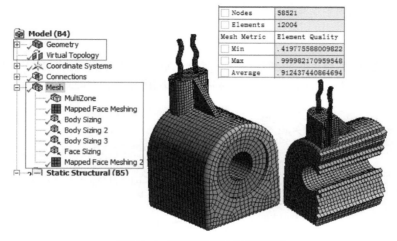

图4.8-4　螺线管模型的六面体网格

4.9 杆梁结构分析模型及算例

4.9.1 杆梁结构计算模型及简化原则

　　杆梁结构是指长度远大于其横截面尺寸的构件组成的杆件系统。例如机床中的传动轴、厂房刚架与桥梁结构中的梁杆等。

　　将实际模型简化为杆梁结构分析模型，其简化原则基于反映实际结构的主要力学特性，略其次要细节，显示其基本特点，使分析计算尽可能简便。对于刚性连接的框架结构，梁承受拉、压、弯曲、扭转，分析模型所用的单元主要为梁单元，对于连接采用铰接的桁架结构（如图4.9-1所示），杆件只受拉压作用，则采用桁架单元，当然这并不绝对，组合模型中可以同时包含多种单元。

图4.9-1　桁架结构

简化内容包括以下几个方面。

- 体系简化：空间结构体系简化为平面结构体系。
- 杆件简化：将杆件用杆件的轴线取代。
- 结点简化：将连接结点简化为刚性结点、铰接结点、半铰接结点（组合结点）。
- 支座简化：将支座简化为固定铰支座、可动铰支座、固定端支座、滑动支座、滑动支座（定向支座）
- 载荷简化：将复杂载荷简化为集中力、分布载荷、集中力偶等。

1. 体系简化

　　有时把实际的空间结构（忽略次要的空间约束）分解为平面结构。如对于多跨多层的空间刚架，根据纵横向刚度和荷载（风载、地震力、重力等），截取纵向或横向的平面刚架来分析，如图4.9-2所示。

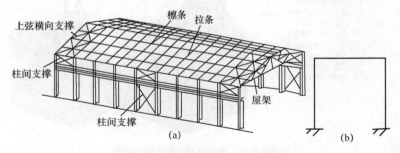

图4.9-2　空间结构截取的横向刚架

2. 杆件简化

除了短杆深梁外，杆件用其轴线表示，杆件之间的连接区域用结点表示，并由此组成杆件系统（杆系内部结构）。杆长用结点间的距离表示，并将荷载作用点转移到杆件的轴线上。

3. 结点简化

杆件间的连接区简化为杆轴线的汇交点（称结点），杆件连接理想化为铰结点、刚结点和组合结点，如图4.9-3所示。各杆在铰结点处互不分离，但可以相互转动（如木屋架的结点）；各杆在刚结点处既不能相对移动，也不能相对转动，因此相互间的作用除了力以外还有力偶（如现浇钢筋混凝土结点）。组合结点即部分杆件之间属铰结点，另一部分杆件之间属刚结点（有时也称半铰结点或半刚结点）。

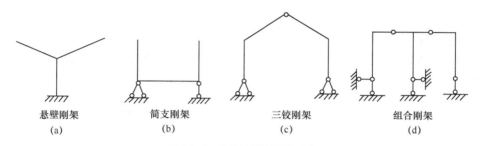

悬臂刚架　　　　简支刚架　　　　三铰刚架　　　　组合刚架
　(a)　　　　　　(b)　　　　　　(c)　　　　　　(d)

图4.9-3　杆件连接理想化形式

在确定结点时，除要考虑结点的构造情况外，还要考虑结构的几何组成情况。

例如工程中的钢桁架和钢筋混凝土桁架，虽然从结点构造上看接近于刚结点，但其受力状态却与一般刚架不同，因为其几何构造是桁架，几何不变性不依靠结点的刚性，因此结点处弯矩很小。也就是说，轴力是主要的，弯曲内力是次要的，把各结点简化为铰结点，按理想桁架计算主要内力是合理的。但空腹梁则不同，如果把所有刚结点都改为铰结点，则不能维持几何不变，其承载性能依赖于结点的刚性，所以结点必须取为刚结点，按刚架计算。

4. 支座简化

工程上将结构或构件连接在支承物上的装置，称为支座。在工程上常常通过支座将构件支承在基础或另一静止的构件上。支座对构件就是一种约束。支座对它所支承的构件的约束反力也叫支座反力。支座的构造是多种多样的，其具体情况也是比较复杂的，只有加以简化，归纳成几个类型，才便于分析计算。

支座按其受力特征分为五种：活动铰支座（滚轴支座），固定铰支座，定向支座（滑动支座），固定（端）支座和弹性（弹簧）支座，前四种支座在理论力学中出现过。

（1）活动铰支座（如图4.9-4所示）：垂直方向不能移动，可以转动，可以沿水平方向移动。

如图4.9-4（a）所示，构件与支座用销钉连接，而支座可沿支承面移动，这种约束，只能约束构件沿垂直于支承面方向的移动，而不能阻止构件绕销钉的转动和沿支承面方向的移动。所以，它的约束反力的作用点就是约束与被约束物体的接触点。约束反力通过销钉的中心，垂直于支承面，方向可能指向构件，也可能背离构件，视主动力情况而定。简图如4.9-4（b）所示，支反力如图4.9-4（c）所示。

（2）固定铰支座：可以转动，水平、垂直方向不能移动。

如图4.9-5（a）所示，构件与支座用光滑的圆柱铰链连接，构件不能产生沿任何方向的移动，但可以绕销钉转动，可见固定铰支座的约束反力与圆柱铰链约束相同，即约束反力一定作用于接触点，通过销钉中心，方向未定。

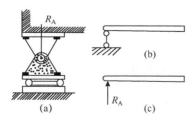

图4.9-4　活动铰支座

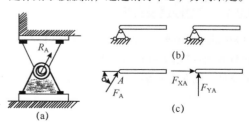

图4.9-5　固定铰支座

固定铰支座的简图如图4.9-5（b）所示。约束反力如图4.9-5（c）所示，可以用F_{RA}和一未知方向角α表示，也可以用一个水平力F_{XA}和垂直力F_{YA}表示。

（3）固定（端）支座。

如图4.9-6（a）所示，结构一端完全嵌固，一端悬空。在嵌固端，既不能沿任何方向移动，也不能转动，为固定端支座，简图如图4.9-6（b）所示，所以固定端支座除产生水平和竖直方向的约束反力外，还有一个约束反力偶，其支座反力表示如图4.9-6（c）所示。

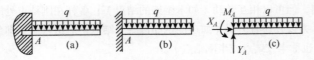

图4.9-6　固定端支座

（4）定向支座（图4.9-7）。

定向支座，就是滑动支座，梁搭在支座垫块上，但没有固定死，可以进行热胀冷缩的位移调整，相对于滚动支座而言调整量小些。

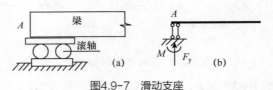

图4.9-7　滑动支座

（5）弹性支座。

弹性支座在提供反力的同时产生相应的位移，反力与位移的比值保持不变，称为弹性支座的刚度系数。弹性支座既可提供移动约束，也可提供转动约束。

当支座刚度与结构刚度相近时，宜简化为弹性支座。当结构某一部分承受荷载时（如研究结构稳定问题），其相邻部分可看作是该部分的弹性支承，支座的刚度取决于相邻部分的刚度（如将斜拉桥的斜拉索简化为弹簧支座）。当支座刚度远大于或远小于该部分的刚度时，弹性支座则向前四种理想支座转化。

5. 载荷简化

结构承受的荷载分为体积力（结构的自重或惯性力）和表面力两大类，都作用于杆件轴线上，并简化为分布荷载和集中荷载。

4.9.2　9m单梁吊车弯曲模型及截取边界补强模型的强度分析

在工业厂房中，钢结构吊车梁在设备或工件起吊或支撑中使用广泛，其结构强度直接影响着吊车的吨位及生产的安全性。这里以9m单梁吊车弯曲的强度分析为例，给出有限元方法处理现有结构设计规范中简支吊车梁的强度校核问题，并对不满足强度要求的吊车梁进行局部补强，利用边界上传递的弯矩，简化模型后重新进行强度校核。

4.9.2.1　问题描述及分析

图4.9-8中的单梁吊车跨度L=9m，由No45a工字钢制成，材料的$[\sigma]$=140MPa。

1. 试计算能否起吊F=100kN的重物？
2. 若不能，则在上下翼缘各焊接一块150×10的钢板，钢板长a=5m，再校核其强度。

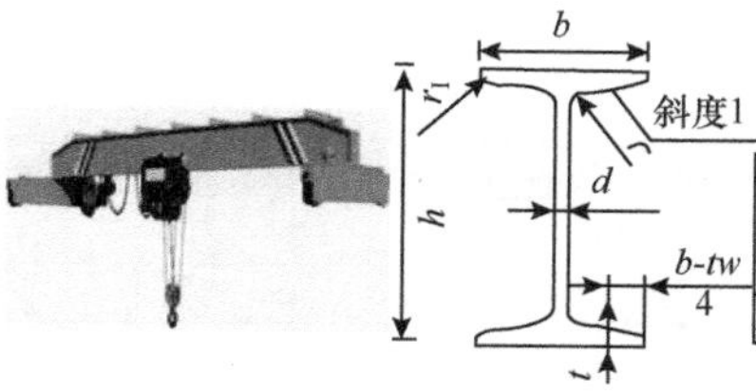

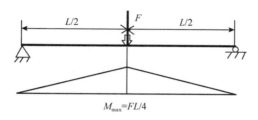

图4.9-8　单梁吊车及工字钢横截面几何尺寸

型号	尺寸（mm）					
	h	b	d	t	r	r_1
45a	450	150	11.5	18	13.5	6.8

理论分析如下：

当校核未加固梁的强度且小车位于梁的中点时，在梁的中点位置处弯矩最大，单梁吊车简化为受中间集中力作用的简支梁模型，计算简图如图4.9-9所示。

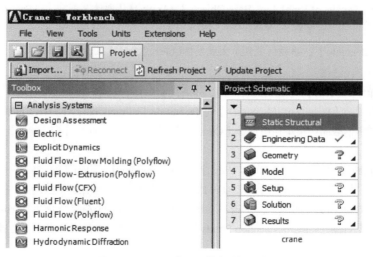

图4.9-9　单梁吊车计算简图

梁弯曲的最大正应力为：

$$\sigma_{\max} = \frac{M_{\max} y}{I_z} = \frac{100000 \times 9 \times 0.225}{4 \times 0.00032009} = 158.16\text{MPa} > [\sigma] = 140\text{MPa}$$

所以此梁不能起吊F=100kN的重物，下面给出有限元数值的模拟过程，为了方便和理论值对比，材料参数中，弹性模量E=2e11Pa，泊松比为0。

4.9.2.2　单梁吊车弯曲数值模拟过程

1. 运行

程序→【ANSYS15.0】→【Workbench 15.0】，进入Workbench数值模拟平台，鼠标左键点击OK按钮关闭欢迎窗口。

2. 【Workbench】设置静力分析系统

工具箱中将静力分析系统【Static Structural】拖入到【Project Schematic】，键入分析系统名称crane，点击【Save】按钮，保存项目文件名称为crane.wbpj，如图4.9-10所示。

图4.9-10　WB中设置静力分析系统

3. 修改默认的结构钢材料属性（图4.9-11）

Properties of Outline Row 3: Structural Steel

	A	B	C
1	Property	Value	Unit
2	Density	7850	kg m^-3
3	⊟ Isotropic Secant Coefficient of Thermal Expansion		
4	Coefficient of Thermal Expansion	1.2E-05	C^-1
5	Reference Temperature	22	C
6	⊟ Isotropic Elasticity		
7	Derive from	Young's Modulus and Poisson's Ratio ▼	
8	Young's Modulus	2E+11	Pa
9	Poisson's Ratio	0	
10	Bulk Modulus	6.6667E+10	Pa
11	Shear Modulus	1E+11	Pa

图4.9-11　修改默认的结构钢材料属性

4. 创建几何模型

步骤操作如图4.9-12所示。

（1）画线。

● WB分析系统A中用鼠标左键双击几何【Geometry】单元格，进入DM。

● 默认尺寸的显示单位为m，菜单中选择【Units】-【Meter】。

● 导航树中选【XYPlane】工作平面，工具栏点击新草图按钮 图 创建新草图【Sketch1】。

● 选择【Sketching】标签选项。

● 选择【Draw】下面的画线命令【Line】，草图中拖拉鼠标画线。

● 选择尺寸标注【Dimensions】。

● 图形区分别点击线拖放鼠标显示水平尺寸，显示为H1。

● 明细窗口中设置尺寸：【Details View】→【Dimensions】→【H1】=9m。

（2）【Modeling】模式中创建线体。

● 选择【Modeling】标签，根据草图创建线体：菜单栏中选择【Concept】-【Lines From Sketches】。

● 导航栏中选取【XYPlane】下的草图【Sketch1】。

● 明细窗口中点击【Details of Line1】-【Base Objects】=Apply确认所选草图，【Operation】=Add Frozen则将线体冰冻。

● 工具栏中选择【Generate】；导航栏中显示生成线体Line1，图形区显示生成的线体。

（3）分割线体：图形区选线。

（4）菜单栏中选择【Concept】-【Split Edges】。

（5）明细窗口中设置：【Details of EdgeSplit1】-【Definition】=Fractional；【FD1, Fraction】=0.5。

（6）将线体赋予工字钢截面：菜单栏中选择【Concept】-【Cross Section】-【I Section】；导航栏中会出现【Cross Section】-【I1】。

（7）输入工字钢截面尺寸，选择【Details View】-【Dimensions】-【W1】=0.15m，【W2】=0.15m，【W3】=0.45m，【t1】=0.018m，【t2】=0.018m，【t3】=0.0115m，工字钢截面显示在图形区。

（8）对线体赋予圆截面，选择导航栏【1 Parts, 1 Body】下面线体，明细窗口设置【Cross Section】=I1。

（9）菜单栏中勾选【View】-【Cross Section Solids】，图形区线体以横截面的实体方式显示。

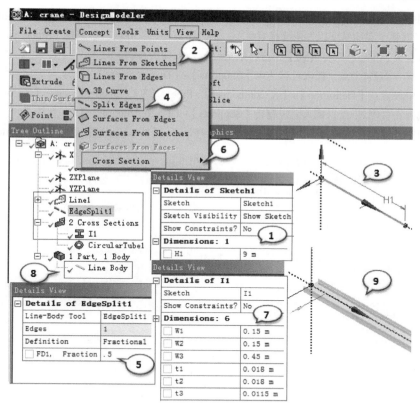

图4.9-12　创建几何模型

5. 切换回WB项目流程窗口，双击【Setup】单元格，进入【Mechanical】分析环境

6. 静力分析中分配材料及网格划分

步骤操作如图4.9-13所示。

（1）分配材料为默认（此步可省略）；导航树中选择【Mesh】，工具栏中单击【Mesh Control】-【Sizing】。

（2）工具栏中单击选线按钮 ，图形区选择2条线。

（3）单元尺寸明细窗口中设置单元大小为0.1m，【Element Size】=0.1m。

（4）右击鼠标，选【Generate Mesh】生成网格，图形区显示梁单元网格。

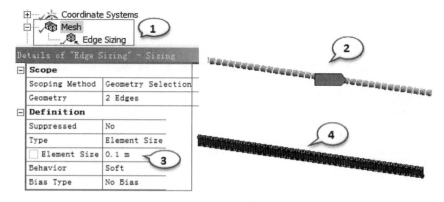

图4.9-13　网格划分

7. 施加约束

步骤操作如图4.9-14所示。

（1）工具栏中选点选按钮 🔲，图形区选择左侧第1个点。（菜单栏中勾选【View】-【Cross Section Solids（Geometry）】，可以显示实体模型以方便选择对象）。插入简支约束：导航树中选择【Static Structural（A5）】，工具栏中选【Supports】→【Simply Supported】，这将限制x, y, z方向的移动。

（2）图形区选择右侧第1个点，插入位移约束【Supports】-【Displacement】。

（3）明细窗口中设置：【Definition】-【X Component】=Free；【Y Component】=0，【Z Component】=0。

（4）图形区选择左右侧2个点，插入固定旋转【Supports】-【Fixed Rotation】。

（5）明细窗口中设置：【Definition】→【Rotation X】=Fixed；【Rotation Y】=Free；【Rotation Z】=Fixed。

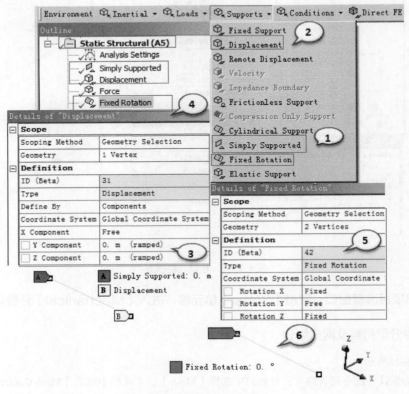

图4.9-14　施加约束

8. 施加载荷

步骤操作如图4.9-15所示。

（1）工具栏中选点选按钮 🔲，图形区选择中间点。

（2）施加集中力：导航树中选择【Static Structural（A5）】，工具栏中选【Loads】→【Force】。编辑【Force】属性，施加负Z轴方向力100kN，明细窗口中设置【Definition】→【Define by】=Components；【Z Component】=-100000N。

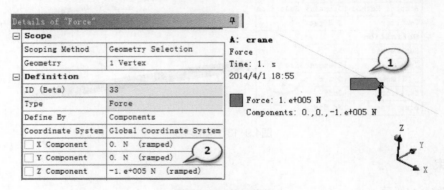

图4.9-15　施加载荷

9. 添加求解选项并求解

步骤操作如图4.9-16所示。

（1）工具栏中点击选线按钮🔲，右击鼠标，快捷菜单中点击选择所有命令【Select All】；导航栏中选择【Solution（A6）】；求解工具栏中添加总变形结果，选择【Deformation】-【Total】。

（2）求解工具栏中添加梁工具，选【Tools】-【Beam Tool】。

（3）求解工具栏中插入梁分析结果【Beam Results】-【Shear-Moment Diagram】、【Bending Moment】、【Shear Force】等。

（4）工具栏中点击【Solve】求解。

（5）计算完成后，导航栏总变形【Total Deformation】、梁单元总剪力-弯矩图【Total Shear-Moment Diagram】、梁单元总弯矩【Total Bending Moment】、梁单元总剪力【Total Shear Force】及梁工具【Beam Tool】显示绿勾。

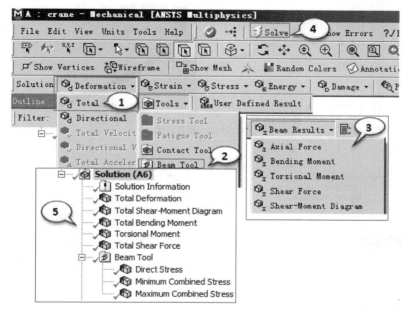

图4.9-16　添加求解选项并求解

10. 查看结果

步骤操作如图4.9-17所示。

（1）分别查看：导航栏中选择总变形【Total Deformation】，最大变形在梁中间，为0.02418m。

（2）导航栏中展开【Beam Tool】，选择【Maximum Combined Stress】，图形区显示最大组合应力，由于横截面均布轴向拉应力为0，组合拉应力也就是最大弯曲应力，图中看到中间最大拉应力值为158.16MPa。

（3）导航栏中选总弯矩【Total Bending Moment】，图形区显示梁单元上的总弯矩最大在中间段为2.25e8 Nmm。

（4）导航栏中选总剪力【Total Shear Force】，梁单元上的剪力为常值50000 N。

11. 剪力弯矩图中获取弯矩数据

步骤操作如图4.9-18所示。

（1）导航栏中选择总剪力弯矩图【Total Shear-Moment Diagram】。

（2）以梁为路径，总剪力、总弯矩、总位移图会显示在工作表、图形、数据表中，为对称分布，这里我们查看到2m处弯矩为1e8Nmm，该数据将用于后续局部补强计算的分析模型中。

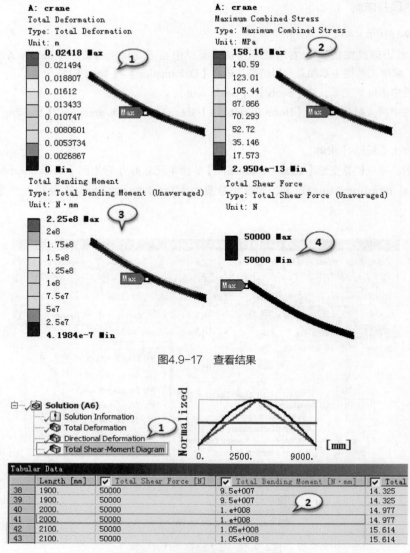

图4.9-17　查看结果

	Length [mm]	✓ Total Shear Force [N]	✓ Total Bending Moment [N·mm]	✓ Total
38	1900.	50000	9.5e+007	14.325
39	1900.	50000	9.5e+007	14.325
40	2000.	50000	1.e+008	14.977
41	2000.	50000	1.e+008	14.977
42	2100.	50000	1.05e+008	15.614
43	2100.	50000	1.05e+008	15.614

图4.9-18　剪力弯矩图中获取弯矩数据

4.9.2.3　单梁吊车截取边界补强模型弯曲数值模拟过程

1. 复制分析系统A

WB项目流程图中复制分析系统A：分析系统A【Static Structural】，右击鼠标选择【Duplicate】，则复制新系统B，修改标题名称crane with reinforcing bar，点击【Save】按钮，保存项目文件，如图4.9-19所示。

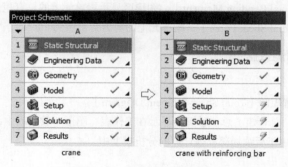

图4.9-19　WB中复制分析系统A

2. 创建几何模型

步骤操作如图4.9-20所示。

（1）WB分析系统B中用鼠标左键双击几何【Geometry】单元格。进入DM，默认尺寸的显示单位为m，菜单中选择【Units】-【Meter】，导航树中选【XYPlane】工作平面草图【Sketch1】。

（2）明细窗口中修改尺寸：【Details View】→【Dimensions】→【H1】=5m。

（3）线体赋予工字钢截面：菜单栏中选择【Concept】-【Cross Section】-【I Section】；导航栏中会出现【Cross Section】-【I1】。

（4）修改工字钢截面尺寸，选择【Details View】-【Dimensions】-【W1】=0.15m，【W2】=0.15m，【W3】=0.47m，【t1】=0.028m，【t2】=0.028m，【t3】=0.0115m，工字钢截面显示在图形区。

（5）对线体赋予圆截面，选择导航栏【1 Parts，1 Body】下面线体，明细窗口设置【Cross Section】=I1。菜单栏中勾选【View】-【Cross Section Solids】，图形区线体以横截面的实体方式显示。

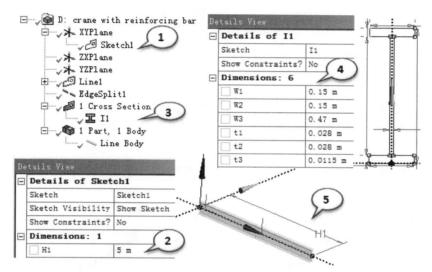

图4.9-20　修改几何模型

3. 切换回WB项目流程窗口，双击【Setup】单元格，进入【Mechanical】分析环境

4. 静力分析中加载重新求解

步骤操作如图4.9-21所示。

（1）工具栏中选点选择按钮，图形区选择左端点。

（2）施加弯矩：导航树中选择【Static Structural（A5）】，工具栏中选择【Loads】→【Moment】。编辑【Moment】属性，施加Y方向弯矩100KNm，明细窗口中设置【Definition】→【Define by】=Components；【Y Component】=1e5Nm。

（3）同样在右侧端点施加Y方向弯矩-100KNm：【Y Component】=-1e5Nm。

（4）其余加载及边界条件不变，更新后的显示如图4.9-21所示。

5. 求解查看结果

步骤操作如图4.9-22所示。

（1）工具栏中点击【Solve】求解。分别查看：导航栏中选择总变形【Total Deformation】，最大变形在梁中间，为0.00622m。

（2）导航栏中展开【Beam Tool】，选择【Maximum Combined Stress】，图形区显示最大组合应力，由于横截面均布轴向拉应力为0，组合拉应力也就是最大弯曲应力，图中看到中间最大拉应力值为110MPa。

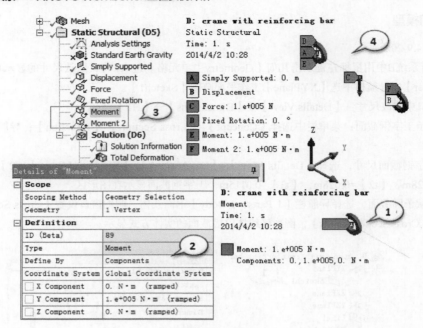

图4.9-21　施加载荷

（3）导航栏中选总弯矩【Total Bending Moment】，图形区显示梁单元上的总弯矩最大在中间段为2.25e5 Nm。

（4）导航栏中选总剪力【Total Shear Force】，梁单元上的剪力为常值50000 N。

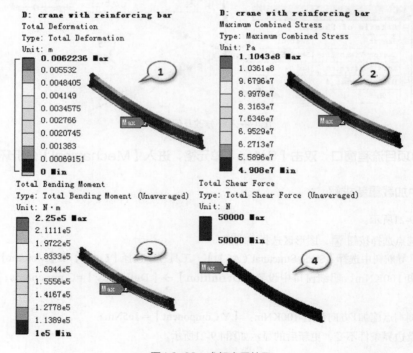

图4.9-22　求解查看结果

4.9.2.4　结果分析与强度评定

通过查看弯矩和剪力的结果可以看到修改模型的载荷条件并没有改变，载荷是等效的，计算结果显示补强后的吊车梁中间最大拉应力值为110MPa<140MPa，是满足强度要求的，但实际模型还受自重的影响，所以下面补充重力载荷重新求解。

下面考虑自重影响，施加重力加速度，重新求解查看结果。

操作如图4.9-23所示。

（1）施加重力加速度：导航树中选择【Static Structural】，工具栏中选【Inertial】→【Standard Earth Gravity】，默认方向为-Z，不需改变。

（2）工具栏中点击【Solve】重新求解。

（3）查看弯曲应力：导航栏中展开【Beam Tool】，选择【Maximum Combined Stress】，图形区显示中间最大拉应力值为112MPa。

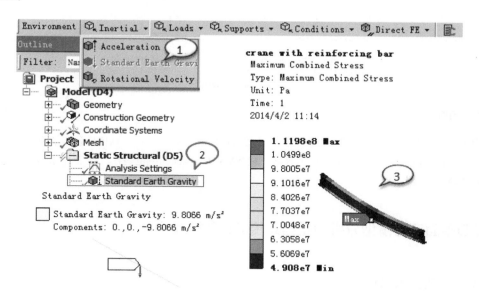

图4.9-23　求解查看结果

补强后的模型弯曲应力为112MPa<140MPa，所以满足强度要求。

4.10　2D分析模型及算例

4.10.1　2D分析模型简介

许多工程问题可以简化为2D分析模型求解，ANSYS Workbench中支持平面应力、平面应变、广义平面应变、轴对称模型。

1. 平面问题

平面问题是工程实际中比较常见的，许多工程问题可以简化为平面问题进行求解，平面问题一般可分为平面应力问题和平面应变问题。

平面应力问题指只在平面内有应力，与该面垂直方向的应力可忽略，例如薄板拉压问题。如图4.10-1（a）厚度为t的薄板，外载荷与Z轴垂直且沿z方向没有变化，在$z=t/2$处的两个外表面上不受任何载荷，则所有的应力都在XOY平面内，即只有正应力σ_x、σ_y，剪应力τ_{xy}，而没有正应力σ_z，剪应力τ_{yz}、τ_{zx}。

平面应变问题指只在平面内有应变，与该面垂直方向的应变可忽略，例如图4.10-1（b）无限长物体侧向承压问题。所受载荷平行且垂直于横截面，也不沿长度方向变化，则这时任一截面都可以看成是对称面，面内各个点不会发生轴向（Z向）移动，即所有的应变都在XOY平面内，即只有正应变ε_x、ε_y和剪应变γ_{xy}，而没有正应变ε_z，剪应变γ_{yz}、γ_{zx}。由于z方向变形被阻止了，一般正应力σ_z并不为零。

ANSYS结构分析中用2D分析求解平面问题，对有些实际问题，虽然结构不是无限长，而且靠近两端处的横截面也是变化的，并不符合无限长形体的条件，但离开两端较远之处按平面应变问题进行分析求解，结果也是可以满足工程要求的，可用广义平面应变模型求解。

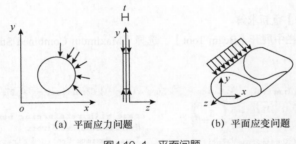

(a) 平面应力问题　　　　(b) 平面应变问题

图4.10-1　平面问题

2. 轴对称问题

弹性分析中，如果结构的几何形状、约束状态及外载荷都对称于某一个轴，则体内各点所有位移、应变及应力也对称该轴，称为轴对称问题，如离心机械、压力容器，ANSYS Workbench中也是在2D分析中求解轴对称模型的，不过指定的对称轴为Y轴。

4.10.2　2D平面应力模型分析齿轮齿条传动的约束反力矩

4.10.2.1　问题描述及分析

齿轮齿条传动是将齿轮的回转运动转变为齿条的往复直线运动，或将齿条的往复直线运动转变为齿轮的回转运动，是应用广泛的传动之一。

齿轮齿条传动中，经常需要根据扭矩计算传动轴的直径或反向计算扭矩。本例目的在于：需要确定齿轮产生输出时需要的力矩，通过建立2D平面应力模型，计算齿轮齿条传动的约束反力矩。

这里装配体包含直齿圆柱齿轮和齿条2个零件，厚度12mm，2D平面应力分析模型中采用提供3个自由度的远端位移约束齿轮，而不用只有固定约束，齿条上承受2500N压力，得到齿轮上的约束反力矩。分析模型参见图4.10-2，下面给出数值模拟过程。

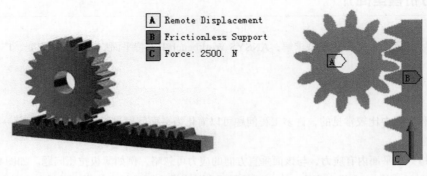

A	Remote Displacement
B	Frictionless Support
C	Force: 2500. N

图4.10-2　分析模型

4.10.2.2　数值模拟过程

1. 运行

程序→【ANSYS15.0】→【Workbench 15.0】，进入Workbench数值模拟平台，鼠标左键单击OK按钮关闭欢迎窗口。

2. 设置2D分析并导入几何模型

步骤操作如图4.10-3所示。

（1）【Workbench】设置静力分析系统：工具箱中将静力分析系统【Static Structural】拖入到【Project Schematic】。

（2）键入分析系统名称Gear Rack，单击【Save】按钮，保存项目文件名称为Gear-rack.wbpj。WB中设置工程项目单位：【Units】-【Metric (kg, mm, s, C, mA, mV)】，激活【Display Values in Project Units】。

（3）设置几何属性为2D分析：选A3单元格，右击鼠标，几何属性窗口中设置【Analysis Type】=2D。

（4）导入几何模型：选A3单元格，右击鼠标，快捷菜单中选【Import Geometry】，导入几何文件Gear-Set-2D. stp，双击【Model】进入结构分析。

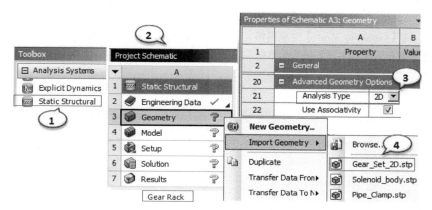

图4.10-3　设置2D分析并导入几何模型

3. 静力分析中设置2D行为及摩擦接触

步骤操作如图4.10-4所示。

（1）分配材料为默认（此步可省略）；导航树中选择【Geometry】。

（2）几何明细窗口设置平面应力分析模型：【2D Behavior】=Plane Stress。

（3）导航树中选择【Geometry】下面的2个面体对象Gear与Rack。

（4）明细窗口定义厚度：【Thickness】=12mm。

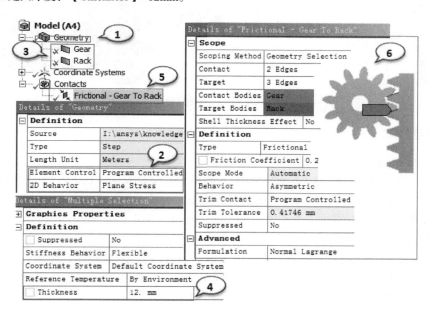

图4.10-4　静力分析中设置2D行为及摩擦接触

（5）摩擦接触设置：导航树中选择【Contacts】下面的接触对，程序默认为绑定接触。

（6）明细窗口设置：齿轮为接触对象，齿条为目标对象，【Type】=Frictional，【Frictional Coefficient】=0.2，非对称接触行为【Behavior】=Asymmetric，纯拉格朗日算法【Formulation】=Normal Lagrange。

4. 网格划分

步骤操作如图4.10-5所示。

（1）导航树中选择【Mesh】。

（2）明细窗口设置【Relevance】=100，【Use Advanced Size Function】=On: Curvature；【Relevance Center】=Medium。

（3）工具栏中选择【Mesh Control】-【Sizing】；工具栏中单击选线按钮，图形区选择4条线；单元尺寸明细窗口中设置单元大小为0.5mm，【Element Size】=0.5mm。

（4）右击鼠标，选【Generate Mesh】生成网格，图形区显示单元网格，可局部放大显示齿轮齿条啮合区处的局部细化网格，网格统计结果显示网格平均质量为0.933。

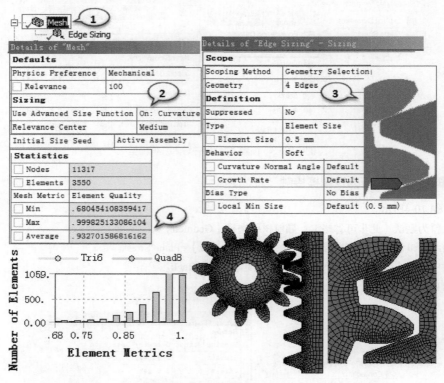

图4.10-5　网格划分

5. 施加载荷及约束

步骤操作如图4.10-6所示。

（1）在齿轮中心创建远端位移：选齿轮面，导航树中选择【Static Structural（A5）】，工具栏中选线选按钮，图形区选择齿轮中心圆，工具栏中选【Supports】-【Remote Displacement】。

（2）明细窗口显示远端位移的施加点为（48.939mm，83.5mm），定义【X Component】=0mm，【Y Component】=0mm，【Rotation Z】=0。

（3）施加无摩擦约束：图形区选齿条边线，工具栏中选【Supports】-【Frictional Support】。

（4）明细窗口显示【Geometry】=1 Edge，【Type】=Frictionless Support。

（5）施加力，图形区选齿条底边，工具栏中选【Loads】➔【Force】。

（6）编辑【Force】属性，施加Y轴方向力2500N，明细窗口中设置【Definition】➔【Define by】=Components；

【Y Component】=2500N。

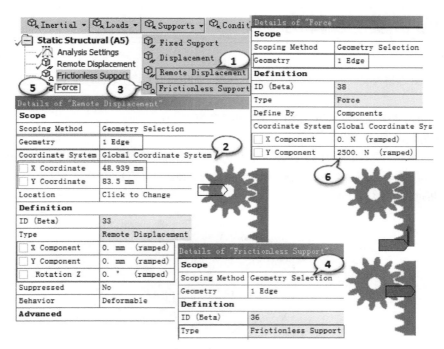

图4.10-6 施加约束及载荷

6. 分析求解，查看变形及反力矩结果

步骤操作如图4.10-7所示。

（1）插入需要的结果：导航栏中选【Solution】，工具栏中选总变形【Deformation】-【Total Deformation】、反作用力【Probe】-【Force Reaction】、反力矩【Probe】-【Moment Reaction】等，工具栏中点击【Solve】求解，查看结果。

（2）计算完成后，选导航栏总变形【Total Deformation】显示变形0.025mm。

（3）【Moment Reaction】中反力矩为91KNm。

（4）【Force Reaction】中反作用合力为2725N。

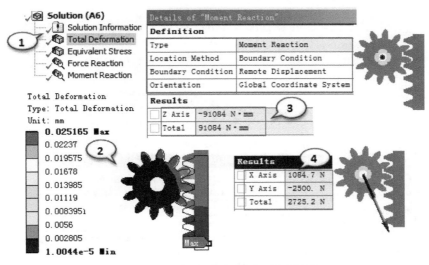

图4.10-7 变形及约束反力与反力矩结果

本例的目的是确定需要的力矩应该为多少才能得到2500N的驱动力，结果是摩擦接触条件下为91KNm。

4.11 3D分析模型及算例

3D分析模型往往处理结构响应行为三向应力状态的问题，如空间梁壳模型、3D实体模型承受复杂载荷条件下的力学响应等。

下面以承受内压的卡箍连接模型为例，给出多载荷步数值模拟过程。

卡箍连接模型的多载荷步数值模拟

本例中管道材料为铜，弹性模量为1.1e11Pa，泊松比为0.34。卡箍及螺栓材料为结构钢，弹性模量为2e11Pa，泊松比为0.3。采用2个载荷步分析，第一个载荷步施加螺栓预紧载荷，该载荷在第2个载荷步中锁紧，第2个载荷步施加内压及轴向力，详细分析过程如图4.11-1所示。

图4.11-1 卡箍连接模型

1. 打开Workbench

设置单位为"Metric（kg，m，s，℃，A，N，V）"，激活"Display Values in Project Units"；从工具箱中拖入结构静力分析系统【Static Structural】到工程流程图中，结构静力分析命名为PipeClamp Multiloads，并保存工程名为PipeClamp Multiloads.wbpj。

2. 输入材料

步骤操作如图4.11-2所示。

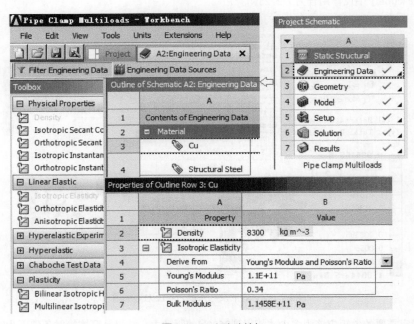

图4.11-2 添加材料

WB中双击A2单元格，进入工程数据窗口，添加新材料铜，输入弹性模量1.1e11Pa，泊松比0.34，结构钢为默认，点击Project标签，返回WB。

3. 建立模型

导入几何模型文件PipeClamp.stp：点击【Geometry】单元格，右击鼠标，选【Import Geometry】=PipeClamp.stp；双击【Geometry】单元格，进入DM程序，可以看到导入的3D实体模型。

4. 分配材料

步骤操作如图4.11-3所示。

WB中双击A4单元格，进入【Mechanical】分析程序，设置单位"Metric (mm, kg, s, mV, mA)"，导航栏中选择【Model】-【Geometry】-【Pipe】，明细窗口分配材料为铜：【Material-Assignment】=Cu，其他材料默认为结构钢。

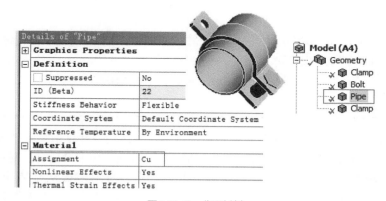

图4.11-3　分配材料

5. 网格划分

网格划分如图4.11-4，这里铜管及卡箍划分2层，卡箍采用薄层扫掠、螺栓为多区网格划分方法，卡箍及螺栓单元大小为3mm，铜管单元大小为1.3mm，4个实体得到的六面体网格平均质量都高于0.91。由于铜管节点数最多，最终显示总体平均网格质量0.99为铜管的网格划分质量，具体过程可参见4.7章节。

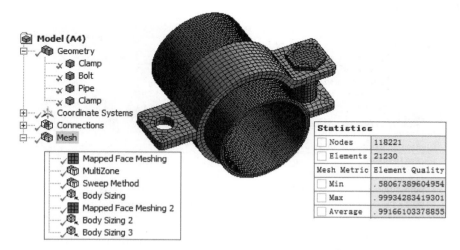

图4.11-4　网格划分

6. 修改接触关系

【Mechanical】分析环境中，导航树中展开连接关系分支，选择【Connections-Contact】，查看程序自动创建的绑定接触，参见图4.11-5。

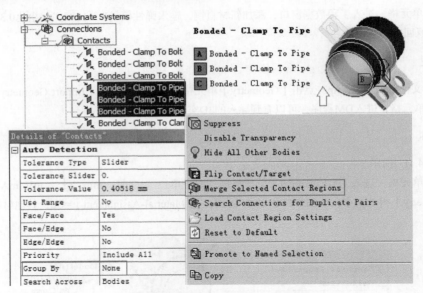

图4.11-5　自动检测接触对及合并接触对

提示

　　这里导入模型时，程序根据每个实体之间产生接触配对了3对接触，由于螺栓连接的有无螺纹的接触设置是不同的，因此【Contacts】中可设置【Group By】=None，则每个接触面建立接触对，创建7个接触对，将铜管与卡箍的接触合并为一个，可以右击鼠标选择【Merge Selected Contact Regions】，最后接触对减少为5组，此外也可人工创建接触对，参见图4.11-5。

　　修改接触关系如下，参见图4.11-6。

　　（1）螺栓头处与卡箍的2对接触面之间的接触为不分离，这里不分离接触表示该位置允许少量滑移。

　　（2）卡箍与铜管之间为摩擦接触，摩擦系数为0.2，铜管外壁为接触面，卡箍内壁3个面为目标面，设置非对称接触行为，这将产生接触非线性分析，因此采用Augmented Lagrange算法增强求解收敛。

　　（3）螺纹连接处的一对面为绑定，其余为绑定连接。

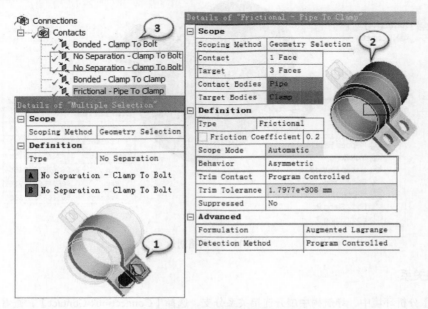

图4.11-6　修改接触关系

7. 加载及求解

步骤操作如图4.11-7与图4.11-8所示。

（1）分析设置中设置2步，选【Analysis Settings】，明细窗口设置【Number of Steps】=2，激活大变形开关【Large Deflection】=on。

（2）选螺栓，插入螺栓预紧力1000N，右击鼠标选【Insert】-【Bolt Pretension】，注意第1步加载【Load】=1000N，第2步锁定【Lock】。

（3）选铜管内表面在2步插入压力1MPa，右击鼠标选【Insert】-【Pressure】，非线性分析中一般是渐变加载到指定值，载荷步1在表中出现2次允许渐变从0到1，在静力分析中是无意义的，表中的第2载荷步【Time】=2处输入【Pressure】=1MPa。铜管的一个端面施加无摩擦约束，另一个端面第2个载荷步施加与1MPa内压平衡的轴向拉力2375.8N，卡箍的另一个孔施加固定约束。

（4）【Solution】求解中插入变形，右击鼠标选【Insert】-【Total Deformation】及等效应力右击鼠标选【Insert】-【Equivalent Stress】，点击【Solve】求解。

（5）程序进行非线性求解，求解信息【Solution Information】设置【Solution Output】=Force Convergence，工作表窗口可监测力收敛曲线，2个载荷步非线性迭代13次计算完毕。

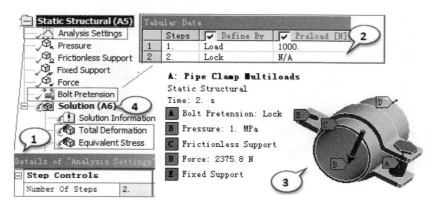

图4.11-7 施加载荷及约束

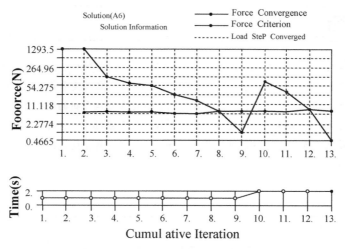

图4.11-8 非线性求解力收敛曲线

8. 显示结果

步骤操作如图4.11-9与图4.11-10所示。

求解结束后，查看第2加载步的结果，整体变形最大为0.047mm，出现在卡箍夹持处，最大等效应力出现在螺栓孔处为124MPa。

查看铜管等效应力最大为58MPa，接触状态大部分为黏结，有少量滑移，表明卡箍夹持铜管牢固。

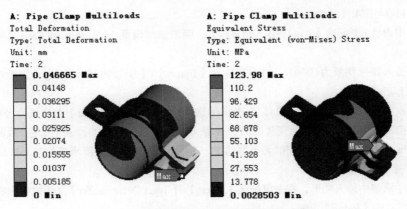

图4.11-9　第2加载步的变形与等效应力分布

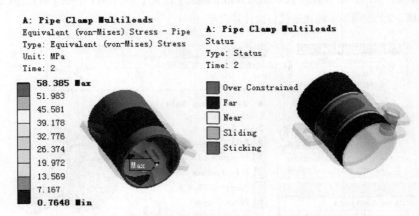

图4.11-10　第2加载步的铜管等效应力与接触状态结果

4.12　本章小结

　　本章主要讲解如何在ANSYS Workbench中建立合理的有限元分析模型并给出分析案例，包括结构分析建模求解策略（结构理想化、提取分析模型、网格划分、加载求解及结果评估、应力集中的处理）；ANSYS 15.0 Workbench结构分析模型的处理（体类型、多体零件等）；重点讨论如何正确建立结构分析的连接关系（接触连接及设置、点焊连接、远端边界条件、关节连接、弹簧连接、梁连接、端点释放、轴承连接）、坐标系、命名选择、选择信息，并给出螺栓连接模型的不同建模技术及算例；ANSYS 15.0 Workbench结构网格划分技术；杆梁分析模型及算例、2D分析模型及算例、3D分析模型及算例。

习题

　　1.　简述ANSYS Workbench中的多体零件与多零件装配体模型的异同。

　　2.　如何正确处理多零件装配体模型的各种联接关系？请举例说明。

　　3.　某车间欲安装简易吊车如图（a），大梁选用工字钢，已知电葫芦自重F_1=6.7kN，起吊重量F_2=50kN，跨度l=9.5m，材料许用应力$[\sigma]$=140Mpa，试选用工字钢型号，使用ANSYS 15.0 WORKBENCH给出数值模拟分析过程。

　　（提示：理论计算简图和弯矩图如图（b），可确定危险截面，计算最大应力，根据许用应力，选择工字钢型号，

再用ANSYS数值模拟进行应力计算）

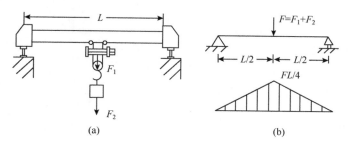

题1 示意图

4. 一个多体零件包含4个体，一端固定，另一端压力为250MPa；假设模型沿着轴向为2m、3m、4m、5m，横截面1m×1m；材料分别为不锈钢、铝、钢、铜，弹性模量207GPa、71GPa、200GPa、110GPa，拉伸屈服强度207MPa、280MPa、250MPa、280MPa，计算最大等效应力及每个零件的安全系数，安全系数的计算基于使用拉伸屈服应力的最大等效应力理论。

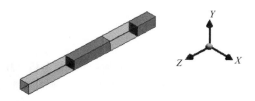

题2 示意图

5. 如图所示，长厚壁圆筒初始承受内压p，请确定内表面的径向位移δ_r，内表面、外表面和厚壁中间处的径向应力σ_r和切向应力σ_t，然后去除内压力，厚壁圆筒绕中心轴线以角速度ω旋转，请确定内壁和内部位置在$r=x_i$处的径向应力σ_r和切向应力σ_t，材料参数、几何参数及载荷如下，采用ANSYS15.0 Workbench软件进行分析。

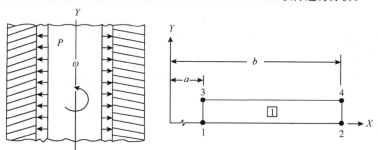

材料属性	几何模型	载 荷
E=200GPa	a=100mm	工况1：压力P=0.5MPa (径向)
v=0.3	b=200mm	工况2：角速度ω=1000rad/s (Y向)
ρ=7850kg/m³	X_i=140mm	

题3 示意图及分析模型参数

6. 一阶梯型圆轴，已知M_A=3.5kNm，M_B=5kNm，M_c=1.5kNm，AB段直径d_1=60mm，长度L_{AB}=200mm，BC直径d_2=45mm，长度L_{BC}=100mm。材料参数：弹性模量E=200GPa，泊松比v=0.3，采用ANSYS 15.0 Workbench软件进行分析，计算圆轴的最大剪应力。

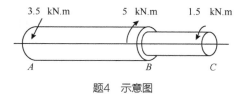

题4 示意图

第5章 ANSYS Workbench在结构分析中的应用

5.1 静强度分析

5.1.1 静强度分析概述

静强度分析研究结构在常温条件下承受载荷的能力，通常简称为强度分析。静强度除研究承载能力外，还包括结构抵抗变形的能力（刚度）和结构在载荷作用下的响应（应力分布、变形形状、屈曲模态等）特性。

静强度分析包括下面几个方面的工作。

1. 校核结构的承载能力是否满足强度设计的要求，其准则为：若强度过剩较多，可以减小结构承力件尺寸。对于带裂纹的结构，由于裂纹尖端存在奇异的应力分布，常规的静强度分析方法已不再适用，已属于疲劳与断裂问题。

2. 校核结构抵抗变形的能力是否满足强度设计的要求，同时为动力分析等提供结构刚度特性数据，这种校核通常在使用载荷下或更小的载荷下进行。

3. 计算和校核杆件、板件、薄壁结构、壳体等在载荷作用下是否会丧失稳定。有空气动力、弹性力耦合作用的结构稳定性问题时，则用气动弹性力学方法研究。

4. 计算和分析结构在静载荷作用下的应力、变形分布规律和屈曲模态，为其他方面的结构分析提供资料。

5.1.2 静强度设计方法

传统的静强度设计采用工程计算方法，习惯上称为强度计算方法。结构强度计算的理论基础，有材料力学、弹性力学、结构力学、板壳理论、稳定理论等学科。结构强度计算在方法上有以下一些基本特点。

（1）静载荷方法：在静强度研究中，是将各部分的惯性力比拟为静态外载荷。突然作用的动载荷虽然通常会引起结构较大的响应，但可以采用动载荷放大系数加以修正，仍可作为静载荷处理。

（2）设计载荷法：结构允许发生局部失稳和局部塑性变形，所以在强度校核中不采用一般机械设计中的许用应力法，而采用设计载荷法，其强度准则为：使用载荷和安全系数由强度规范规定。

（3）线（弹）性方法：计算复杂结构在复杂载荷下的精确应力和进行变形分析是很困难的。静强度校核主要采用线弹性方法，对材料塑性和结构局部失稳的影响可用各种系数加以修正，在分析中还略去结构局部细节的变化（如铆钉孔、断面突变）。

以下给出ANSYS Workbench中进行静强度线弹性分析、局部失稳、局部塑性变形的分析实例。

5.1.3 压力容器开孔接管区静强度分析

5.1.3.1 问题描述及分析

压力容器中的开孔接管区应力复杂，这是由于开孔破坏了压力容器壳体材料的连续性，削弱了原有的承载面积，在开孔边缘附近会造成应力集中。接管的存在使开孔接管区成为整体结构不连续区，壳体与接管在内压作用下自由变形不一致，变形协调中会产生边缘应力，同时接管和壳体通过焊缝连接，焊缝的结构尺寸如焊缝高度、过渡圆角等形成局部结构不连续。下面对压力容器开孔接管区进行应力分析计算及静强度校核。

模型主体结构尺寸：筒体内径D_i=3048mm，壁厚41mm，非标跑道型接管，参见图5.1-1（左），设计压力P=1MPa，设计温度T=260℃，材料16MnR，该温度下的许用应力110MPa，弹性模量1.84e11Pa，泊松比0.3，完成结构静强度校核分析。

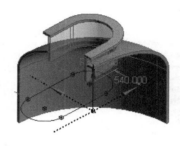

图5.1-1 分析模型

由于仅考虑内压作用，利用结构对称性，分析模型取1/4，参见图5.1-1（右），筒体长度足够长于边缘应力的衰减长度，柱壳长度取1000mm，计算分析模型采用3D实体单元，筒体端面约束轴向位移，对称面为对称约束，接管端部施加轴向平衡载荷，分析中不考虑温度应力，仅取该温度下的许用应力为应力评定的限制值。

5.1.3.2 数值模拟过程

1. 选择结构静力分析系统【Static Structural】

（1）WB中从工具箱中拖入结构静力分析系统【Static Structural】到工程流程图中。

（2）工具栏点击【Save】保存工程名为Vessel Nozzle.wbpj。

2. 定义材料

操作如图5.1-2所示。

【Engineering Data】中定义材料16MnR，弹性模量1.84e11Pa，泊松比0.3。

3. 导入几何模型

步骤操作如图5.1-3所示。

导入几何模型：WB中点击鼠标右键【Geometry】→【Import Geometry】，选文件one-fourthvessel nozzle.stp，进入DM中点击【Generate】，导航栏中出现Import1，生成模型中包含3个零件，用【Slice】命令分割接管为3部分，即nozzle1，nozzle2，nozzle3，并重新命名后，用【Tools】【Form NewPart】组合为1个零件，导航栏中展开Part，可看到完成的1个零件中包含5个实体。

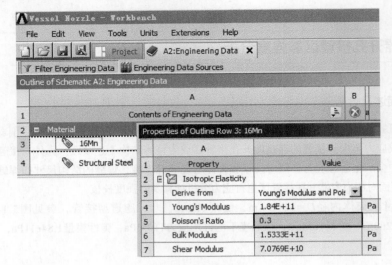

图5.1-2 材料参数

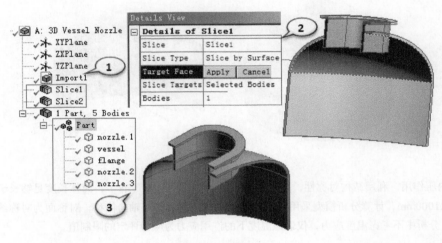

图5.1-3 修改模型

4. 进入【Mechanical】分析程序

选择【Setup】→【Edit】，进入【Mechanical】环境。

5. 分配材料及网格划分

步骤操作如图5.1-4所示。

（1）选择【Geometry】-【Part】，明细窗口分配材料【Assignment】=16Mn。

（2）选择【Mesh】，图形区选容器壳体，【Mesh Control】-【Method】，明细窗口设置多区网格划分【Method】=MultiZone。

（3）【Mesh】明细窗口设置高级尺寸函数为曲率，并设置单元边长，选择【Use Advanced Size Function】=On Curvature，【Max Face Sizie】=20mm，【Max Size】=20mm。

（4）选择【Mesh】→【Generate Mesh】生成网格。图形区显示网格模型。

6. 施加载荷及约束

步骤操作如图5.1-5所示。

（1）选择【Static Structural】出现结构静力分析环境工具条，图形区选择对称面及容器底面，工具条中选择【Supports】→【Frictionless Support】，插入无摩擦约束。

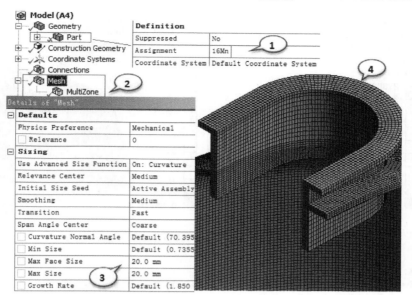

图5.1-4　网格划分

（2）图形区选择容器及接管内表面，工具条中选择【Loads】→【Pressure】，施加压力1MPa，明细窗口中输入压力值【Definition】→【Magnitude】=1MPa。

（3）法兰端面施加平衡力，选法兰端面，工具条中选择【Loads】-【Force】，明细窗口中输入值【Definition】-【Magnitude】5.047e5N。

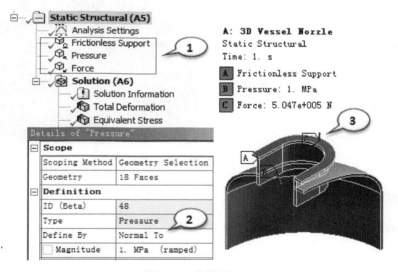

图5.1-5　载荷及约束

7. 设置需要的结果及求解

选择【Solution】，设置结构变形：求解工具条选择【Deformation】→【Total】，设置等效应力：求解工具条选择【Stress】→【Equivalent Stress】，运行求解选项【Solve】，求解结束，导航树要查看结构总变形和应力出现绿勾。

8. 结果显示

步骤操作如图5.1-6至图5.1-7所示。

运行结束后，选择【Total Deformation】，图形区显示变形结果，最大2.3mm，最大等效应力244MPa，出现在容器与接管相交处，接管内壁最大等效应力189MPa。查看结构误差，显示在容器与接管相交处外圈。

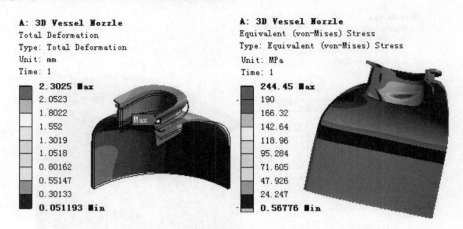

图5.1-6 变形及等效应力分布

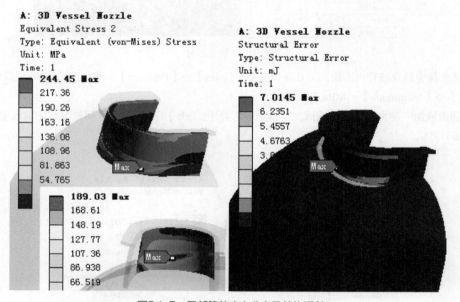

图5.1-7 局部等效应力分布及结构误差

9. 线性化等效应力结果

（1）沿壁厚构造路径：

选择【Model】，模型工具栏中选择构造几何【Construction Geometry】，导航树选择【Construction Geometry】，工具栏中选路径【Path】。图形区选择接管内壁最大等效应力节点，明细窗口中确认路径起始点【Start】-【Location】=Apply，图形区选择接管外壁节点，明细窗口中确认路径终点【End】-【Location】=Apply，图形区显示路径。

（2）求解中加入线性化等效应力（图5.1-8）：

求解工具栏中选【Linearized Stress】-【Equivalent（Von-Mises）】，导航树中出现【Linearized Equivalent Stress】，明细窗口设置按路径提取结果：【Scoping Method】=Path，【Path】=Path。

更新结果，导航树中【Linearized Equivalent Stress】图形区显示线性化等效应力的结果，下方的线性化等效应力图中曲线分别代表薄膜应力、薄膜应力+弯曲应力及总应力。数据列表显示路径上插值各点的薄膜应力、弯曲应力、薄膜应力+弯曲应力、峰值应力和总应力的数据值。

明细窗口显示线性化等效应力的结果，包含路径上薄膜应力108.34MPa、路径上内外点的弯曲应力180.89MPa、路径上内中外点的薄膜应力+弯曲应力、路径上内中外点的峰值应力和路径上内中外点的总应力。

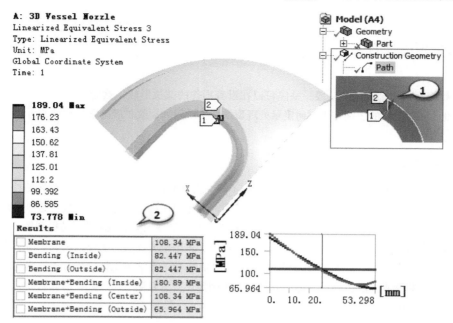

图5.1-8　线性化等效应力

5.1.3.3　结果分析与解读

参照ASME BPVCⅧ（2007）压力容器建造规则第二册，采用第5篇分析设计的弹性应力分析方法。由于图中容器整体部分应力小于110MPa，仅局部超过许用应力110MPa，所以仅对接管连接处的局部应力，根据线性化等效应力的结果进行强度评定：接管内壁连接处产生的局部薄膜应力P_L为一次应力，局部弯曲应力归为二次应力Q，该温度下许用应力限制值为$S_m=110MPa$，一次应力限制值为$1.5S_m=165Mpa$，一次应力+二次应力限制值为$3S_m=330Mpa$，一次应力+二次应力+峰值应力为总应力，用于疲劳计算与寿命评估，这里暂不考虑，按路径1-2的强度评定结果如表5.1-1。

表5.1-1　　　　　　　　　　　　　　线性化等效应力及强度评定（应力单位MPa）

	一次应力P_L	一次应力+二次应力 P_L+P_b+Q	峰值应力F	一次应力+二次应力+峰值应力P_L+P_b+Q+F
评定线1-2	108.34	180.89/65.96	25.5	189.04
限制值	165	330	—	—
结果	通过	通过	—	—

5.2　疲劳强度分析

5.2.1　疲劳分析概述

任何机械运动都难以避免疲劳的发生，疲劳、磨损及腐蚀已成为当前材料的三种主要破坏形式。我们一般将疲劳定义为：金属材料在应力或应变的反复作用下所发生的性能变化，该描述也适用于非金属材料。

疲劳破坏以多种不同形式出现，包括外加应力或应变造成的机械疲劳，循环载荷和高温耦合作用引起的蠕变或热机械疲劳，侵蚀环境下的腐蚀疲劳，滚动接触疲劳等，疲劳失效的循环载荷峰值一般小于静载估算值。

5.2.2 疲劳分析设计方法

工程构件的疲劳损伤包含不同的阶段，缺陷可以在没有损伤的部位形成，然后以稳定的形式扩展，直到发生断裂。疲劳的不同设计原理之间的区别在于如何定量处理裂纹萌生阶段和裂纹扩展阶段。目前的方法分为总寿命法和损伤容限法。

5.2.2.1 总寿命法

经典的疲劳设计方法用循环应力范围（S-N曲线）或（塑性或总）应变范围来描述疲劳破坏的总寿命。通过控制应力幅或应变幅获得初始无裂纹的实验室试样产生疲劳破坏所需的应力循环数或应变循环数，这样得到的疲劳寿命包括萌生主裂纹的疲劳循环数（可高达疲劳总寿命的90%）和使该主裂纹扩展到突然破坏的疲劳循环数，应用经典方法预测疲劳总寿命，可以用各种方法处理平均应力、应力集中、环境、多轴应力和应力变幅的影响。由于裂纹萌生寿命占据光滑试样疲劳总寿命的主要部分，经典的应力和应变描述方法在多数情况下体现抵抗疲劳裂纹萌生的设计思想。在低应力高周疲劳条件下，材料主要发生弹性变形，采用应力范围描述疲劳破坏的循环数，而低周疲劳中应力很大，足以在破坏前产生塑性变形，可用应变范围描述疲劳寿命。

5.2.2.2 损伤容限法

疲劳设计的断裂力学方法以"损伤容限"原理为设计基础，原有损伤尺寸由无损探伤技术来确定，如果没有发现损伤，则进行可靠性检验，即根据经验对模型进行模拟试验，否则则根据探伤技术的分辨率估计最大原始裂纹尺寸。疲劳寿命则定义为主裂纹从原始裂纹尺寸扩展到临界尺寸所需的疲劳循环数，采用损伤容限法预测裂纹扩展寿命时要应用断裂力学的裂纹扩展经验规律。根据线弹性断裂力学，只有在远离应力集中的塑性应变场，而且与裂纹的特征尺寸相比，裂纹顶端的塑性区很小，弹性加载为主导的前提下才可应用损伤容限法，估计裂纹扩展的寿命中，可处理平均应力、应力集中、变幅载荷谱、多轴应力的影响，这种偏保守的疲劳设计方法广泛用于疲劳占据关键作用的结构如航天航空和核工业中。

计算疲劳寿命时，不同的疲劳设计方法对裂纹萌生和扩展作用取不同的权重，前一种方法主要涉及对疲劳裂纹扩展的阻力，而后者主要根据无缺陷的实验室试样的结果，涉及对裂纹萌生的阻力。

5.2.3 总寿命法疲劳强度设计

总寿命法中疲劳强度设计包括疲劳安全系数的校核和疲劳寿命的估算两项内容。具体的设计计算方法有应力-寿命法和局部应力—应变法。局部应力应变法目前还只适用于零部件的应力集中处发生了塑性变形的低周疲劳。应力寿命设计法主要用于只发生弹性变形的高周疲劳。

5.2.3.1 无限寿命设计法

无限寿命设计法的基本思路是，使得零件或构件的危险部位的工作应力低于其疲劳极限，从而保证它在设计的工作应力下能够长久工作而不发生破坏。当零件的结构比较简单应力集中较小时，恒幅交变应力、过载应力小且次数很少时可用这种方法。对应力集中较大的构件使用该方法进行疲劳强度设计将会使结构变得粗大笨重。对于过载应力较大且次数较多的交变载荷情况和随机载荷一般也不宜采用此种方法。

5.2.3.2 有限寿命设计法

当交变载荷有较多的冲击过载或工作载荷为随机载荷时，工作应力在某些时刻会越过疲劳极限。此时，疲劳寿命设计主要是保证构件在设计的寿命之内不发生疲劳破坏而正常工作，也即设计使构件具有有限的疲劳寿命。考虑到偶然因素的影响，为确保安全在设计时一般使设计寿命为使用寿命的数倍。

1. 疲劳累积损伤理论

有限寿命设计法主要基于疲劳累积损伤理论：Miner累积损伤理论。该理论认为材料的疲劳破坏是由于循环载荷的不断作用而产生损伤并不断积累造成的；疲劳损伤累积达到破坏时吸收的净功W与疲劳载荷的历史无关，并且材料的疲劳损伤程度与应力循环次数成正比。设材料在某级应力下达到破坏时的应力循环次数为N_1、经n_1次应力循环而疲劳损伤吸收的净功为W_1，根据Miner理论有

$$\frac{W_1}{W} = \frac{n_1}{N_1} \qquad (5.2.1)$$

则在i个应力水平级别下分别对应经过n_i次应力循环时，材料疲劳累积损伤为

$$D = \sum \frac{n_i}{N_i} \qquad (5.2.2)$$

式中，n_i为第i级应力水平下经过的应力循环数；N_i为第i级应力水平下的达到破坏时的应力循环数。当D值等于1时，认为被评估对象开始破坏。

2. 随机载荷的处理

零部件承受的变幅载荷尤其是对承受随机载荷时需要测得到。利用累积损伤理论进行疲劳设计时，需要先对实测得到的载荷—时间历程进行编谱，即用概率统计的方法将其简化成典型的载荷谱或应力谱。因为引起疲劳的最根本的原因是动载分量应力幅值和它的循环次数，所以一般用统计计数法来处理波形与频次的关系等问题。在各种统计计数法中，被广泛用于疲劳强度设计的是雨流计数法，它被认为最符合材料的疲劳损伤规律。这种方法把整个载荷—时间历程中出现的应力幅范围划分为若干个等差的应力幅级别，然后统计出各级应力幅级别内所出现的循环次数，从而得到载荷—频次曲线等各种形式的载荷的统计结果。

3. 疲劳强度校核

设计中为保证不发生疲劳破坏，需$D \leq 1$，即

$$\sum \frac{n_i}{N_i} \leq 1 \qquad (5.2.3)$$

4. 疲劳寿命估算

根据Miner理论，达到疲劳破坏时有

$$\sum \frac{n_i}{N_i} = \sum \frac{N_T}{N_i} \cdot \frac{n_i}{N_T} = 1 \qquad (5.2.4)$$

$$\alpha = \frac{n_i}{N_T} \qquad (5.2.5)$$

式中，N_T为载荷谱下出现损伤的循环次数即所求的总寿命；α_i为i级应力水平的循环次数在总寿命中所占比例；N_i表示在应力s_i作用下导致破坏的循环数。在应力谱已知的情况下，N_i的估算是此项估算工作的关键。

5. 复合应力下的疲劳强度设计

以上讨论是单向应力的情况，对于复合应力的情况也有类似的疲劳强度校核与疲劳寿命的估算方法，只是此时所用的应力幅变成了对应强度理论下的等效应力幅。

5.2.4 ANSYS Workbench中的疲劳分析

ANSYS Workbench疲劳模块可解决高周疲劳与低周疲劳问题。疲劳模块可处理下列载荷：恒定振幅，比例载荷，变化振幅，非比例载荷。

1. 恒定振幅载荷

在前面曾提到，疲劳是由于重复加载引起：当最大和最小的应力水平恒定时，称为恒定振幅载荷，否则，称为变化振幅或非恒定振幅载荷。

2. 比例载荷

载荷可以是比例载荷，也可以是非比例载荷。比例载荷，是指主应力的比例是恒定的，并且主应力的削减不随时间变化，这意味着由于载荷的增加或反作用造成的响应很容易得到计算。相反，非比例载荷没有隐含各应力之间相互的关系，典型情况包括：两个不同载荷工况间的交替变化；交变载荷叠加在静载荷上；非线性边界条件。

3. 应力—寿命曲线

载荷与疲劳失效的关系，采用的是应力—寿命曲线或S—N曲线，来表示出应力幅与失效循环次数的关系。

S-N曲线是通过对试件做疲劳测试得到的弯曲或轴向测试，反映的是单轴的应力状态。影响S-N曲线的因素很多，如：材料的延展性，材料的加工工艺，几何形状信息（包括表面光滑度、残余应力以及存在的应力集中）；载荷环境（包括平均应力、温度和化学环境）。例如，压缩平均应力比零平均应力的疲劳寿命长，相反，拉伸平均应力比零平均应力的疲劳寿命短，对压缩和拉伸平均应力，平均应力将分别提高和降低S-N曲线。

一个部件通常经受多轴应力状态。如果疲劳数据S-N曲线是从反映单轴应力状态的测试中得到的，那么在计算寿命时就要注意：（1）数值模拟提供了如何把结果和S-N曲线相关联的选择，包括多轴应力的选择；（2）双轴应力结果有助于计算在给定位置的情况。

平均应力影响疲劳寿命，并且变换在S-N曲线的上方位置与下方位置（反映出在给定应力幅下的寿命长短）：（1）对于不同的平均应力或应力比值，数值模拟允许输入多重S-N曲线（实验数据）；（2）如果没有太多的多重S-N曲线（实验数据），那么数值模拟也允许采用多种不同的平均应力修正理论。早先曾提到影响疲劳寿命的其他因素，也可以在数值模拟中用一个修正因子来解释。

5.2.5 Ansys Workbench高周疲劳分析

ANSYS Workbench基于应力理论的高周疲劳分析是基于线性静力分析，疲劳分析是在线性静力分析之后，通过数值模拟自动执行的。对疲劳工具的添加，无论在求解之前还是之后，都没有关系，因为疲劳计算不并依赖应力分析计算。尽管疲劳与循环或重复载荷有关，但使用的结果却基于线性静力分析，而不是谐分析。尽管在模型中也可能存在非线性，处理时疲劳分析是假设线性行为的的。

1. 高周疲劳分析过程

下面是高周疲劳分析的步骤。

- 指定材料特性，包括S-N曲线；
- 定义接触区域（若采用的话）；
- 定义网格控制（可选的），包括载荷和支撑；
- 设定需要的结果，包括疲劳工具【Fatigue Tool】；
- 求解模型；
- 查看结果。

在几何方面，疲劳计算只支持实体与面体，线体模型目前还不能输出应力结果，线体仍然可以包括在模型中给结构提供刚性，但在疲劳分析时并不计算线体模型。

2. 材料特性

- 由于有线性静力分析，所以需要用到弹性模量和泊松比；

- 如果有惯性载荷，则需要输入质量密度；

- 如果有热载荷，则需要输入热膨胀系数和热传导率；

- 如果使用应力工具结果【Stress Tool】，那么就需要输入应力限值数据，而且这个数据也适用于平均应力修正理论疲劳分析。

3. 疲劳材料特性

添加和修改疲劳材料特性参见图5.2-1：在材料特性的工作列表中，可以输入S-N曲线，插入的图表可以是线性的【Linear】、半对数的【Semi-Log】或双对数曲线【Log-Log】。

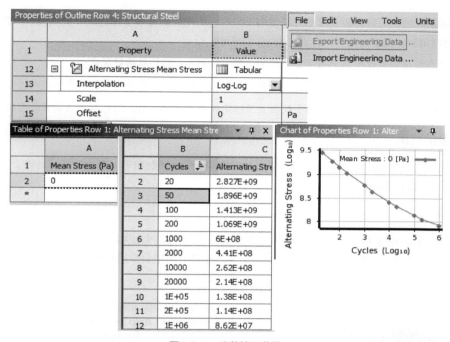

图5.2-1　疲劳特征曲线

💡 提示

  S-N曲线取决于平均应力。如果S-N曲线在不同的平均应力下都适用，那么也可以输入多重S-N曲线，每个S-N曲线可以在不同平均应力下直接输入，每个S-N曲线也可以在不同应力比下输入。可以通过在【Mean Value】上点击鼠标右键添加新的平均值来输入多条S-N曲线。

4. 疲劳特征曲线

材料特性信息可以保存XML文件或从XML文件提取，保存材料数据文件，用【Export Engineering Data】保存成XML外部文件，疲劳材料特性将自动写到XML文件中，就像其他材料数据一样。"Aluminum"和"Structural Steel"的XML文件，包含有范例疲劳数据可以作为参考，疲劳数据随着材料和测试方法的不同而有所变化，所以很重要一点就是，要选用能代表自己部件疲劳性能的数据。

5. 接触区域

接触区域可以包括在疲劳分析中。

提示 --

> 对于在恒定振幅、成比例载荷情况下处理疲劳时，只能包含绑定和不分离的线性接触，尽管无摩擦、有摩擦和粗糙的非线性接触也能够包括在内，但可能不再满足成比例载荷的要求。例如，改变载荷的方向或大小，如果发生分离，则可能导致主应力轴向发生改变；如果有非线性接触发生，那么必须小心使用，并且仔细判断；对于非线性接触，若是在恒定振幅的情况下，则可以采用非比例载荷的方法代替计算疲劳寿命。

6. 载荷与支撑

能产生成比例载荷的任何载荷和支撑都可能使用，但有些类型的载荷和支撑造成非比例载荷，像这些类型的载荷最好不要用于恒定振幅和比例载荷的疲劳计算，如：

- 螺栓载荷对压缩圆柱表面侧施加均布力，相反，圆柱的相反一侧的载荷将改变；
- 预紧螺栓载荷首先施加预紧载荷，然后是外载荷，所以这种载荷是分为两个载荷步作用的过程；
- 压缩支撑【Compression Only Support】仅阻止压缩法线正方向的移动，但也不会限制反方向的移动。

7. 设置需要的结果

应力分析的任何类型结果，都可能需要用到应力、应变和变形、接触结果、应力工具。另外，进行疲劳计算时，需要插入疲劳工具【Fatigue Tool】。

8. 疲劳工具

插入疲劳工具条【Fatigue Tool】后的明细窗中将控制疲劳计算的求解选项，参见图5.2-2；疲劳工具条将出现在相应的位置中，并且也可添加相应的疲劳云图或结果曲线，这些是在分析中会被用到的疲劳结果，如寿命和损伤。

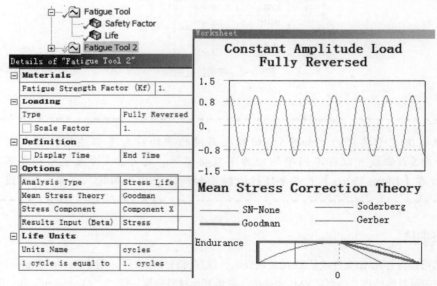

图5.2-2　疲劳工具

疲劳结果可在疲劳工具下指定，包括寿命【Life】、损伤【Damage】、安全系数【Safety Factor】、双轴指示【BiaxialityIndication】，以及等效交变应力【Equivalent Alternating Stress】；曲线图结果仅包含对于恒定振幅分析的疲劳敏感性。

（1）载荷类型。

当疲劳工具插入以后，就可以输入疲劳载荷类型，可以在脉动循环【Zero-Based】、对称循环【Fully Reversed】和给定的比例循环【Ratio】之间定义；也可以输入一个比例因子，来按比例缩放所有的应力结果。

（2）平均应力影响。

平均应力会影响S-N曲线的结果。而分析类型【Analysis Type】说明了程序对平均应力的处理方法：

- 【SN-None】：忽略平均应力的影响；
- 【SN-Mean Stress Curves】：使用多重S-N曲线（如果定义的话）。
- 【SN-Goodman，SN-Soderberg，SN-Gerber】：可以使用平均应力修正理论。

如果有可用的试验数据，那么建议使用多重S-N曲线；但是，如果多重S-N曲线是不可用的，那么可以从三个平均应力修正理论中选择，这里的方法在于将定义的单S-N曲线"转化"到考虑平均应力的影响。

对于给定的疲劳循环次数，随着平均应力的增加，应力幅将有所降低；随着应力幅趋近零，平均应力将趋近于极限（屈服）强度。

Goodman理论适用于低韧性材料，对压缩平均应力没能做修正；Soderberg理论比Goodman理论更保守，并且在有些情况下可用于脆性材料；Gerber理论能够对韧性材料的拉伸平均应力提供很好的拟合，但它不能正确地预测出压缩平均应力的有害影响。

如果存在多重S-N曲线，但想要使用平均应力修正理论，那么将会用到在$\sigma_m=0$或$R=-1$的S-N曲线。尽管如此，这种做法并不推荐。

（3）强度因子。

除了平均应力的影响外，还有其他一些影响S-N曲线的因素，这些影响因素可以集中体现在疲劳强度（降低）因子K_f中，这个值应小于1，以便说明实际零部件和试件的差异，所计算的交变应力将被这个修正因子K_f分开，而平均应力却保持不变。

（4）应力分析。

由于疲劳试验通常测定的是单轴应力状态，必须把单轴应力状态转换到一个标量值，以决定某一应力幅下（S-N曲线）的疲劳循环次数。疲劳工具中的应力分量【Stress Component】允许定义应力结果如何与疲劳曲线S-N进行比较。6个应力分量的任何一个或最大剪切应力、最大主应力或等效应力也都可能被使用到。所定义的等效应力标示的是最大绝对主应力，以便说明压缩平均应力。

（5）求解疲劳分析。

疲劳计算将在应力分析实施完以后自动进行。与应力分析计算相比，恒定振幅情况的疲劳计算通常会快得多。如果一个应力分析已经完成，那么仅选择【Solution】或【Fatigue Tool】分支并点击【Solve】，便可开始疲劳计算。

9. 查看疲劳结果

对于恒定振幅和比例载荷情况，有几种类型的疲劳结果供选择。

- 寿命【Life】：寿命表示由于疲劳作用直到失效的循环次数，如果交变应力比S-N曲线中定义的最低交变应力低，则使用该寿命（循环次数），如S-N曲线失效的最大循环次数是1e6，即是最大寿命。
- 损伤【Damage】：损伤表示设计寿命与可用寿命的比值，设计寿命在明细窗口中定义。
- 安全系数【Safety Factor】：安全系数是关于一个在给定设计寿命下的失效，给定最大安全系数SF值是15。
- 双轴指示【BiaxialityIndication】：应力双轴有助于确定局部的应力状态，双轴指示是较小与较大主应力的比值（对于主应力接近0的被忽略）。因此，单轴应力局部区域值为0，纯剪切的为-1，双轴应力状态为1。
- 等效交变应力【Equivalent Alternating Stress】：等效交变应力是基于所选择应力类型，在考虑了载荷类型和平均应力影响后，用于询问S-N曲线的应力。
- 疲劳敏感性【Fatigue Sensitivity】：一个疲劳敏感曲线图显示出部件的寿命、损伤或安全系数在临界区域随载荷的变化而变化，能够输入载荷变化的极限（包括负比率），曲线图的默认选项为【Fatigue>Sensitivity】。

💿 **提示**

任何疲劳选项的范围可以是选定的零件和（或）零件的表面，收敛性可用于云图结果。收敛和警告对疲劳敏感性图是无效的。

疲劳工具也可以与求解组合在一起使用。在求解组合中，多重环境可能被组合。疲劳工具将计算基于不同环境的线性组合的结果。

5.2.6 分析案例——矩形板边缘承受交变弯矩的疲劳分析

5.2.6.1 问题描述及分析

本例采用壳单元进行疲劳分析，板长L，宽W，厚T，一端固定，另一端施加环绕Z轴转动的弯矩（逆时针旋转），参见图5.2-3，模型参数如表5.2-1所示。首先确定最大弯曲应力（该应力为σ_x）及板的最大总变形，然后确定零件寿命及安全因子。使用X方向的应力分量，考虑载荷类型为完全对称循环，设计寿命为1e6，疲劳强度因子为1，缩放系数为1。

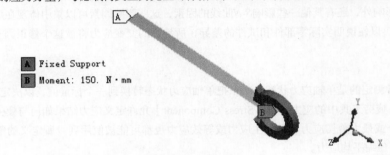

A Fixed Support
B Moment: 150. N·mm

图5.2-3　分析模型

表5.2-1　　　　　　　　　　　　　　　　　　　　　　　分析模型参数

材　　料				几　　何	载　　荷
弹性模量E	2e11 Pa	循环数	交变应力（Pa）	L=12mm	M_Z=0.15Nm
泊松比ν	0	1000	1.08e9	W=1mm	
极限拉伸强度σ_U	1.29e9 Pa	1e6	1.38e8	T=1mm	
疲劳持久强度σ_E	1.38e8 Pa				
屈服应力σ_Y	2.5e8 Pa				

5.2.6.2 数值模拟过程

1．拖入静力分析系统

打开Workbench，将静力分析系统【Static Structural】拖入项目流程图，保存文件fatigue-rectangle plate .wbpj。

2．输入材料

双击工程数据【Engineering Data】单元格，进入材料输入窗口，输入材料。

步骤操作如图5.2-4所示。

（1）添加新材料【steel】。

（2）新材料中添加各项同性弹性材料模型，输入弹性模型【Young's Modulus】=2e11Pa，泊松比【Poisson's Ratio】= 0。

（3）再添加应力循环及交变应力数据（即输入S-N曲线）【Alternating Stress Mean Stress】。

（4）表中输入【Cycles】=1000，1e6，【Alternating Stress】=1.08e9 Pa，1.38e8 Pa。

（5）图表中显示双对数形式的S-N曲线。

（6）输入拉伸屈服强度【Tensile Yield Strength】=2.5e8 Pa，压缩屈服强度【Compressive Yield Strength】=2.5e8 Pa，抗拉强度【Tensile Ultimate Strength】=1.29e9 Pa。

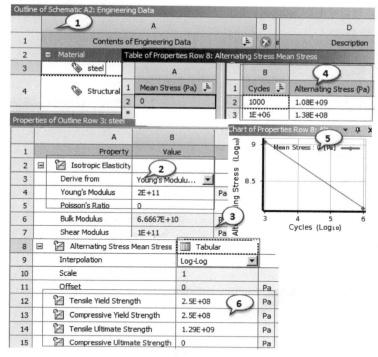

图5.2-4　材料参数

3. 进入DM建立模型

操作过程略

4. 项目流程图中双击【Model】进入Mechnical环境，进行静力分析

步骤操作如图5.2-5所示。

（1）导航树中选择【Surface Body】。

（2）明细窗口中输入壳厚度【Thickness】=1mm，分配材料【Assignment】=steel。

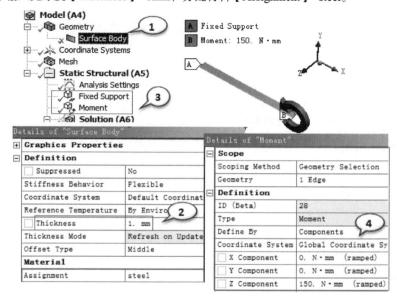

图5.2-5　静力分析

（3）选择【Mesh】，生成默认网格。图形区选择壳的一个端面，加入固定约束【Fixed Support】，选择另一端面施加弯矩【Moment】。

（4）明细窗口中输入弯矩值【Z Component】=150 Nmm，点击【Solve】进行静力求解。

5．分析结果

步骤操作如图5.2-6所示。

（1）显示总变形【Solution】→【Total Deformation】为0.65mm。

（2）固定约束端X方向正应力【Solution】→【Normal Stress】，明细窗口设置【Orientation】=X Axis，最大正应力为900MPa。

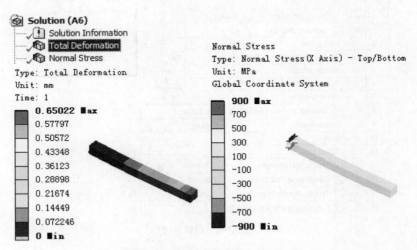

图5.2-6　变形及约束端X方向正应力

6．加入疲劳工具

步骤操作如图5.2-7所示。

导航树中选【Solution】，右击鼠标选【Insert】→【Fatigue】→【Fatigue Tool】，明细窗口设置疲劳强度因子【Fatigue Strength Factor（Kf）】=1，对称循环【Type】=Fully Reversed，以名义应力法计算应力疲劳寿命【Analysis Type】=Stress Life，【Stress Component】=Component　X。

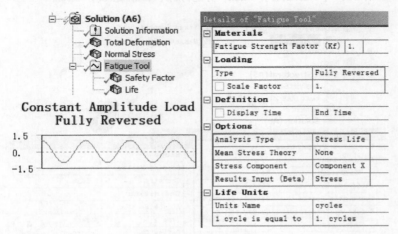

图5.2-7　加入疲劳工具

7．添加疲劳寿命

步骤操作如图5.2-8所示。

导航树中选【Fatigue Tool】，右击鼠标选【Insert】→【Life】，图形区选择约束边，明细窗口确认【Geometry】=1 Edge，选【Life】右击鼠标，选【Evaluate all Results】计算得到疲劳寿命为1844.4次循环。

8. 添加疲劳安全因子

步骤操作如图5.2-8所示。

导航树中选【Fatigue Tool】，右击鼠标选【Insert】→【Safety Factor】，图形区选择约束边，明细窗口确认【Geometry】=1 Edge，输入设计寿命【Design Life】=1e6，选【Safety Factor】右击鼠标，选【Evaluate all Results】计算得到疲劳安全因子为0.15333次循环。

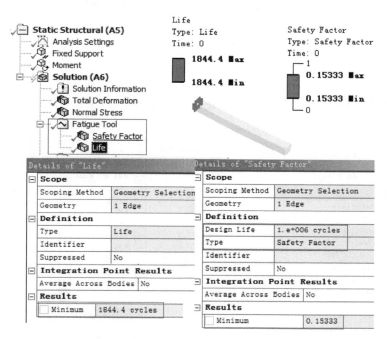

图5.2-8 计算疲劳寿命及疲劳安全因子

5.2.6.3 结果分析与讨论

上述模型为恒定振幅比例载荷的对称循环载荷下的疲劳寿命，理论寿命计算如下：

$$N=N_0(S/S_0)^{1/b} \tag{5.2.6}$$

其中N_0=1e6，N=1e3，$b=-\log(1080/138)/3=-0.29785$，当应力幅$S$=900MPa，其寿命$N$=1e6(900/138)$^{-1/0.29785}$=1844.4

无限寿命下疲劳强度的安全因子为$f=S_0/S=138/900=0.15333$。理论计算与数值模拟结果对比如表5.2-2所示：

表5.2-2 　　　　　　　　　　　　　　　　对称循环加载疲劳分析结果比较

结　　果	理　　论	ANSYS WB	误差（%）
X方向最大正应力（Pa）	9e8	9e8	0
最大总变形（mm）	0.648	0.65	0.3
寿命	1844.4	1844.4	0
安全因子	0.15333	0.15333	0

考虑脉动循环加载，即弯矩为0～0.15Nm，则X方向正应力变化范围为0～900MPa，应力幅S_a=450MPa，平均应力S_m=450MPa。S-N曲线为对称循环下的结果，所以应考虑平均应力的影响，按Goodmen考虑平均应力计算如下：

等效到对称循环的应力：

$$S_n=S_a/(1-S_m/S_u)=450/(1-450/1290)=691.07\text{MPa} \tag{5.2.7}$$

则该应力幅下的寿命：

$$N=N_0(S_n/S_0)^{1/b}=1e6(691.07/138)^{-1/0.29785}=4477.2 \qquad (5.2.8)$$

无限寿命疲劳强度的安全因子为：

$$f=S_0/S=138/691.07=0.1997 \qquad (5.2.9)$$

无限寿命下（假设设计寿命为1e6）的疲劳损伤：

$$D=N_d/N=1e6/4477.2=223.35 \qquad (5.2.10)$$

如果不考虑平均应力的影响则450MPa应力幅下的寿命：

$$N=N_0(S_n/S_0)^{1/b}=1e6(450/138)-1/0.29785=18903 \qquad (5.2.11)$$

安全因子为：

$$f=S_0/S=138/450=0.30667 \qquad (5.2.12)$$

无限寿命下（假设设计寿命为1e6）的疲劳损伤：

$$D=N_d/N=1e6/18903=52.9 \qquad (5.2.13)$$

ANSYS WB的计算结果参见图5.2-9及图5.2-10，理论计算与数值模拟结果对比如表5.2-3所示：

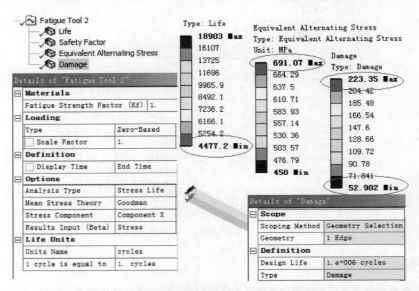

图5.2-9　脉动循环计入Goodman平均应力影响计算疲劳寿命、等效交变应力及疲劳损伤

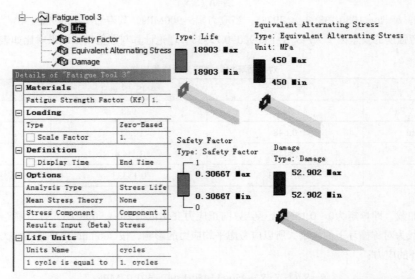

图5.2-10　脉动循环不计平均应力计算疲劳寿命、等效交变应力、疲劳安全因子及损伤

表5.2-3 　　　　　　　　脉动循环加载计入/不计平均应力的疲劳分析结果比较

结果	Goodman平均应力			不计平均应力		
	理论	ANSYS WB	误差（%）	理论	ANSYS WB	误差（%）
X向变化正应力（MPa）	0~900	0~900	0	0~900	0~900	0
等效交变应力（MPa）	691.07	691.07	0	450	450	0
疲劳寿命	4477.2	4477.2	0	18903	18903	0
疲劳安全因子	0.1997	0.1997	0	0.30667	0.30667	0
疲劳损伤	223.35	223.35	0	52.902	52.902	0

5.2.7　非比例载荷的疲劳分析

前面讨论了恒定振幅和比例载荷情况，对于恒定振幅非比例载荷的情况，其基本思想是用两个加载环境代替单一加载环境，进行疲劳计算，不采用应力比，而是采用两个载荷环境的应力值来决定最大最小值。同一组应力结果并不成比例，这就是这种方法被称为非比例的原因。由于两组结果都会使用到，所以可以采用求解组合来实现。

对于恒定振幅，非比例情况的处理过程与恒定振幅、比例载荷的求解基本相同，除了下面所提出的以外。

● 建立两个带不同载荷条件的环境。

● 增加一个求解组合，并定义两个环境。

● 为求解组合添加疲劳工具【Fatigue Tool】和其他结果，并将载荷类型定义为"非比例"【Non-Proportional】。

● 定义所需的结果并求解。

1. 建立两个载荷环境

建立两个载荷环境处理恒定振幅非比例载荷的情况如下。

● 这两个载荷环境可以有两组不同的载荷，以模仿两载荷的交互形式，例如：一个是弯曲载荷，另一个是扭转载荷。疲劳载荷计算将假定为在这样的两个载荷环境下的交互受载的。

● 一个交互载荷可以叠加到静载荷上，例如，有一个恒定压力和一个力矩载荷。对于其中一个环境，仅定义恒定压力，而另一个环境定义为力矩载荷。这就将模仿成一个恒定压力和交变力矩。

● 非线性支撑/接触或非比例载荷的使用，例如，仅有一个压缩支撑，只要阻止刚体运动，那么两个环境应该反映的是某一方向和其相反方向的载荷。

2. 增加一个求解组合

在工作表中，添加用于计算的两个环境。

注意，系数可以是一个数值，只有一种情况除外，即结果是被缩放的。两个环境将会很好地用于非比例载荷。从两个环境产生的应力结果将决定对于给定位置的应力范围。

3. 求解组合中添加疲劳工具

疲劳工具【Fatigue Tool】中的明细窗口中指定非比例加载类型【Non-Proportional】。任何其他选项将把两个环境当作线性组合，比例系数、疲劳强度系数、分析类型以及应力组分都可以进行相应的设置。

4. 定义所需的其他结果并求解

对于非比例载荷，可能需要获得与作用在比例载荷情况下同样的结果。唯一的差别在于双轴指示【Biaxiality

Indication】。由于所进行的分析是作用在非比例载荷条件下的，所以对于给定的位置，没有单个双轴应力存在，双轴应力的平均或标准偏差可以在明细窗口中进行设置。

💿 提示

平均应力双轴性是直接用来解释的，标准偏差显示的是在给定位置的应力状态改变量，因此，一个小标准偏差值是指行为接近比例载荷；而大的标准偏差值，则是指在主应力方向上的变化足够大。在两个环境首先得到求解以后，疲劳求解将自动进行。

5.2.8 疲劳分析案例——正应力的非比例加载

5.2.8.1 问题描述及分析

本例为矩形截面杆20m×1m×1m，承受两个载荷工况的交变载荷作用，工况一为一端固定，另一端施加集中力，工况二为三个基准平面内的所有面施加无摩擦约束，Y和Z正方向表面施加压力。

疲劳分析中对非比例加载采用Soderberg理论，采用两个工况分析的最大应力和最小应力作为疲劳计算，确定X、Y、Z方向的正应力的寿命、损伤和安全因子，设计寿命为1e6，疲劳强度因子为1，缩放系数为1，求解组合中的环境系数为1。参见图5.2-11，模型参数如表5.2-4所示。

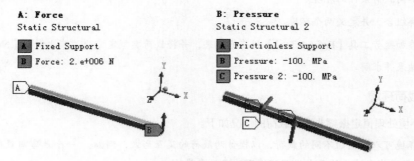

图5.2-11 分析模型

表5.2-4   分析模型参数

材　　料				几　　何	载　　荷
弹性模量E	2e5MPa	循环数	交变应力（MPa）	L=20m	F=2e6 N
泊松比ν	0	1000	460	W=1m	P=100MPa
极限拉伸强度σ_U	460MPa	1e6	2.2998	T=1m	
疲劳持久强度σ_E	2.2998MPa				
屈服应力σ_Y	350MPa				

5.2.8.2 数值模拟过程

1. 拖入静力分析系统

打开Workbench，将二个静力分析系统【Static Structural】拖入项目流程图，二者共享材料、几何及网格模型保存文件Fatigue- Non-Proportional Loads.wbpj。

步骤操作如图5.2-12所示。

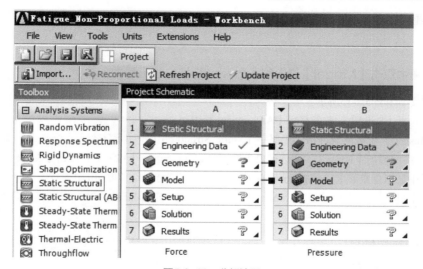

图5.2-12　分析流程

2. 输入材料

双击工程数据【Engineering Data】单元格，进入材料输入窗口，输入材料。

步骤操作如图5.2-13所示。

（1）添加新材料【Bar】。

（2）新材料中添加各项同性弹性材料模型，输入弹性模型【Young's Modulus】=2e11Pa，泊松比【Poisson's Ratio】=0。

（3）再添加应力循环及交变应力数据（即输入S-N曲线）【Alternating Stress Mean Stress】。

（4）表中输入【Cycles】=1000，1e6，【Alternating Stress】=4.6e8 Pa, 2.2998e6 Pa。

（5）图表中显示双对数形式的S-N曲线。

（6）输入拉伸屈服强度【Tensile Yield Strength】=3.5e8 Pa，压缩屈服强度【Compressive Yield Strength】=3.5e8 Pa，抗拉强度【Tensile Ultimate Strength】=4.6e8 Pa。

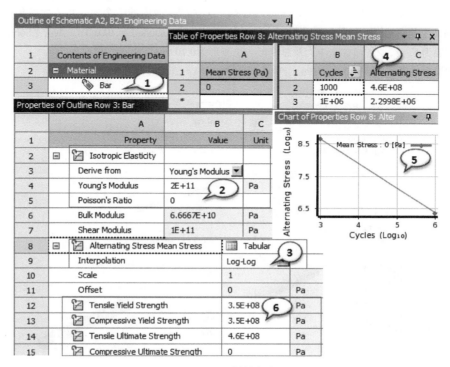

图5.2-13　材料参数

3. 进入DM建立模型

操作过程略

4. 项目流程图中双击【Model】进入Mechnical环境，进行静力分析

步骤操作如图5.2-14和图5.2-15所示。

（1）导航树中选择【Solid】，分配材料【Assignment】=Bar。

（2）选择【Mesh】，生成默认网格。工况一【Static Structural】中图形区选择一个端面，加入固定约束【Fixed Support】，选择另一端面施加【Force】。明细窗口中输入【Y Component】=2e6 N，点击【Solve】进行静力求解。

（3）分析结果中显示总变形【Total Deformation】及查看结果为X，Y，Z方向的正应力。

（4）分析结果中显示总变形【Total Deformation】为320.7mm。X方向正应力240.31MPa。Y向正应力1.1749MPa，Z向正应力0。

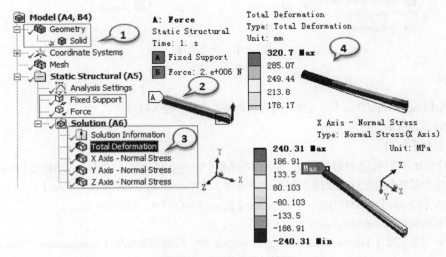

图5.2-14　集中力分析结果

（5）工况二【Static Structural 2】中，图形区选择三个基准平面内的三个面，加入无摩擦约束【Frictionless Support】，选择另两个侧面施加压力【Pressure】。明细窗口中输入【Magnitude】=-100MPa，点击【Solve】进行静力求解。

（6）查看结果为X，Y，Z方向的正应力及总变形。总变形为0.707mm。

（7）分析结果中显示X方向正应力0MPa，Y向正应力100MPa，Z向正应力100MPa。

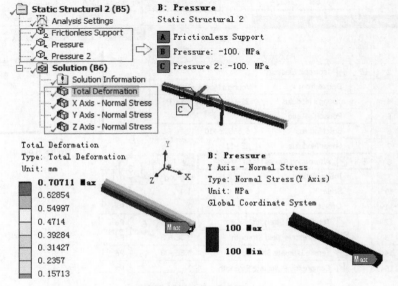

图5.2-15　压力分析结果

5. 加入求解组合

步骤操作如图5.2-16所示。

导航树中选【Model】，工具栏中选择求解组合【Solution Combination】，则导航树中插入求解组合。导航树中选【Solution Combination】，工作表中添加两个组合工况，这里需得到最大与最小应力差值，设置工况一的系数为-1，工况二的系数为1。

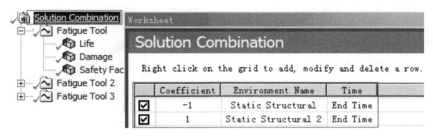

图5.2-16 设置求解组合

6. 添加疲劳工具

步骤操作如图5.2-17所示。

右击鼠标选【Insert】→【Fatigue】→【Fatigue Tool】，明细窗口设置疲劳强度因子【Fatigue Strength Factor（Kf）】=1，非比例循环【Type】=Non-Proportional，计算应力疲劳寿命【Analysis Type】=Stress Life。对于三向拉应力状态，设置平均应力理论【Mean Stress Theory】=Soderberg，取X方向正应力【Stress Component】= Component X。

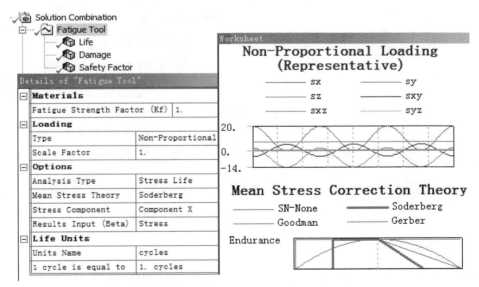

图5.2-17 疲劳工具设置非比例加载

7. 添加疲劳工具相关结果

步骤操作如图5.2-18所示。

加入疲劳寿命，导航树中选【Fatigue Tool】，右击鼠标选【Insert】→【Life】；添加疲劳损伤，导航树中选【Fatigue Tool】，右击鼠标选【Insert】→【Damage】，输入设计寿命【Design Life】=1e6；添加疲劳安全因子，导航树中选【Fatigue Tool】，右击鼠标选【Insert】→【Safety Factor】，输入设计寿命【Design Life】=1e6，右击鼠标，选择【Evaluate all Results】计算得到疲劳寿命3326.6，疲劳损伤300.6，安全因子为0.019。

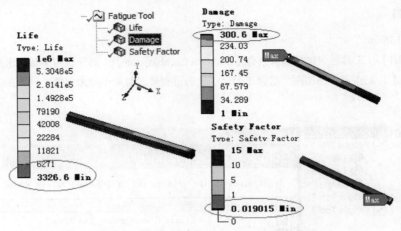

图5.2-18　非比例加载X向应力疲劳计算结果

8. 重新计算疲劳获得结果

复制疲劳工具【Fatigue Tool】二次，得到【Fatigue Tool 2】，【Fatigue Tool 3】，分别修改属性为取Y方向正应力【Stress Component】=Component Y，取Z方向正应力【Stress Component】=Component Z，重新计算疲劳获得结果。

操作如图5.2-19所示。

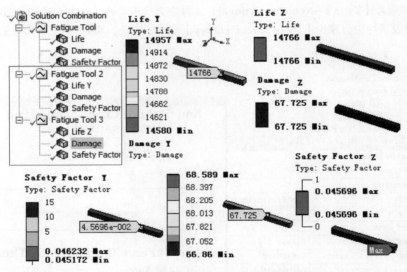

图5.2-19　非比例加载Y、Z向应力疲劳计算结果

5.2.8.3　结果分析与讨论

上述模型为恒定振幅非比例载荷的疲劳分析，理论计算与数值模拟结果对比如表5.2-5所示。

表5.2-5　　　　　　　　　　　　　　　恒定振幅非比例载荷的疲劳分析结果比较

结　　　果	理　　　论	ANSYS WB	误差（%）
X方向正应力寿命	3335	3326.6	-0.25
X方向正应力损伤	299.8	300.6	0.27
X方向正应力安全因子	0.019	0.019015	0.08
Y方向正应力寿命	14766	14766	0
Y方向正应力损伤	67.724	67.725	0.001

结　　果	理　　论	ANSYS WB	误差（%）
Y方向正应力安全因子	0.04569	0.045696	0.013
Z方向正应力寿命	14766	14766	0
Z方向正应力损伤	67.724	67.725	0.001
Z方向正应力安全因子	0.04569	0.045696	0.013

5.2.9　不稳定振幅的疲劳分析

在本节中将针对不定振幅、比例载荷情况进行疲劳分析，尽管载荷仍是成比例的，但应力幅和平均应力却是随时间变化的。

5.2.9.1　不规则载荷历程和循环

对于不规则载荷历程，需要进行特殊处理。

计算不规则载荷历程的循环所使用的是"雨流"循环计算。"雨流"循环计算是把不规则应力历程转化为用于疲劳计算循环的一种技术，先计算不同的"平均"应力和应力幅的循环，然后使用这组"雨流"循环完成疲劳计算。

损伤累加是通过Miner法则完成的，在一个给定的平均应力和应力幅下，每次循环用到有效寿命占总和的百分之几。对于在一个给定应力幅下的循环次数，随着循环次数达到失效次数时，寿命用尽，发生失效。"雨流"循环计算和Miner损伤累加都用于不定振幅情况。

因此，任何载荷历程都可以切分成一个不同的平均值和范围值的循环阵列，"雨流"阵列，指出了在每个平均值和范围值下所计算的循环次数，较高值表示这些循环将出现在载荷历程中。

在一个疲劳分析完成以后，可显示每个"循环"造成的损伤量，对于"雨流"阵列中的每个"竖条"，显示的是对应的所用掉的寿命量的百分比。即使大多数循环发生在低范围平均值，但高范围循环仍会造成主要的损伤，如果损伤累加到1，那么将发生失效。

不定振幅、比例载荷情况下疲劳分析的过程如下。

（1）建立前导分析（线性，比例载荷）。

（2）定义疲劳材料特性（包括S-N曲线）。

（3）定义载荷历程数据，以及平均应力的影响的处理。

（4）为"雨流"循环次数的计算定义竖条的数量。

（5）求解并查看疲劳结果（例如，损伤阵列，损伤云图，寿命云图等）。

对于建立基于不定振幅、比例载荷情况下疲劳分析的过程，与前面介绍非常相似，但有两个例外：载荷类型的定义不同，查看的疲劳结果中包括变化的"雨流"和损伤阵列。

5.2.9.2　不定振幅、比例加载疲劳分析相关设置

1. 定义载荷类型

在疲劳工具中，载荷类型【Type】指的是历程数据【History Data】，因此在【History Data Location】下定义一个外部文件，这个文本文件将会包含一组循环（或周期）的载荷历程点。由于历程数据文本文件的数值表示的是载荷的倍数，所以比例因子【Scale Factor】也能够用于放大载荷。

2. 定义无限寿命

恒定振幅载荷中，如果应力低于S-N曲线中最低限，曾提过的最后定义的循环次数将被使用。但在不定振幅载荷

下，载荷历程将被划分成各种平均应力和应力幅的"竖条"【bins】。由于损伤是累积起来的，即当循环次数很高时，这些小应力可能造成相当大的影响。因此，如果应力幅比S-N曲线的最低点低，"无限寿命"值可以在疲劳工具明细窗口栏中输入，以定义所采用循环次数的值。

损伤的定义是循环次数与失效时次数的比值，因此对于没有达到S-N曲线上的失效循次数的小应力，"无限寿命"就提供这个值。通过对"无限寿命"设置较大值，小应力幅循环的影响造成的损伤将很小，因为损伤比较小。

3. 定义竖条尺寸

竖条尺寸【Bin Size】可以在疲劳工具栏中定义，雨流阵列尺寸是Bin_Size x Bin_Size。该值越大，排列的阵列就越大，于是平均值和范围可以考虑得更精确，否则将把更多的循环次数放在给定的竖条中。但是对于疲劳分析，竖条的尺寸越大，所需的内存和CPU成本会越高。

> **提示**
>
> 另一方面，可以看到单根锯齿或正弦曲线的载荷历程数据将产生与恒定振幅相似的结果。注意，这样的一个载荷历程将产生一个与恒定振幅情况下同样的平均应力和应力幅的计算。这个结果可能与恒定振幅情况有轻微差异，取决于竖条的尺寸，因为范围的均分方式可能与确切值不一致，所以，此时推荐使用恒定振幅法。

前面的讨论非常清楚地指出"块"的数目影响求解精度。这是因为交互和平均应力在计算部分损伤前先被输入到"块"中。这就是"快速计数"技术。可关闭默认方法（因为其效率高）【Quick RainflowCounting】，在这种情况下，部分损伤发现前，数据不会被输入到"块"，因此"块"的数目不会影响结果。虽然这种方法很准确，但它会耗费更多的内存和计算时间。

4. 查看疲劳结果

定义了需要的结果以后，不定振幅情况就可以采用与恒定振幅情况相似的方式，与应力分析一起或在应力分析以后进行求解。由于求解的时间取决于载荷历程和竖条尺寸，所以求解的过程可能要比恒定振幅情况的时间长，但它仍比常规有限元方法的求解快。

结果与恒定振幅情况相似。

（1）代替疲劳循环次数，寿命结果报告了直到失效的载荷"块"的数量。举个例子，如果载荷历程数据描述了一个给定的时间"块"（假设是一周的时间），以及指定的最小寿命是50，那么该部件的寿命就是50"块"或50周。

（2）损伤和安全系数基于在明细窗口中输入的设计寿命，但仍然是以"块"形式出现，而不是循环。

（3）双轴指示与恒定振幅情况一样，对于不定振幅载荷均可用。

（4）对于不定振幅情况，等效交变应力不能作为结果输出。这是因为单个值不能用于决定失效的循环次数，因而采用基于载荷历程的多个值。

（5）疲劳敏感性对于寿命"块"也是可用的。

（6）在不定振幅情况中也有一些自身独特的结果。

① 雨流阵列，虽然不是真实的结果，对于输出是有效的，它提供了如何把交变和平均应力从载荷历程划分成竖条的信息。

② 损伤阵列显示的是指定的实体的评定位置的损伤。它反映了所生成的每个竖条损伤的大小。注意，结果是在指定的部件或表面的临界位置上的结果。

5.2.10 疲劳分析案例——连杆受压

5.2.10.1 问题描述及分析

本例中的连杆受压，目标在于完成一个连杆模型的疲劳分析（ConRod.x_t）。具体地，我们将分析两个载荷环境：

1. 4500 N的恒定振幅载荷，即加载4500N后卸载再反向加载，施加完全对称循环载；

2. 4500N的任意载荷，导入几何文件ConRod.x_t。

采用实体单元进行疲劳分析。连杆小头端固定，大头定位孔处约束径向，施加压力4500N，参见图5.2-20，材料默认为结构钢，确定最大等效应力和最大总变形，疲劳计算采用等效应力，确定零件寿命及安全因子，设计寿命为1e6，疲劳强度因子为0.8，缩放系数为1。

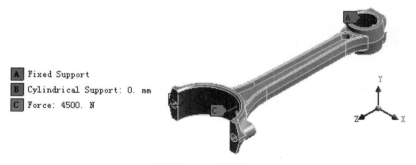

图5.2-20　分析模型

5.2.10.2　恒幅对称循环加载的数值模拟过程

1. 拖入静力分析系统

打开Workbench，将静力分析系统【Static Structural】拖入项目流程图，保存文件fatigue-connect rod.wbpj。

2. 材料默认为结构钢。

3. 导入几何模型

右击【Geometry】单元格，选【Import Geometry】导入几何模型ConRod.x_t。

4. 进行静力分析

项目流程图中双击【Model】进入Mechnical环境，进行静力分析

（1）选择【Mesh】，生成网格，设置如图5.2-21所示。

（2）图形区选择连杆小头内孔，加入固定约束【Fixed Support】。

（3）选择大头定位孔处施加圆柱约束，明细窗口设置【Radial】=Fixed，【Axial】=Free，【Tangential】=Free。

（4）大头孔施加集中力Force，明细窗口设置【Z Component】=-4500N，点击【Solve】进行静力求解。

（5）结果显示总变形【Total Deformation】和等效应力【Equivalent Stress】，如图5.2-22所示。

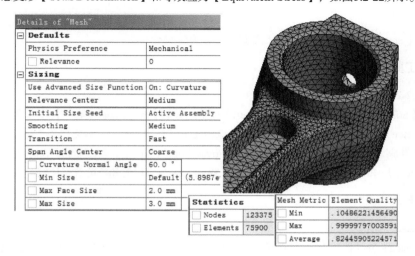

图5.2-21　网格划分

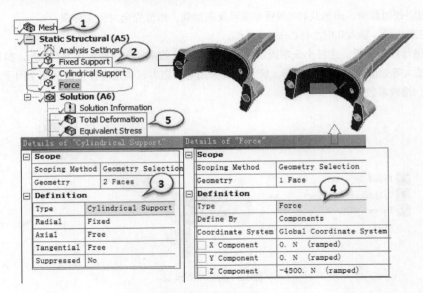

图5.2-22　静力分析

5. 分析结果中显示总变形

【Solution】→【Total Deformation】为0.0276mm。

步骤操作如图5.2-23所示。

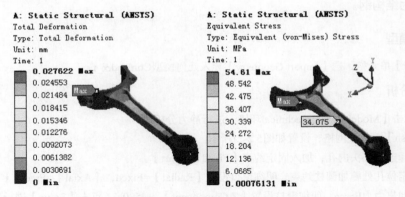

图5.2-23　变形及等效应力

6. 显示等效应力

【Solution】→【Equivalent Stress】，定位孔处最大应力为54.6MPa。

7. 加入疲劳工具

步骤操作如图5.2-24所示。

导航树中选择【Solution】，右击鼠标选择【Insert】→【Fatigue】→【Fatigue Tool】，明细窗口设置疲劳强度因子【Fatigue Strength Factor（Kf）】=0.8（描述实际零件与试验光滑试件的差异），对称循环【Type】=Fully Reversed以建立交互应力循环，计算应力疲劳寿命【Analysis Type】=Stress Life。由于是完全对称循环载荷，所以不需要平均应力理论，【Stress Component】=Equivalent（Von-Mieses）定义Von Mises应力以便和疲劳数据比较。

8. 添加疲劳寿命

步骤操作如图5.2-25所示。

导航树中选择【Fatigue Tool】，右击鼠标选择【Insert】→【Life】，选择【Life】右击鼠标，选择【Evaluate all Results】计算得到疲劳寿命为1e6次循环，为无限寿命。

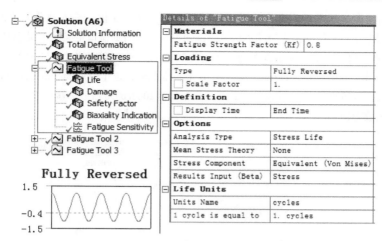

图5.2-24 加入疲劳工具

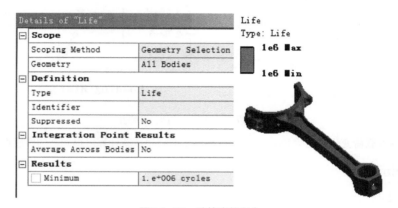

图5.2-25 计算疲劳寿命

9. 添加疲劳安全因子

步骤操作如图5.2-26所示。

导航树中选择【Fatigue Tool】，右击鼠标选择【Insert】→【Safety Factor】，输入设计寿命【Design Life】=1e6，选择【Safety Factor】右击鼠标，选【Evaluate all Results】计算得到疲劳安全因子为1.26。

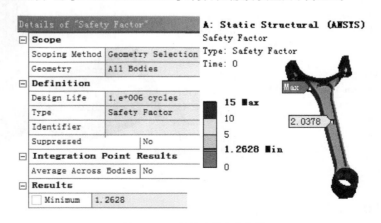

图5.2-26 计算疲劳安全因子

10. 添加寿命的疲劳敏感性

步骤操作如图5.2-27所示。

下面的疲劳敏感曲线图显示零件寿命在临界区域随载荷的变化而变化，输入载荷变化的极限；导航树中选择【Fatigue Tool】，右击鼠标选择【Insert】→【Fatigue Sensitivity】，明细窗口定义一个最小基本载荷变化幅度为50%（一个2250N的交互应力）和一个最大基本载荷变化幅度为200%（一个9000N的交互应力），即【Lower Variation】=50%，【Upper Variation】=200%，选【Fatigue Sensitivity】右击鼠标，选【Evaluate all Results】计算得到并画出关于一个最小基本载荷变化幅度为50%和一个最大基本载荷变化幅度为200%的寿命疲劳敏感性结果。可以估计200%时，即9000N的疲劳寿命循环次数为1e5。

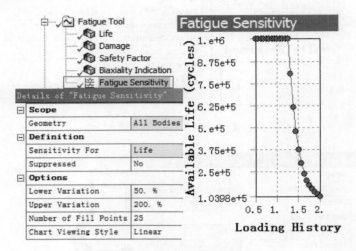

图5.2-27　计算寿命的疲劳敏感性

同样可找出最大基本载荷变化幅度为400%的疲劳敏感性，但必须重新计算以得到新的敏感性结果。

11. 添加双轴指示

步骤操作如图5.2-28所示。

导航树中选择【Fatigue Tool】，右击鼠标选择【Insert】→【Biaxiality Indication】，选择【Biaxiality Indication】右击鼠标，选【Evaluate all Results】，得到并画出双轴指示结果。注意，接近危险区域的应力状态接近单轴的（0.1～0.2），因为材料特性是单轴的。（0与单轴应力一致；-1时为纯剪切；1时为纯双轴状态）。

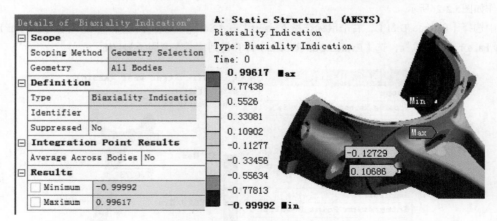

图5.2-28　双轴指示

5.2.10.3　变幅比例加载的数值模拟过程

接前例，假设连杆受变幅比例载荷的作用，疲劳分析过程如下。

1. 加入疲劳工具

导航树中选择【Solution】，右击鼠标选择【Insert】→【Fatigue】→【Fatigue Tool】。

步骤操作如图5.2-29所示。

（1）明细窗口设置疲劳强度因子【Fatigue Strength Factor（Kf）】=0.8。

（2）定义疲劳载荷，源自一个比例历程文件，（浏览并打开"SAEBracketHistory.dat"）定义比例系数为0.005。

💿 提示 --

这里必须规范载荷历程，以便使载荷能够与载荷历程文件中的比例系数匹配。提供数据文件中，根据试验应变仪测量结果，200对应于4500N的加载，则指定单位有限元加载为时程载荷的比例因子为1/200，即0.005。

（3）定义【Mean Stress Theory】=Goodman理论以计算平均应力影响；定义【Stress Component】=Signed Von Mises应力，用于和疲劳材料数据进行比较（由于Goodman理论处理负的和正的平均应力形式不同）；定义【Bin Size】为32（雨流Rainflow和损伤矩阵Damage matrices是32×32）。

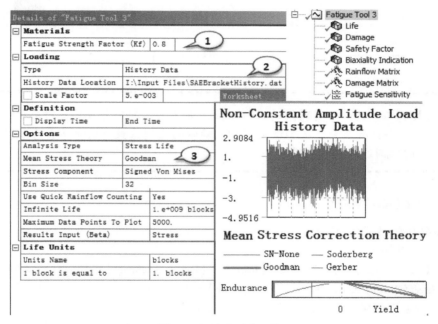

图5.2-29 加入疲劳工具

2. 添加疲劳寿命

导航树中选择【Fatigue Tool】，右击鼠标选择【Insert】→【Life】，选择【Life】右击鼠标，选择【Evaluate all Results】计算得到疲劳寿命为68个载荷谱循环，如图5.2-30所示。

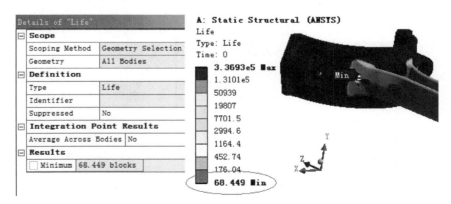

图5.2-30 计算疲劳寿命

3. 添加疲劳安全系数

导航树中选择【Fatigue Tool】，右击鼠标选择【Insert】→【Safety Factor】，输入设计寿命【Design Life】=1000，选择【Safety Factor】，右击鼠标，选择【Evaluate all Results】计算得到设计寿命为1000次的疲劳安全系数为0.58，如图5.2-31所示。

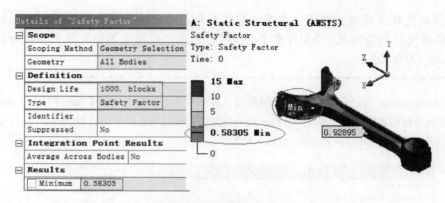

图5.2-31　计算疲劳安全因子

> 💡 **提示**
>
> 如果载荷历程与构件一个月时间的经历一致，那么损伤和安全系数就对应于设计寿命为1000次循环的结果。安全系数是为了使其满足1000月寿命的比例系数，表示尽管寿命计算为68个载荷块，但只有0.58的比例达到1000次循环。

4. 添加疲劳安全系数的敏感性

（表示安全系数为基本载荷的函数）

步骤操作如图5.2-32所示。

导航树中选择【Fatigue Tool】，右击鼠标选择【Insert】→【Fatigue Sensitivity】，明细窗口定义1000次设计寿命下安全系数的敏感性：【Sensitivity For】=Safety Factor，【Design Life】=1000 blocks，定义一个最小基本载荷变化幅度为50%，和一个最大基本载荷变化幅度为150%（一个6750N的交互应力），即【Lower Variation】=50%，【Upper Variation】=150%。

选择【Fatigue Sensitivity】，右击鼠标，选择【Evaluate all Results】计算得到并画出关于载荷变化幅度为50%～150%的疲劳安全系数敏感性结果。可以估计50%载荷作用下，安全系数为1.166，150%的载荷对应的安全系数为0.3887。

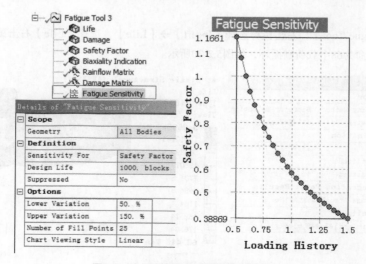

图5.2-32　计算安全系数的疲劳敏感性

5. 添加双轴指示

步骤操作如图5.2-33所示。

导航树中选择【Fatigue Tool】，右击鼠标选择【Insert】→【Biaxiality Indication】，选择【Biaxiality Indication】，右击鼠标，选择【Evaluate all Results】，得到并画出双轴指示结果基本同前。

图5.2-33　计算双轴指示

注意

点击连杆处查看应力状态接近0，为单轴应力状态。

6. 添加雨流矩阵

操作如图5.2-34所示。

导航树中选【Fatigue Tool】，右击鼠标选【Insert】→【Rainflow Matrix】，选【Rainflow Matrix】右击鼠标，选【Evaluate all Results】，得到并画出雨流矩阵分布。3D图中X轴表示应力幅变化范围，Y轴表示平均应力，Z轴为竖条数目，低应力幅占多数。明细窗口显示等效应力幅分布的最大最小范围及最大/最小平均应力。

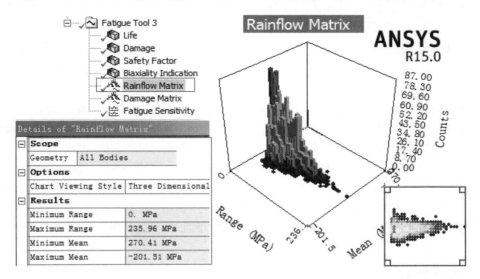

图5.2-34　显示雨流矩阵

7. 添加损伤矩阵

步骤操作如图5.2-35所示。

导航树中选择【Fatigue Tool】，右击鼠标选择【Insert】→【Damage Matrix】，选择【Damage Matrix】，右击鼠标，选择【Evaluate all Results】，得到并画出损伤矩阵分布。3D图中X轴表示应力幅变化范围，Y轴表示平均应力，Z轴为相对损伤，相对损伤大的在中等应力幅区。明细窗口显示等效应力幅分布的最大最小范围及最大/最小平均应力。

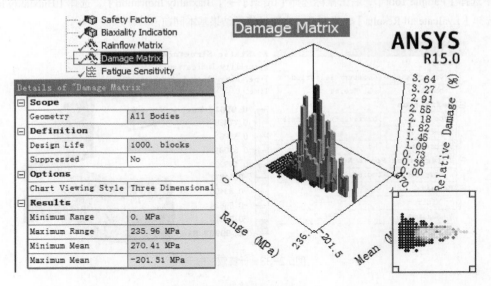

图5.2-35　添加损伤矩阵

提示

　　　　尽管从前面的雨流矩阵分布中，大多数针对低应力和中等平均应力，但这些并不在危险位置造成最大的损伤，可以从损伤矩阵中看到，"中间"应力幅循环在危险位置造成最大的损伤。

可生成另外没有考虑平均应力效果的疲劳分析结果并做相应的对比。

5.3　结构热变形及热应力分析

　　　　温度变化会以多种方式影响结构性能，如高温或温度变化，不同材料热胀冷缩系数不同，引起材料的伸缩长度不同，因此，往往在不同材料界面之间产生剪切力，可能导致结构过度变形，甚至屈服、疲劳和断裂，使用过程中常难以克服。

　　　　结构的连续性或边界条件对于热胀冷缩的限制导致结构产生热变形和热应力，在没有边界约束时，结构热应力是自平衡的。理论上说，热和结构分析是耦合在一起的，但事实上，对于复杂的结构热效应问题，热/结构耦合方法是合适的，如强热流环境冲击环境下，结构短时间产生很高的温度梯度，导致材料的强度、刚度、热物理性能、传热方式及几何形状发生明显变化，引起结构热边界条件的显著变化。除此之外，大多数情况下，结构的力学响应几乎不会影响热物性、传热方式及热边界条件，因此，通常二者可以分开求解，结构力学分析可用热分析的温度分布作为输入条件。

　　　　对于大多数结构而言，热变形指温度缓慢变化及其分布不均匀导致结构产生准静态变形，由于温度场变化缓慢，结构热效应是线性的，且与时间无关，可以用线性静力方法来描述。因此本节侧重有限元方法求解热变形和热应力问题。

5.3.1　传热基本方式

　　　　热的传递是由于物体内部或物体之间的温度不同而引起的。当无外功输入时，根据热力学第二定律，热总是自动地从温度较高的部分传给温度较低的部分。根据传热机理的不同，传热的基本方式有热传导、对流和辐射三种。

1. 热传导

当物体的内部或两个直接接触的物体之间存在着温度差异，且物体各部分之间不发生相对位移时，依靠分子、原子及自由电子等微观粒子的热运动而产生的热量传递称热传导。热能就从物体的较高部分传给温度较低的部分或从一个温度较高的物体传递给直接接触的温度较低的物体。

热传导基本规律（傅立叶定律）表示为：

$$Q = -\lambda A \frac{dT}{dn} \qquad (5.3.1)$$

式中：Q 为热流率，表示单位时间内通过某一给定面积的热量，单位W；dT/dn 为温度梯度，单位℃/m；A 为导热面积，单位m²；λ 为材料的导热系数，单位W/（m℃）。

导热系数是物质的一种物理性质，表示物质的导热能力的大小，导热系数值越大，物质的导热性能越好。

傅立叶定律表示：在单位时间热传导的方式传递的热量与垂直于热流的截面积成正比，与温度梯度成正比，负号表示导热方向与温度梯度方向相反。

2. 对流

对流是指由于流体的宏观运动，从而使流体各部分之间发生相对位移，冷热流体相互掺混所引起的热量传递过程。对流仅发生在流体中，对流的同时必伴随有导热现象。

流体流过一个物体表面时的热量传递过程，称为对流换热；又可根据对流换热时是否发生相变分为有相变的对流换热和无相变的对流换热；而根据引起流动的原因分为自然对流（密度差引起）和强制对流（压差引起）、沸腾换热及凝结换热（相变引起对流换热）等。

对流换热的基本规律（牛顿冷却公式）表示为：

$$Q = Ah(t_s - t_f) \qquad (5.3.2)$$

其中，t_s 及 t_f 分别为固体表面温度和流体温度；h 为对流换热系数，表示单位温差作用下通过单位面积的热流率，对流换热系数越大，传热越剧烈，单位W/m²℃。

对流换热系数的大小与传热过程中的许多因素有关。它不仅取决于物体的物性、换热表面的形状、大小相对位置，而且与流体的流速有关。一般地，就介质而言，水的对流换热比空气强烈；就换热方式而言，有相变的强于无相变的；强制对流强于自然对流。对流换热研究的基本任务是用理论分析或实验的方法推出各种场合下表面对流换热系数的关系式。

3. 辐射

物体通过电磁波来传递能量的方式称为辐射。因热的原因而发出辐射能的现象称为热辐射。

辐射与吸收过程的综合作用造成了以辐射方式进行的物体间的热量传递称辐射换热。辐射换热是一个动态过程，当物体与周围环境温度处于热平衡时，辐射换热量为零，但辐射与吸收过程仍在不停地进行，只是辐射热与吸收热相等。

实际物体辐射热流率可根据斯忒潘—玻耳兹曼定律求得：

$$Q = \varepsilon A \sigma T^4 \qquad (5.3.3)$$

其中，T 为黑体的热力学温度K（开尔文Kelvin，0℃=绝对温度273.16 K）；σ 为斯忒潘—玻耳兹曼常数（黑体辐射常数），$5.67*10^{-8}$ W/m²*k⁴；A 为辐射表面积m²。其中 Q 为物体自身向外辐射的热流率，而不是辐射换热量；ε 为物体的发射率（黑度），其大小与物体的种类及表面状态有关。把吸收率等于1的物体称黑体，是一种假想的理想物体。

物体温度越高，单位时间辐射的热量越多。热传导和热对流都需要有传热介质，而热辐射无须任何介质，实质上，在真空中的热辐射效率最高。

在工程中通常考虑两个或两个以上物体之间的辐射，系统中每个物体同时辐射并吸收热量。它们之间的净热量传递可以用斯蒂芬—波尔兹曼方程来计算：

$$Q = \varepsilon_1 A_1 \sigma F_{12} \left(T_1^4 - T_2^4 \right) \qquad (5.3.4)$$

式中，Q为热流率，ε_1为该物体辐射率（黑度），σ为斯蒂芬-波尔兹曼常数，A_1为辐射面1的面积，F_{12}为由辐射面1到辐射面2的形状系数，T_1为辐射面1的绝对温度，T_2为辐射面2的绝对温度。

由式5.3.4可以看出，包含热辐射的热分析是高度非线性的。

5.3.2 稳态传热

1. 稳态传热

传热系统中各点的温度仅随位置的变化而变化，不随时间变化而变化。特点：单位时间通过传热面的额定热量是一个常量。

如果系统的净流为零，即流入系统的热量加上系统自身产生的热量等于流出系统的热量：

$$Q_{流入} + Q_{生成} - Q_{流出} = 0 \qquad (5.3.5)$$

则系统热稳态，稳态传热的有限元方程表示为：

$$[K]\{T\} = \{Q\} \qquad (5.3.6)$$

其中，$[K]$为热传导矩阵，包含热系数、对流系数及辐射和形状系数；$\{T\}$为节点温度向量；$\{Q\}$为节点热流率向量，包括热生成。

2. 线性与非线性

如果满足下列条件，则为非线性热分析。

- 材料热性能随温度变化，如导热系数为温度函数$\lambda(T)$等；
- 边界条件随温度变化，如对流换热系数随温度改变$h(T)$等；
- 含有非线性单元；
- 考虑辐射传热。

非线性稳态热分析的有限元方程可描述为：

$$[K(T)]\{T\} = \{Q(T)\} \qquad (5.3.7)$$

5.3.3 结构热变形及热应力分析的有限元方程

前面提到，热变形及热应力的产生与温差分布、不同材料热膨胀系数或膨胀方式不同相关。从分析热效应的角度而言，只要结构的力学响应不会明显影响热物性参数、热传导方式及热边界条件，就可以将结构热应力问题解耦为热分析+结构静力分析。

这样，结构热变形问题就可和一般结构静力问题统一考虑，先进行热分析，得到结构温度场的分布后，再按照静力求解过程，将材料本构关系、应变—位移关系代入力平衡方程，引入相应的载荷及位移边界条件，通过求解力平衡方程求结构热变形，进而根据变形和应力关系得到热应力。

有限元数值解法中，应用有限元位移法，其中温度场及位移场表述为结构空间的离散量。有限元方程可表示如下：

$$[K]\{u\} - \{F^{th}\} = \{F\} \qquad (5.3.8)$$

式中，$[K]$为刚度矩阵，$\{u\}$为节点位移矢量，$\{F\}$为节点力矢量，$\{F^{th}\}$为结构温度节点载荷列阵，即：

$$\{F^{th}\} = \sum \int_{V_e} [B]^T [D] \{\varepsilon^{th}\} dV \qquad (5.3.9)$$

$$\{\varepsilon^{th}\} = (T - T_{ref})[\alpha_x \ \alpha_y \ \alpha_z \ 0 \ 0 \ 0]^T \tag{5.3.10}$$

式中，$[B]$是应变—位移矩阵，$[D]$是应力—应变矩阵，V_e为单元体积，$\{\varepsilon^{th}\}$为热应变，T_{ref}为参考温度，a_x，a_y，a_z为x，y，z方向热膨胀系数。

当只有温度载荷时，式（5.3-9）简化为：

$$[K]\{u\} = \{F^{th}\} \tag{5.3.11}$$

 提示 --------------

> 热应力的有限元分析可看作结构静力分析的延伸，考虑结构加载同时，也要引入热分析得到的温度场分布作为热载荷输入条件，材料参数中也要补充热膨胀系数。

5.3.4 覆铜板模型低温热应力分析

5.3.4.1 问题描述及分析

本例对覆铜板模型进行低温（22℃～−100℃）条件下热应力分析，铜带与基板之间通过胶层连接，当温度很低或胶层很薄时，可认为铜带与基板之间为刚性连接，这样分析模型中不包含胶层，仅包含长10mm铜条（横截面2mm×0.1mm）、及10mm的基板（横截面2mm×0.2mm）。材料性能参数如表5.3-1所示，有限元分析模型采用实体—实体单元，单元大小为0.05mm，参见图5.3-1。

表5.3-1 材料性能参数

名称	弹性模量	泊松比	热胀系数/℃
基板	3.5 GPa	0.4	5e-5
覆铜	110 GPa	0.34	1.8e-5

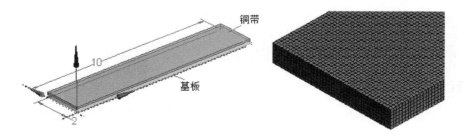

图5.3-1 覆铜板分析模型

5.3.4.2 刚性结点的热应力理论计算

两条不同材料的窄带刚性结合在一起，材料特性为弹性模量E，热膨胀系数a，泊松比n，厚度t，温度变化$\Delta T = T - T_0$，两种材料将产生膨胀或收缩，但由于连接在一起，因此界面上的长度变化是相同的，也就是应变相等$\varepsilon_1 = \varepsilon_2$；如果带宽比长度及厚度小，则宽度方向（横向）的应力可忽略，而且如果长带受到限制，不产生弯曲，仍然平的，则应变表示如下：

$$\varepsilon_1 = \alpha_1 \Delta T + \frac{\sigma_1}{E_1} = \varepsilon_2 = \alpha_2 \Delta T + \frac{\sigma_2}{E_2} \tag{5.3.12}$$

由于轴向（X方向）没有机械载荷，则力平衡方程为：

$$\sigma_1 t_1 + \sigma_2 t_2 = 0 \tag{5.3.13}$$

求解得到：

$$\sigma_1 = -\frac{E_1(\alpha_1 - \alpha_2)\Delta T}{1 + mn}, \quad \sigma_2 = -\frac{E_2(\alpha_1 - \alpha_2)\Delta T}{1 + 1/mn} \tag{5.3.14}$$

其中：

$$m = \frac{t_1}{t_2}, \quad n = \frac{E_1}{E_2} \tag{5.3.15}$$

本例中覆铜板中的接合层不是窄带而是宽板，则层内平面内各方向应力相等，因此需要考虑泊松效应，修正弹性模量如下：

$$E_1' = \frac{E_1}{1 - v_1}, \quad E_2' = \frac{E_2}{1 - v_2} \tag{5.3.16}$$

因此计算得到：

$$m = 0.1/0.2 = 0.5, \quad n = 110e9*(1-0.4)/3.5e9/(1-0.34) = 28.57 \tag{5.3.17}$$

$$\sigma_1 = -\frac{E_1'(\alpha_1 - \alpha_2)\Delta T}{1 + mn} = \frac{\dfrac{110e9}{1-0.34}*(1.8-5)e-5*122}{1+0.5*28.57} = -42.57\text{MPa} \tag{5.3.18}$$

$$\sigma_2 = -\frac{E_2'(\alpha_1 - \alpha_2)\Delta T}{1 + \dfrac{1}{mn}} = \frac{\dfrac{3.5e9}{1-0.4}*(1.8-5)e-5*122}{1+1/0.5/28.57} = 21.28\text{MPa} \tag{5.3.19}$$

在弹性范围内，应变ε_1，ε_2表示热应变与弹性应变之和，则覆铜热应变：

$$\alpha_1\Delta T = 1.8\times10^{-5}\times(-122) = -0.002196 \tag{5.3.20}$$

覆铜弹性应变：

$$\frac{\sigma_1(1-v_1)}{E_1} = -42.57\times10^6\times0.66/(110\times10^9) = -0.0002554 \tag{5.3.21}$$

基板热应变：

$$\alpha_2\Delta T = 5\times10^{-5}\times(-122) = -0.0061 \tag{5.3.22}$$

基板弹性应变：

$$\frac{\sigma_2(1-v_2)}{E_2} = 21.28\times10^6\times0.6/(3.5\times10^9) = 0.003648 \tag{5.3.23}$$

5.3.4.3　数值模拟过程

1. 拖入项目流程图

打开Workbench，将静力分析系统【Static Structural】拖入项目流程图，保存文件Thermal_Stress_Cu_Base.wbpj。

2. 合并为一个零件

WB中双击【Geometry】单元格，进入DM程序，按照尺寸建模且合并为一个零件，参见图5.3-2。

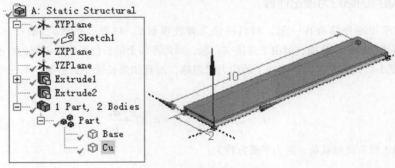

图5.3-2　几何模型

3. 输入参数

返回WB中，双击【Engineering Data】单元格，输入铜与基板材料参数。

操作如图5.3-3所示。

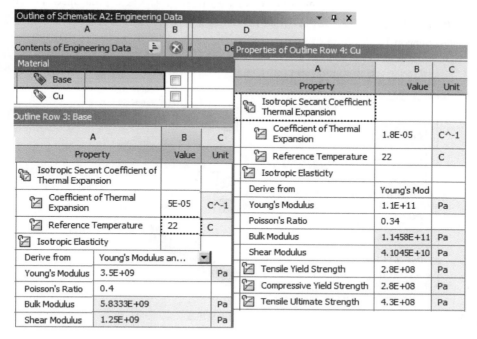

图5.3-3 输入铜与基板材料参数

4. 静力分析

返回WB，项目流程图中双击【Model】进入Mechnical环境，进行静力分析。

5. 生成网格

选择【Mesh】，设置网格单元大小0.05mm，生成网格。

步骤操作设置如图5.3-4所示。

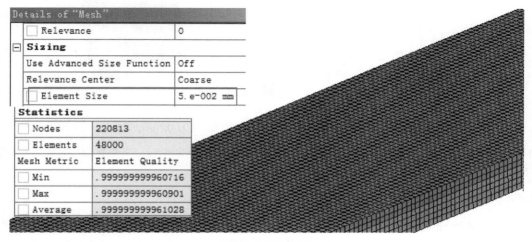

图5.3-4 网格划分

6. 边界条件

步骤操作如图5.3-5所示。

模型热仿真分析中，热载荷为低温的温差分布，即环境温度从22℃～-100℃，选择两个实体，导航栏中选A5，结构环境工具栏中选添加热载【Loads】-【Thermal Condition】，明细窗口中输入温度【Magnitude】=-100℃。

约束条件为基板底端约束法向位移，允许XY平面内的自由膨胀，图形区选择基板底面，结构环境工具栏中加入无摩擦约束【Frictionless Support】。

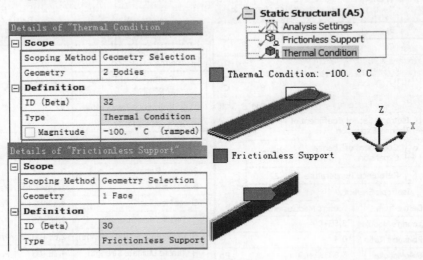

图5.3-5　约束及热载

7. 分析结果

点击【Solve】进行静力求解。并添加需要的结果：导航栏中选【Solution】，工具栏中添加总变形【Total Deformation】，热应变【Thermal Strain Stress】，更新结果如图5.3-6所示。

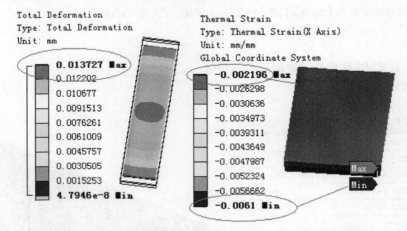

图5.3-6　变形及热应变（最大收缩变形0.0137；热应变铜为-0.002196，基板为-0.0061）

下面再分别选覆铜和基板，得到X方向正应变【X Axis-Normal Elastic Strain】，并设置路径得到中间处的X正应力【X Axis-Normal Stress】等结果如图5.3-7～图5.3-8所示。

5.3.4.4　结果分析与讨论

覆铜板模型热应力分析的理论计算与数值模拟结果对比如表5.3-2。

根据表5.3-2的对比结果可以看到：本模型计算结果与理论解相差很小，低温环境下覆铜承受压应力，基板则承受拉应力。由于本模型期待和理论计算相对比，所以仿真分析中假设材料参数不随温度变化，后续练习中可考虑随温度变化的材料参数，及可变的几何参数等做进一步计算分析，这里略过。

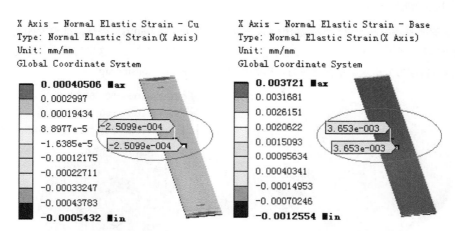

图5.3-7 X方向弹性应变（不计边缘效应，则铜为-2.51e-4，基板为3.653e-3）

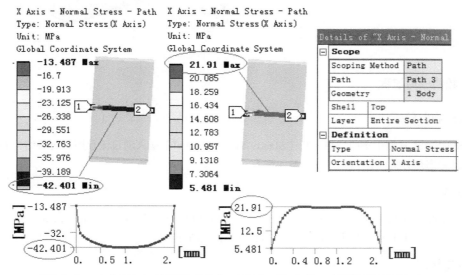

图5.3-8 X方向正应力（不计边缘效应，则铜为-42.4MPa，基板为21.91MPa）

表5.3-2 覆铜板模型热应力分析的理论计算与数值模拟结果对比

结 果	理 论	ANSYS WB	误差（%）
覆铜X方向正应力MPa	-42.57	-42.4	-0.4
覆铜热应变mm/mm	-0.002196	-0.002196	0
覆铜弹性应变mm/mm	-0.0002554	-0.000251	-1.72
基板X方向正应力MPa	21.28	21.91	2.96
基板热应变mm/mm	-0.0061	-0.0061	0
基板弹性应变mm/mm	0.003648	0.003653	0.137

5.3.5 泵壳传热及热应力分析

前面的例子给出环境温度变化产生的热变形及热应力问题，下面给出结构传热产生的温差分布形成的热应力问题。

5.3.5.1　问题描述与分析

本例中，塑料泵壳具有温度边界条件，如图5.3-9所示。壳体固定端为60℃，壳体内部温度90℃，与环境之间进行自然对流，对流换热系数为10W/m²℃。进行稳态传热分析，并计算结构热应力。这里需要先计算稳态传热，然后将温度分布结果导入到结构静力分析求解结构热应力。提供3D模型文件Pump_housing.stp。

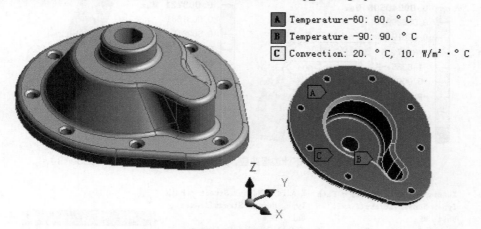

A	Temperature-60: 60. °C
B	Temperature -90: 90. °C
C	Convection: 20. °C, 10. W/m²·°C

图5.3-9　泵壳分析模型

5.3.5.2　数值模拟过程

1. 拖入结构静力分析

打开Workbench，工具箱中将稳态热分析【Steady-State Thermal】拖入项目流程图，再将结构静力分析【Static Structural】拖入到稳态热分析中的【Solution】单元格上。

2. 导入材料

双击稳态热分析工程数据【Engineering Data】，从通用材料库【General Material】中导入材料为聚酯【Polyethylene】，然后工具栏中选择【Return to Project】返回项目流程图。

3. 导入几何模型

稳态热分析A中选择【Geometry】右击鼠标，导入几何模型【Import Geometry】=Pump_housing.stp。

4. 保存文件

工具栏点击【Save】按钮保存文件ThermalStress-pump.wbpj。

分析流程图如图5.3-10所示。

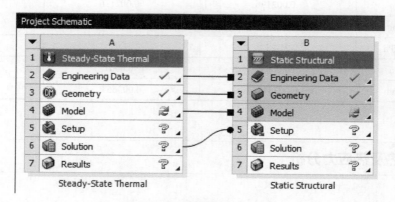

图5.3-10　泵壳热应力分析流程

5. 进入静态热分析环境

双击A4【Model】进入稳态热分析环境，分配材料：展开【Model】→【Geomety】→【pump housing】，明细窗口设置【Material】→【Assignment】=Polyethylene。

6. 网格划分结果

结果如图5.3-11所示。

（1）导航树选择【Mesh】。

（2）明细窗口设置：相关度【Relevance】=100，单元大小【Element Size】=5mm

（3）选择【Mesh】右击鼠标选择【Generate Mesh】生成网格。

（4）查看统计结果：选择【Mesh】，明细窗口展开【Statistics】，【Mesh Metric】=Element Quality网格质量平均值为0.826。

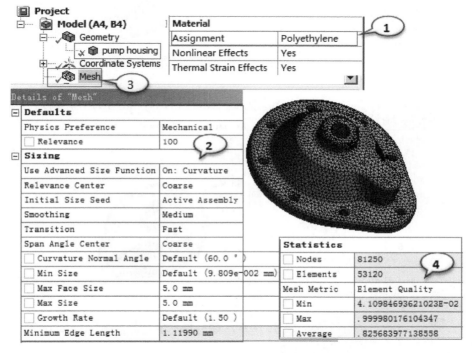

图5.3-11　网格划分

7. 施加热载荷及对流边界

操作如图5.3-12～图5.3-13所示。

（1）菜单栏中选择单位：【Units】→【Metric (m, kg, N, s, V, A)】，导航树中选择【Steady-State Thermal】，工具栏中添加【Temperature】。

（2）图形区选择泵体底面，明细窗口输入值：【Definition】-【Magnitude】=60℃。同样再加入壳体内部温度，图形区选泵体13个内表面，明细窗口输入值：【Definition】→【Magnitude】=90℃。

（3）施加对流边界：选择泵体32个外表面，工具栏中选【Convection】。

（4）明细窗口输入对流换热系数【Film Coefficient】=10 W/m²℃，环境温度【Ambient Temperature】=20℃。

（5）添加温度及热通量结果：选择【Solution】，工具栏中添加【Thermal】→【Temperature】及【Total Heat Flux】。

（6）工具栏中点击【Solve】求解后得到温度及热通量结果。

（7）查看稳态热分析的温度变化范围为38.6℃～90℃，最大热通量为2045W/m²。

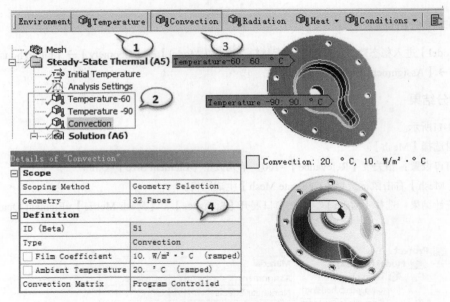

图5.3-12 稳态热分析边界条件

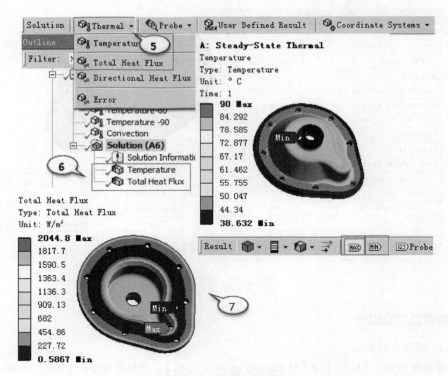

图5.3-13 稳态热分析结果

8. 静力分析过程

步骤操作如图5.3-14所示。

（1）导航树中选【Static Structural】，图形区选8个定位孔面及泵体底面，施加无摩擦约束，右击鼠标选择【Insert】→【Frictionless Support】。

（2）导航树中展开【Imported Load】→【Imported Body Temperature】。

（3）右击鼠标，选择【Import Load】导入温度显示在图形区。

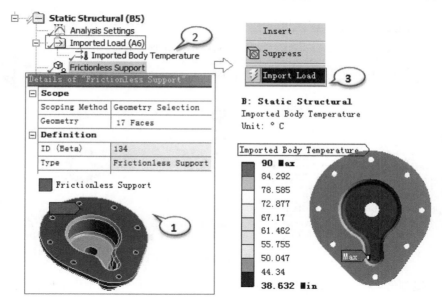

图5.3-14 施加无摩擦约束及导入温度载荷

9. 查看结构静力分析结果

导航树中选择【Solution】，右击鼠标，插入结果选项【Total Deformation】、【Equivalent Stress】、【Maximum Principal Stress】等，选择泵体顶部外表面，插入最大主应力【Maximum Principal Stress】。点击【Solve】求解，查看结果。

导航树中选择总变形【Total Deformation】，图形区显示最大变形在泵体顶面为1.4mm。由于塑料泵壳为脆性失效，所以查看泵壳最大主应力，最大值38.3MPa出现在螺栓孔处（图5.3-15）。

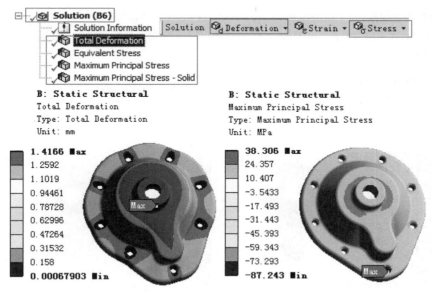

图5.3-15 变形及最大主应力分布

由于螺栓孔处为应力集中处，整体最大主应力发生在泵壳顶面处，所以选择相关的5个面，查看最大主应力为14.93MPa，（图5.3-16）。

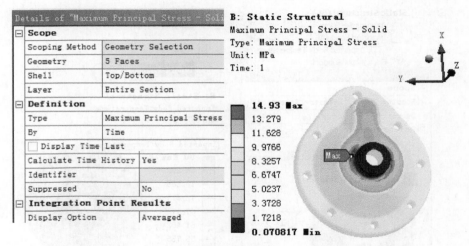

图5.3-16　泵壳顶面最大主应力分布

对泵壳顶面圆角处细化网格，使用命令【Refinement】，设置如图5.3-17所示，细化等级为1，然后重新计算。

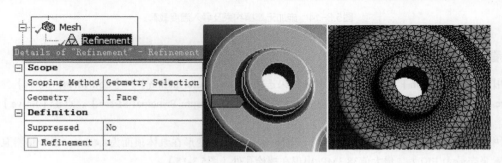

图5.3-17　泵壳顶面圆角处细化网格

分析结果查看泵壳顶面处的5个面的结构误差【Structural Error】与最大主应力【Maximum Principal Stress】如图5.3-18所示。可看到最大主应力升高到17MPa，该处的结构误差未细分网格前是集中在这里的，现在最大结构误差已经转移到外边缘，我们关心的位置结构误差已经不大。

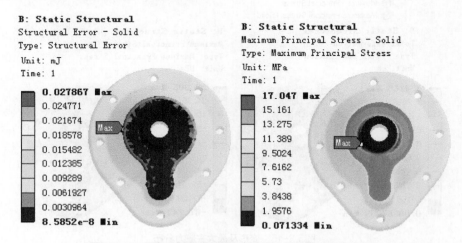

图5.3-18　重新求解查看结构误差及泵壳顶面最大主应力分布

5.3.5.3　结果分析与讨论

对热分析而言，由于仅计算温度结果，网格划分稀疏或者稠密对结果影响不大，但本例中要求解热应力的结果，则在关心位置需要有较好的网格质量，应力分析的结果也显示局部的应力集中在螺栓定位孔处，因此查看关心处的泵壳顶面位置的应力分布是收敛结果就可以了。

本例中也可以将多个感兴趣的热工况导入到静力分析中，静力分析中设置多载荷步，并对每个载荷步指定导入的工况时间点即可。如果时间允许，请修改泵壳材料为铝合金再重新计算，对比两种不同材料的结果。这里不再展开，读者可以自行测试。

5.4 本章小结

本章讲述ANSYS Workbench在结构分析中的工程应用。涉及结构静强度分析设计方法，给出压力容器开孔接管区静强度分析及校核算例；疲劳强度分析中，主要阐述了总寿命法疲劳强度设计，ANSYS15.0 Workbench中的疲劳分析及其高周疲劳分析算例（比例恒幅、比例变幅、非比例载荷的疲劳分析）；结构稳态热变形及热应力分析及算例。

习题

1. 结构为带椭圆端盖的垂直圆柱压力容器，椭圆封头比例为2:1，圆柱内径为1050mm，外径为1074mm，圆柱垂直长度为1400mm，全长为2370mm，忽略压力容器中间检查孔、空气入口和空气出口、排水口，容器底部有四个支撑梁，矩形横截面120mm×120mm，每根支撑梁总长度750mm，其中150mm与罐体重叠。模型示意图如下：

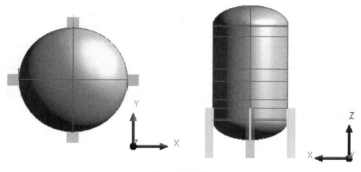

题1 示意图

仅计算设计工况，载荷条件为：考虑自重及指定温度下的压力载荷，设计压力为38℃温度下0.5MPa，地震载荷水平0.12g。给定温度下的结构材料属性如下：

题1表 材料属性

名称	密度（Kg/m^3）	许用应力S_m（MPa）	屈服强度S_y（MPa）	极限拉伸强度（MPa）	弹性模量（GPa）	泊松比
钢板	7850	138	260	485	201	0.3
支撑梁	7850	114	250	400	203	0.3

采用基本应力强度评估组合载荷，使用ANSYS 15.0 Workbench进行结构静力分析及强度校核，其中强度校核参考ASME Ⅲ中1类组件的应力评定标准为：薄膜应力$P_m<1S_m$，局部薄膜应力P_L为一次应力$P_L<1.5S_m$，薄膜应力+弯曲应力$P_L+P_b<1.5S_m$。

2. 分析模型为受内压壳体，采用图示中截取的部分模型，轴对称截面尺寸如图示，单位mm，壳体承受内压为0～2MPa，使用ANSYS 15.0 Workbench进行结构静强度分析及疲劳分析，采用等效应力作为疲劳计算，确定卸载槽处的疲劳寿命、损伤和安全因子，设计寿命为1e6，疲劳强度因子为0.8，缩放系数为1，模型参数如下表。

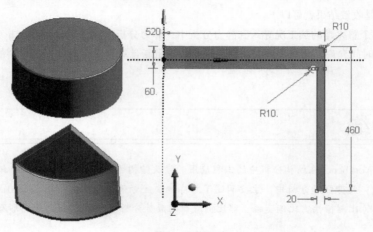

题2　示意图

题2表	分析模型参数			
名　称	数　值		S-N曲线数据	
弹性模量E	200GPa	循环数	交变应力（MPa）	
泊松比 ν	0.3	10	4000	
极限拉伸强度σ_U	460MPa	1e3	572	
疲劳持久强度σ_E	86MPa	1e4	262	
屈服应力σ_Y	250MPa	1e5	138	
		1e6	86	

3．4层保温桶，最外层为钢，次外层为铝，中间为隔热的树脂基复合材料，里层为铝，筒内为热水，筒外为空气，需确定筒壁的温度场分布及热应力分布。

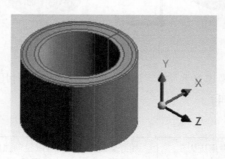

题3　示意图

已知：筒内半径0.1m，筒长度0.1m，4层厚度分别为0.01m、0.02m、0.01m、0.005m，钢、复合材料及铝导热系数60.5W/m℃、0.055W/m℃、236W/m℃，水温度80℃，空气温度为20℃，空气对流系数12.5W/m²℃。

🌐提示

　　　属于稳态传热产生的热变形及热应力问题，由于几何结构、载荷及边界条件的轴对称，可取轴对称截面分析。

参考文献

1. [美]G.R.布查南.有限元分析（全美经典学习指导系列）.董文君，谢伟松，译.北京：科学出版社，2002

2. （美）库克等著，关正西，强洪夫译，有限元分析的概念与应用（第4版），西安，西安交通大学出版社，2007.9

3. J. N. Reddy，An Introduction to the Finite Element Method，McGraw-Hill.Inc, 1993

4. Saeed Moaveni，Finite Element Analysis_ theory and Application with ANSYS, Minnesota State Universtiy,1999

5. Larry J.Segerlind, Applied Finite Element Analysis, Second Edition, John Wiley & Sons,Inc,1984

6. Zienkiewicz, R.L. Taylor and J.Z. Zhu,The Finite ElementMethod: Its Basis and Fundamentals, Sixth edition, Elsevier Butterworth-Heinemann, 2005

7. Daryl L. Logan,A First Course in the Finite Element Method,Fifth Edition, Cengage Learning,2012

8. Y. Nakasone,S. Yoshimoto, T. A. Stolarski,Engineering AnalysisWith ANSYS Software, Elsevier Butterworth-Heinemann,2006

9. Javier Bonet, Richard D.Wood,NONLINEAR CONTINUUM MECHANICS FOR FINITE ELEMENT ANALYSIS, 2nd Edition,Cambridge University Press , 2008

10. 陆金甫，关治，偏微分方程的数值解法（第2版），北京，清华大学出版社，2004.1

11. 李荣华，偏微分方程的数值解法，北京，高等教育出版社，2005.5

12. 濮良贵，纪明刚，机械设计（第七版），高等教育出版社，2001

13. 郑江，许瑛，机械设计，北京：中国林业出版社；北京大学出版社，2006.8

14. 许京荆，王正涛等，FCC催化剂喷雾干燥塔内的CFX气—液二相流数值模拟，2014ANSYS技术大会论文集，2014.5.21-23，苏州

15. 刘威威，许京荆等，基于CFX的多腔回转炉中催化剂颗粒加热的数值模拟[J].过程工程学报, 2013, 13(6):908-914

16. http://www.ansys.com

17. 2013 SAS IP, Inc., ANSYS Help System, Release 15 [M]

18. 2013 SAS IP.Inc., ANSYS Verification Manual for Workbench [M]

19. Erdogan Madenci，Ibrahim Guven，THE FINITE ELEMENT METHOD AND APPLICATIONS IN ENGINEERING USING ANSYS，Springer Science-nBusiness Media, LLC，2006

20. 许京荆，王秀梅，吴益敏. 有限元数值模拟方法在CAE教学中的研究与探讨[J]. 东北大学学报：社会科学版，2013.15(s1):62-68.

21. 许京荆，《ANSYS13.0 WORKBENCH数值模拟技术》，2012.3，中国水利水电出版社

22. 许京荆，ANSYS 14.0软件课程—ANSYS WORKBENCH压力容器结构分析，2014.7

23. 许京荆，ANSYS 14.0软件课程—ANSYS WORKBENCH结构静力分析，2014.7

24. 许京荆，ANSYS 14.0软件课程—网格划分技术，2014.7

25. 许京荆，ANSYS 14.0软件课程—低频电磁场分析，2014.7

26. 许京荆，ANSYS 14.0软件课程—结构动力分析，2014.7

27. 许京荆，ANSYS 14.0软件课程—结构非线性分析，2014.7

28. 许京荆，ANSYS 14.0软件课程—结构热分析，2014.7

29. 孙佳、许京荆、翁健等，基于ANSYS WORKBENCH高压电阻箱式结构的抗震分析，机械设计，2012.2

30. Jing-jing Xu, Yu Chen, Wei-wei Liu, Zheng-tao Wang.《Numerical Simulation on the Strength and Sealing Performance for High-Pressure Isolating Flange》, Proceedings of the Sixth International Conference on Nonlinear Mechanics (ICNM-VI)，August12-15，2013，Shanghai，P392-396

31. 卢志珍，许京荆等，PTFE缠绕垫片旋转法兰的强度及密封性能研究，机械设计与制造，2014，11期

32. 卢志珍，许京荆等，分析设计法对蒸馏塔热效应非线性屈曲行为的研究，机械设计与制造，2014，11期

33. 2010 ASME Boiler & Pressure Vessel Code, Ⅷ Division 2, Alternative Rules, Rules for Construction of Pressure Vessels [S]. July 1, 2010

34. 2010 ASME Boiler and Pressure Vessel Code，Section II Part D，Properties (Metric)，Materials；Three Park Avenue•New York, NY•10016 USA

35. EN 13445: 2009 (E) Unfired Pressure Vessels, Part 3: Design [S]. 2009

36. 寿比南，GB 150-2011《压力容器》标准释义[S]，北京：新华出版社，2012.3

37. G Mathan，A study on the sealing performance of flange joints with gaskets under external bending using finite-element analysis[A]，Proceedings of the Institution of Mechanical Engineers, Part E: Journal of Process Mechanical Engineering，2008

38. 蔡仁良，压力容器法兰设计和垫片参数的发展现状，[C]《第六届全国压力容器学术会议压力容器先进技术精选集》，2005；756-763

39. 约瑟夫L.泽曼等，苏文献等译，压力容器分析设计—直接法，北京，化学工业出版社，2009.7

40. 秦荣，工程结构非线性[M]，北京：科学出版社，2006

41. 曾正明，《机械工程材料数据手册》，北京，机械工业出版社，2009.11

42. （美）库慈（Kutz,M.）著，陈祥宝、戴圣龙 等译，材料选用手册，化学工业出版社，2005.7

43. 崔佳等，钢结构设计规范理解与应用，北京，中国建筑工业出版社，2004.3

44. GB 50260—1996电力设施抗震设计规范［S］

45. GB 50011—2010建筑抗震设计规范［S］

46. 安世亚太，ANSYS WORKBENCH疲劳分析指南，2009.2

47. （美）Surech，S著，王光中译，材料的疲劳，北京，国防工业出版社，1993

48. 姚卫星，结构疲劳寿命分析，国防工业出版社，2003.1

49. 弗兰克P.英克鲁佩勒 著，葛新石,叶宏译，传热和传质基本原理（第6版），化学工业出版社，2007